Elektrolytstoffwechsel und Säure-Basen-Gleichgewicht

Edward Muntwyler, Ph. D.

Mit 33 Abbildungen

Sammlung Göschen Band 7137

Walter de Gruyter
Berlin · New York · 1973

Titel der Originalausgabe:

Water and Electrolyte Metabolism
and Acid-Base Balance
by Edward Muntwyler, Ph. D.

Author:

Eduard Muntwyler, Ph. D.
Professor and Chairman, Department
of Biochemistry, State University of
New York, Downstate Medical Center
Brooklyn, New York

Übersetzer:

Wolf-Dieter Thomitzek, Dr. med.
apl. Prof. am Physiologisch-chemischen
Institut der Universität Düsseldorf

Satz und Druck: Mercedes-Druck, Berlin 61

ISBN 3 11 003950 8

Aus dem Vorwort des Autors

Die Erfahrung hat gezeigt, daß viele Studenten Schwierigkeiten beim Verstehen des Gebietes des Wasser- und Elektrolythaushaltes haben. Interessierte Studenten fragen häufig nach Literatur über dieses Stoffgebiet, um die Vorlesung zu ergänzen. Diese Studenten sind an einer ausführlichen und einfachen Darstellung der verschiedenen fundamentalen Tatsachen und an Beispielen für die praktische Anwendung interessiert. Die vorliegende Monografie ist ein Versuch, diese Nachfrage zu befriedigen. Das Material hat als Grundlage für Vorlesungen eines speziellen Kurses gedient.

E. Muntwyler

Vorwort des Übersetzers

Das erklärte Ziel des Autors, mit dem vorliegenden Büchlein eine Einführung in das Gebiet der Physiologie und Pathologie des Wasser- und Elektrolytstoffwechsels zu geben, die aus didaktischen Gründen vereinfachend, unkompliziert und wiederholend sein darf, diente als Richtschnur beim Übersetzen. Veränderungen des Textes unterblieben daher bis auf kleine Korrekturen und einige Hinweise in Form von Fußnoten.

W.-D. Thomitzek

Inhaltsübersicht

Abschnitt I. Der Wasser- und Elektrolytstoffwechsel

Das Wasser- und Elektrolytgleichgewicht hängt mit dem Säure-Basen-Gleichgewicht zusammen, und wenn man sie in ihrer Beziehung zu Störungen bei Krankheiten erfassen will, muß man sie zusammen betrachten. Aus didaktischen Gründen werden sie jedoch getrennt abgehandelt.

Alle lebenden Organismen brauchen Wasser und Elektrolyte. Im Säugetierorganismus wird durch die Vorgänge zur Aufrechterhaltung der Homöostase die Zusammensetzung der extra- und intrazellulären Flüssigkeiten relativ konstant gehalten. Man muß sich immer wieder vergegenwärtigen, daß im lebenden Organismus das „milieu interieur" ein Steady-State-System bei relativ gleichbleibendem Kohlendioxid-Druck darstellt. Durch die ständige Bildung von Kohlendioxid und die normale Abatmung wird der Kohlendioxid-Partialdruck in den Körperflüssigkeiten bei 40 mm Hg gehalten.

Abweichungen von der normalen Zusammensetzung des Körpers an Wasser und Elektrolyten können zu Störungen der Zellfunktionen und sogar zum Tode führen. Ernste Störungen des Wasser- und Elektrolytgleichgewichts können bei bestimmten Erkrankungen beteiligt sein. Ihre Verhütung oder Korrektur kann über Leben und Tod des Patienten entscheiden. Jede Erkrankung mit gestörtem Wasser- und Elektrolytstoffwechsel stellt wie jeder einzelne Patient ein eigenes Problem dar. Eine richtige Behandlung mit Elektrolyten erfordert Kenntnisse der biochemischen und physiologischen Mechanismen, die an der Aufrechterhaltung des normalen Wasser- und Elektrolyt-Gleichgewichts im Körper beteiligt sind.

1. Die Maßeinheiten

Milligramm pro 100 ml und Milliäquivalente (Millival) pro Liter

Im allgemeinen werden Stoffkonzentrationen in Körperflüssigkeiten (z. B. Blutglukose, Serumcholesterin, Blutharnstoff oder Serumprotein) als Milligramm (oder Gramm) pro 100 ml ausgedrückt. Bei der Betrachtung des Elektrolytstoffwechsels ist es vorteilhaft, die Konzentrationen in Milliäquivalenten (mÄq) = Millival (mval) pro Liter (und unter bestimmten Bedingungen als Milliäquivalente pro 1000 g Wasser) auszudrücken.

Das Äquivalentgewicht einer Substanz ist das Gewicht (in Gramm), das mit 1,008 g (1 g-Atom) Wasserstoff gleichwertig ist oder reagieren kann. Ein Milliäquivalent oder Millival ist 1/1000 eines Äquivalents. Kurz gesagt: Äquivalenzgewicht = Atomgewicht (in g): Wertigkeit. Natrium hat das Atomgewicht 23 und die Wertigkeit 1; Chlor das Atomgewicht 35,5 und die Wertigkeit 1; und Calcium das Atomgewicht 40 und die Wertigkeit 2. Daraus ergeben sich als Äquivalentgewichte 23, 35,5 und 20.

Bei der Analyse einer Serumprobe hat man 322 mg Natrium, 585 mg Chlor (als NaCl) und 10 mg Calcium pro 100 ml gefunden. Die Umrechnung von mg/100 ml in Milliäquivalente pro Liter zeigt die Tabelle 1.

Tab. 1. Umrechnung von mg/100 ml in mval/l

Substanz	Äquivalentgewicht	mg/l	mval/l
Na^+	23	3220	3220/23 = 140
Cl^-	58,5 (NaCl)	5850	5850/58,5 = 100
Ca^{++}	20	100	100/20 = 5

Volumenprozente, Millimole und Millival pro Liter

Der Gesamtgehalt an Kohlendioxid wird im allgemeinen als Volumenprozent ausgedrückt, wobei unter Volumenprozent die ml CO_2 (auf Normalbedingungen umgerechnet) in 100 ml Lösung verstanden werden. Unter den Standardbedingungen von Temperatur und Druck nimmt ein Millimol gasförmiges Kohlendioxid 22,26 ml ein. Folglich erhält man die Konzentration mMol/l (= mM) aus der Angabe in Volumenprozent folgendermaßen:

$$CO_2\,[mM] = \frac{Vol.\% \times 10}{22{,}26} = \frac{Vol\,\%}{2{,}226}$$

Für Erörterungen des Gleichgewichts der Anionen und Kationen in Körperflüssigkeiten ist es notwendig, Millimole CO_2 pro Liter in Milliäquivalente Bicarbonat umrechnen zu können. Dafür bedient man sich der Henderson-Hasselbalch-Gleichung

$$pH = pK' + \log \frac{[HCO_3^-]}{[H_2CO_3]}$$

Dabei ist pK' für Plasma(Serum) 6,10 bei 38° C. Es wird angenommen, daß das Gesamt-CO_2 gleich der Summe des bicarbonat-gebundenen $CO_2(HCO_3^-)$ und des gelösten $CO_2(CO_2 + H_2CO_3)$ ist, das einfach als H_2CO_3 bezeichnet wird. Es gilt also

$$CO_2 = HCO_3^- + H_2CO_3 .$$

Mit dieser Annahme ergibt sich aus der Henderson-Hasselbalch-Gleichung nach Auflösung für

$$[HCO_3^-] = [CO_2]\,\frac{1}{1 + 10^{(pK' - pH)}}$$

Wenn z. B. CO_2 25 mMol/l ist und der pH 7,40, dann ergibt sich

$$[HCO_3^-],\ mval/l = 25\,\frac{1}{1 + 10^{6,10-7,40}} = 25\,\frac{1}{1 + 10^{-1,30}} =$$

$$= 25\,\frac{1}{1 + \frac{1}{19{,}95}} = 25\,\frac{1}{1{,}05} = 23{,}8$$

Es ist leicht einzusehen, daß 1 mval HCO_3^- 1 mMol Kohlendioxid ergibt. Umgekehrt wird impliziert, daß 1 mMol CO_2 1 mval HCO_3^- nach folgender Gleichung bilden kann:

$$CO_2 + H_2O \rightleftharpoons H_2CO_3 \rightleftharpoons H^+ + HCO_3^- .$$

Diese Annahme ist für physiologische pH-Bereiche richtig. Bei pH-Werten unter pH 8 ist die weitere Dissoziation von HCO_3^- zu vernachlässigen:

$$HCO_3^- \rightleftharpoons H^+ + CO_3^{--}$$

Folglich ist die Differenz zwischen 25,0 mM CO_2 – 23,8 mval HCO_3^- gleich 1,2 mM. H_2CO_3. Bei pH 7,4 ist das Verhältnis HCO_3^-/H_2CO_3 in dem obigen Beispiel 23,8/1,2 = 19,8/1 oder rund 20 : 1. Wenn man keine Möglichkeit zur Bestimmung des pH hat, kann man als grobe Schätzung im klinischen Routinebetrieb annehmen, daß 1/20 des bestimmten Gesamt-CO_2 das H_2CO_3 darstellt und der Bicarbonat-Gehalt durch Subtraktion dieser Menge von der Gesamt-CO_2 erhalten werden kann.

Osmol und Milliosmol

Der osmotische Druck einer Lösung ergibt sich aus der Regel von van't Hoff

$$p = \frac{NRT}{V} = CRT$$

Darin bedeuten p den osmotischen Druck (atm), T die absolute Temperatur (° C + 273°), V das Volumen der Lösung in Litern und R die Gaskonstante (0,082 x atm/Mol x Grad). Die Menge des Gelösten N stellt die Zahl der Mole oder die Gramm Gelöstes dividiert durch das Molekulargewicht dar. Die Konzentration C ist also in Mol gelöster Substanz pro Liter Lösung ausgedrückt.
Die oben zitierte Gleichung gilt nur für nicht-dissoziierende Stoffe in unendlicher Verdünnung. In höher konzentrierten Lösungen oder in solchen, die Eiweiß enthalten, wird der osmotische Druck genauer berechnet, wenn für V das Volumen des Wassers statt das Volumen der Lösung eingesetzt wird. In eiweißreichen Lösungen unterscheidet sich das Volumen der Lösung erheblich von dem

Volumen des Wassers. So hat normales Blutplasma mit einem Eiweißgehalt von 7 g/100 ml einen Wassergehalt von 93 %*). Der Wert von C wird dann zu: Zahl der Mole pro 1000 g Wasser. Diese Konzentration bezeichnet man als molal. Unter idealisierten Bedingungen hat ein Mol eines nicht-dissoziierenden Stoffes (z. B. Glukose $C_6H_{12}O_6$, Molekulargewicht = 180) gelöst in 1000 g Wasser unter Standardbedingungen einen osmotischen Druck von 22,4 atm und eine molale Gefrierpunktsdepression von 1,86° C.

Da der osmotische Druck direkt von der Konzentration der gelösten Teilchen abhängt, kann der obige Ausdruck nicht dazu benutzt werden, den osmotischen Druck von Elektrolytlösungen zu berechnen. Hier muß man einen Korrekturfaktor *i* einführen, wobei *i* mit der Zahl der Ionen in der Lösung zusammenhängt und aus den Ergebnissen von Gefrierpunktsmessungen errechnet werden kann.

$$i = \frac{\text{Beobachtete molale Gefrierpunktsdepression}}{1{,}86^\circ\,\text{C}}$$

Damit ergibt sich die Gleichung

$$P = \frac{i\,NRT}{V} = i\,CRT$$

Da die kolligativen Eigenschaften von der Zahl der Partikel in der Lösung (Moleküle und Ionen) abhängen, würde man erwarten, daß 1 Mol NaCl in 1000 g Wasser einen osmotischen Druck von 44,8 atm und eine Gefrierpunktserniedrigung von 3,72° C ergibt, da das Salz vollständig in Ionen dissoziiert ist. Tatsächlich sind sowohl der osmotische Druck als auch die Gefrierpunktserniedrigung kleiner als erwartet. Das heißt, daß die wirksame Konzentration („Aktivität" a) kleiner ist als die molale. Der Wert *i* enthält die Korrektur für diese Abweichung.

*Anmerkung des Übersetzers: Für genaue Berechnungen ist davon auszugehen, daß das partielle spezifische Volumen der Plasmaeiweiße zwischen 0,700 und 0,750 liegt.

Der Begriff Osmol (Osm) bezieht sich auf die Grammzahl einer in 1000 g Wasser gelösten Substanz, die den gleichen osmotischen Druck entwickelt wie eine molale Lösung eines Nichtelektrolyten. Bei nicht-dissoziierenden Stoffen erzeugen 1molale Lösungen, die also die gleiche Gesamtzahl von Partikeln in der Lösung enthalten, den gleichen osmotischen Druck. Sie sind 1osmolale bzw. 1000milliosmolale Lösungen. Kennt man die Konzentration und das Molekulargewicht der nicht-dissoziierenden Stoffe, so kann man die Zahl der Osmole errechnen. Im Blutplasma des normalen erwachsenen Menschen beträgt z. B. die Glukosekonzentration 90 mg/100 ml und die Harnstoff-Stickstoff-Konzentration 12 mg/100 ml. Der Wassergehalt ist 93 %. Die osmolalen Konzentrationen für Glukose und Harnstoff im Blut sind also:

$$\text{Glukose} = \frac{90 \times 10 \times 1000}{930} = 968 \text{ mg}/1000 \text{ g } H_2O$$

und daraus

$$\frac{968 \text{ mg}}{180 \text{ (gMol)}} = 5{,}4 \text{ mosmol}/1000 \text{ g } H_2O,$$

$$\text{Harnstoff-N} = \frac{12 \times 10 \times 1000}{930} = 129 \text{ mg}/1000 \text{ g } H_2O$$

und weiter

$$\text{Harnstoff} = \frac{129 \text{ mg}}{28} = 2{,}15 \text{ mosmol}/1000 \text{ g } H_2O$$

$$\left(\begin{array}{l}\text{Harnstoff hat 2 N.}\\ 2 \times 14 = 28\end{array}\right)$$

In Lösungen von Elektrolyten erzeugt jedes Ion osmotischen Druck. Bei einwertigen Ionen (Na^+, K^+, Cl^-, HCO_3^-) ist 1 mval = 1 mosmol, während bei zweiwertigen Ionen (z. B. Ca^{++}) 1 mval = 0,5 mosmol ist. Also

1 mval Na^+/1 kg H_2O = 1 mosmol/1 kg H_2O
1 mval Cl^-/1 kg H_2O = 1 mosmol/1 kg H_2O
2 mval Ca^{++}/1 kg H_2O = 1 mosmol/1 kg H_2O
1 mMol NaCl/1 kg H_2O = 2 mosmol/1 kg H_2O
1 mMol Na_2SO_4/1 kg H_2O = 3 mosmol/1 kg H_2O
1 mMol $CaCl_2$/1 kg H_2O = 3 mosmol/1 kg H_2O

Bei Versuchen mit biologischen Flüssigkeiten wird der osmotische Druck im allgemeinen indirekt über die molale Konzentration, die man aus Gefrierpunktsbestimmungen erhalten hat, bestimmt. Normales Blutserum hat z. B. eine Gefrierpunktserniedrigung von etwa 0,558° C, ein Urin mit geringer Dichte (1,005) von etwa 0,372° C und ein Urin mit hoher Dichte (1,035) von etwa 2,600° C. Die molalen Konzentrationen und der osmotische Druck (bei 37° C) können daraus berechnet werden, wie in Tabelle 2 dargestellt ist.

Tab. 2. Berechnung der Konzentration (in milliosmol) und des osmotischen Drucks aus Gefrierpunktsbestimmungen

$$\text{mosmol} = \frac{\Delta F \times 1000}{1{,}86}$$

Lösung	ΔF = Gefrierpunkts-erniedrigung °C	Konzentration mosmol/kg H_2O	osmotischer Druck p = CRT atm
Normales Serum	0,558	300	7,6
Verdünnter Urin	0,372	200	5,1
Konzentrierter Urin	2,600	1400	35,6

Wasserstoffionenkonzentration und pH

Die Ausdrücke Wasserstoffionenkonzentration und pH werden abwechselnd benutzt, wobei man die Definition beider beachten muß. Eine Zunahme der Wasserstoffionenkonzentration bedeutet ein Absinken des pH und umgedreht. Das geht aus der Beziehung

$$\text{pH} = -\log[H^+] = \log\frac{1}{[H^+]} \quad \text{hervor.}$$

So haben Lösungen mit $3{,}98 \times 10^{-8}$ N $[H^+]$ bzw. $2{,}00 \times 10^{-3}$ N $[H^+]$ die folgenden pH-Werte:

$$\text{pH} = \log\frac{1}{3{,}98 \times 10^{-8}} = \log\frac{10^8}{3{,}98} = 8 - 0{,}6 = 7{,}4$$

$$\text{pH} = \log\frac{1}{2{,}00 \times 10^{-3}} = \log\frac{10^3}{2{,}00} = 3 - 0{,}3 = 2{,}7$$

Es muß beachtet werden, daß durch den Gebrauch der logarithmischen Skala eine pH-Änderung von 1 eine zehnfache Änderung der Wasserstoffionenkonzentration und eine pH-Änderung von z. B. 3 eine 10^3fache, d. h. 1000fache Änderung der Wasserstoffionenkonzentration bedeutet. So ergeben Wasserstoffionenkonzentrationen von 1×10^{-1} N bzw. $0{,}1 \times 10^{-1}$ N die pH-Werte von 1 bzw. 2.

$$\mathrm{pH} = \log \frac{1}{1 \times 10^{-1}} = \log \frac{10}{1} = 1$$

$$\mathrm{pH} = \log \frac{1}{0{,}1 \times 10^{-1}} = \log \frac{100}{1} = 2$$

Eine wichtige Folge dieser Beziehung ist, daß die Änderung um eine Einheit des pH im Bereich von pH 1 bis pH 2 eine viel größere Änderung der Protonenkonzentration bedeutet als eine Änderung um eine Einheit im höheren pH-Bereich, z. B. von pH 7 auf pH 8. Folgendes soll diese Tatsache verdeutlichen. Angenommen, die Wasserstoffionenkonzentration wird so erhöht, daß der pH von 7,4 auf 7,1 fällt. Dieser Abfall um 0,3 pH bedeutet einen Anstieg um $3{,}96 \times 10^{-8}$ N $[H^+]$.

$$7{,}4 = \log \frac{1}{[H^+]} \; ; \quad [H^+] = 3{,}98 \times 10^{-8}\ \mathrm{N}$$

$$7{,}1 = \log \frac{1}{[H^+]} \; ; \quad [H^+] = 7{,}94 \times 10^{-8}\ \mathrm{N}$$

Andererseits ist die Änderung der Wasserstoffionenkonzentration bei einer pH-Änderung von pH 6,4 auf pH 6,1 viel größer, nämlich $3{,}96 \times 10^{-7}$ N.

$$6{,}4 = \log \frac{1}{[H^+]} \; ; \quad [H^+] = 3{,}98 \times 10^{-7}\ \mathrm{N}$$

$$6{,}1 = \log \frac{1}{[H^+]} \; ; \quad [H^+] = 7{,}94 \times 10^{-7}\ \mathrm{N}$$

Mit anderen Worten bedeutet eine pH-Änderung um 0,3 von pH 6,4 auf 6,1 eine zehnfach größere Änderung der Wasserstoffionenkonzentration als bei einem Abfall des pH von 7,4 auf 7,1.

2. Gesamtmenge und Konzentration gelöster Stoffe

Die Ergebnisse von Bestimmungen gelöster Substanzen in Körperflüssigkeiten werden auf meßbare Einheiten wie Volumen oder Gewicht bezogen. Das bedeutet „Konzentration" des gelösten Stoffes und unterliegt Veränderungen, die von der Gesamtmenge des Stoffes im System und der Bezugsgröße (Volumen oder Gewicht) abhängen.

$$\text{Konzentration} = \frac{\text{Vorhandene Gesamtmenge}}{\text{Volumen (oder Gewicht)}}$$

Berücksichtigt man Änderungen des Volumens nicht, kann die Angabe der Konzentration ein falsches Bild ergeben, wenn man Veränderungen der gelösten Substanz für den Gesamtorganismus betrachten will. Zur Illustration wollen wir einen Erwachsenen von 70 kg Gewicht mit einer Natriumkonzentration von 140 mval/l Plasma und einem Extrazellulärraum von 14 l annehmen, der Natrium mit und ohne gleichzeitigen Verlust von extrazellulärem Wasser abgibt. Wie die Werte der Tab. 3 zeigen, fällt die Natriumkonzentration, wenn nicht gleichzeitig das Volumen proportional sinkt, und andererseits bleibt die Konzentration unverändert (trotz der Natriumverluste), wenn das Volumen im gleichen Verhältnis sinkt.

Tab. 3. Zusammenhang zwischen Konzentration, Gesamtstoffmenge und Volumen

	Na^+-Konzentration im Plasma mval/l	Extrazelluläres Wasser l	Gesamtmenge des Na^+ mval
Ausgangslage	140	14	1960
10% Na^+-Verlust, kein Wasserverlust	126	14	1764
10% Na^+-Verlust und 10% Wasserverlust	140	12,6	1764

Daher müssen Änderungen der Konzentration einer gelösten Substanz in Körperflüssigkeiten den Aspekt möglicher Volumenänderungen berücksichtigen.

3. Die Verteilung von Substanzen im Gewebe

Gewebe wie Blut, Muskel und Niere untersucht man auf verschiedene gelöste Substanzen, z. B. Glukose, Aminosäuren, Na, K und Cl. Im allgemeinen kann man sagen, daß Gewebe aus zwei Phasen bestehen, einer extrazellulären und einer intrazellulären. Wenn die gelöste Substanz zwischen beiden Phasen gleichverteilt ist, werden die Analysen des Gesamtgewebes nicht durch die relativen Verhältnisse der zwei Phasen beeinflußt. Ist die gelöste Substanz andererseits ungleichförmig zwischen den beiden Phasen verteilt, wird das Ergebnis der Analyse des Gesamtgewebes von den relativen Verhältnissen der zwei Phasen abhängen.

Plasma und Erythrocyten

Um den genannten Punkt weiter zu erläutern, betrachten wir das Blut, das als ein zweiphasiges System (Plasma und Erythrocyten) betrachtet werden kann, das durch eine Membran getrennt ist, die für einige Stoffe durchlässig und für andere relativ undurchlässig ist. Es ist allgemein verständlich, daß gewisse klinisch-chemische Bestimmungen mit Plasma (oder Serum) statt mit Vollblut ausgeführt werden sollen. Zu diesen gehören Harnsäure, Kreatinin, Cholesterin, Aminosäuren, Proteine, verschiedene Enzyme, Natrium und Kalium. Man bedenkt manchmal nicht, daß permeable Ionen wie Chlorid und Bicarbonat auch im Plasma bestimmt werden müssen, wenn man nicht gleichzeitig den Hämatokrit (oder den Hämoglobingehalt) ermittelt. Chlorid-und CO_2-Werte im Vollblut sind von relativ geringer Aussagekraft, wenn nicht gleichzeitig das Verhältnis von Erythrocyten zu Plasma bekannt ist. Das liegt daran, daß Chlorid- und Bicarbonationen ungleich in Erythrocyten und Plasma verteilt sind, obwohl sie die Erythrocytenmembran permeieren können. So sind die normalen Konzentrationen von Cl^- und HCO_3^- im Plasma 100 bzw. 24 mval/l. Die Erythrocyten haben Chlorid- und Bicarbonatkonzentrationen von etwa 60 bzw. 15 mval/l. Wegen dieser Konzentrationsdifferenz schwanken die Werte für Vollblut in Abhängigkeit von dem relativen Volumen

Tab. 4. Konzentration von Chlorid und Bicarbonat im Vollblut in Abhängigkeit vom Hämatokrit

Vollblut-konzentration	Cl^- 88 mval/l HCO_3^- 22 mval/l	Cl^- 80 mval/l HCO_3^- 20 mval/l	Cl^- 72 mval/l HCO_3^- 18 mval/l
	Hämatokrit 30%	Hämatokrit 50%	Hämatokrit 70%
	70% Plasma Chlorid = 100 x 0,7 = 70 HCO_3^- = 25 x 0,7 = 17,5	*50% Plasma* Chlorid = 100 x 0,5 = 50 HCO_3^- = 25 x 0,5 = 12,5	*30% Plasma* Chlorid = 100 x 0,3 = 30 HCO_3^- = 25 x 0,3 = 7,5
	30% Erythrocyten Chlorid = 60 x 0,3 = 18 HCO_3^- = 15 x 0,3 = 4,5	*50%* Erythrocyten Chlorid = 60 x 0,5 = 30 HCO_3^- = 15 x 0,5 = 7,5	*70%* Erythrocyten Chlorid = 60 x 0,7 = 42 HCO_3^- = 15 x 0,7 = 10,5

von Plasma und Erythrocyten (Hämatokrit) in dem betreffenden Vollblut (s. S. 125). Die Berechnung der Tabelle 4 zeigt diese Situation.

Extrazelluläre und intrazelluläre Phasen des Skeletmuskels

Ein Gewebe wie den Skeletmuskel kann man in eine extra- und eine intrazelluläre Phase auftrennen unter der Voraussetzung, daß erstens die Verteilung des gelösten Stoffes auf eine Phase beschränkt ist und daß zweitens die Konzentration des Stoffes in der Phase bestimmt werden kann. Das Volumen der Phase, in der der Stoff allein gelöst ist, kann folgendermaßen berechnet werden:

$$\text{Volumen [l]} = \frac{\text{Menge der Substanz [g]}}{\text{Konzentration in der Phase [g/l]}}$$

Das ist das Prinzip, das für alle Messungen von sogenannten Verteilungsräumen benutzt wird. Es soll am Chlorid illustriert werden, dessen Verteilung im Skeletmuskel auf die extrazelluläre Phase beschränkt ist. Wenn das zutreffend ist, kann der „Chlorid-Raum" des Skeletmuskels aus einer Chloridbestimmung im Muskel und im

Tab. 5. Wasser- und Elektrolytgehalt im Plasma und im Skeletmuskel der Ratte

Substanz	pro Liter Plasma	pro 1000 g Skeletmuskel (fettfreies Frischgewicht)
Wasser [g]	938	768,5
Feststoffe [g]	62	231,5
Cl^- [mval]	99	12,4
Na^+ [mval]	148	23,0
K^+ [mval]	4,9	110,7

pro 1000 g Wasser

$$[Cl]_p = \frac{99 \times 1000}{938} = 105{,}5$$

$$[Na]_p = \frac{148 \times 1000}{938} = 157{,}7$$

$$[K]_p = \frac{4{,}9 \times 1000}{938} = 5{,}2$$

Plasma bestimmt werden. Gleichzeitige Bestimmungen des Na^+ und K^+ im Plasma und im Muskel erlauben die Berechnung der Verteilung dieser Ionen zwischen extra- und intrazellulärer Phase. Auf diese Weise wurden die Ergebnisse der Tab. 5 erhalten.

Die Verteilung von Cl^-, Na^+ und K^+ durch die Kapillarmembran, die Plasma und interstitielle Flüssigkeit trennt, kann durch das Donnan-Gleichgewicht beschrieben werden.

$$r = \frac{[Cl^-]_p}{[Cl^-]_e} = \frac{[K^+]_e}{[K^+]_p} = \frac{[Na^+]_e}{[Na^+]_p} = 0{,}95$$

Danach:

$$[Cl^-]_e = \frac{[Cl^-]_p}{0{,}95} = \frac{105{,}5}{0{,}95} = 111{,}2 \text{ mval/1000 g extrazelluläres Wasser}$$

Ähnlich ergibt sich

$$[K^+]_e = 0{,}95 \times [K^+]_p = 0{,}95 \times 5{,}2 = 4{,}9 \text{ mval}$$

und

$$[Na^+]_e = 0{,}95 \times [Na^+]_p = 0{,}95 \times 157{,}7 = 149{,}8 \text{ mval}$$

pro 1000 g extrazelluläres Wasser.
Das extrazelluläre Wasser pro 1000 g Gewebe (= Chloridraum) wird folgendermaßen berechnet:

$$(H_2O)_e = \frac{(Cl^-)_m \times 100}{[Cl^-]_e} = \frac{12{,}4 \times 1000}{111{,}2} = 111{,}5 \text{ g Wasser/1000 g Muskel}$$

Das intrazelluläre Wasser erhält man als Differenz

$$(H_2O)_m - (H_2O)_e = (H_2O)_i \text{ oder } 768{,}5 - 111{,}5 = 657{,}0 \text{ g/1000 g Muskel (fettfrei)}$$

Die Aufteilung von Natrium und Kalium zwischen extra- und intrazellulärer Phase kann folgendermaßen vervollständigt werden.

Es sind 111,5 g extrazelluläres Wasser in 1000 g Muskel enthalten, und die Konzentration von $[Na^+]_e$ und $[K^+]_e$ im extrazellulären

Wasser sind 149,8 und 4,9 mval/1000 g Wasser. Daraus ergeben sich die Mengen von $[Na^+]$ und $[K^+]$ in der extrazellulären Phase zu

$$[Na^+]_e = \frac{149{,}8 \times 111{,}5}{1000} = 16{,}7 \text{ mval/1000 g}$$

und

$$[K^+]_e = \frac{4{,}9 \times 111{,}5}{1000} = 0{,}5 \text{ mval/1000 g}$$

Die Menge dieser Substanzen, die in der intrazellulären Phase enthalten ist (mval/1000 g Muskel), erhält man aus der Differenz

$$[Na^+]_m - [Na^+]_e = [Na^+]_i \text{ oder } 23{,}0 - 16{,}7 = 6{,}3 \text{ mval/1000 g,}$$

$$[K^+]_m - [K^+]_e = [K^+]_i \text{ oder } 110{,}7 - 0{,}5 = 110{,}2 \text{ mval/1000 g.}$$

Die Konzentrationen von $[Na^+]_i$ und $[K^+]_i$ (als mval/1000 g intrazelluläres Wasser) errechnet sich zu

$$[Na^+]_i = \frac{[Na^+]_i \times 1000}{657{,}0} = \frac{6{,}3 \times 1000}{657{,}0} = 9{,}6 \text{ mval/1000 g}$$

$$[K^+]_i = \frac{[K^+]_i \times 1000}{657{,}0} = \frac{110{,}2 \times 1000}{657{,}0} = 167{,}8 \text{ mval/1000 g.}$$

Die Ergebnisse dieser Berechnungen sind in der Tabelle 6 zusammengefaßt. Man wird feststellen, daß die relativen Größen der beiden Kompartimente nicht aufgeführt sind. Aus dem Wasserge-

Tab. 6. Die Verteilung einiger Elektrolyte und des Wassers zwischen dem extra- und dem intrazellulären Kompartiment im Skeletmuskel der Ratte

Verbindung		Extrazellulär	Intrazellulär
Wasser	[g/1000 g fettfreies Gewebe]	111,5	657,0
Na^+	[mval/1000 g H_2O]	149,8	9,6
K^+	[mval/1000 g H_2O]	4,9	167,8
Cl^-	[mval/1000 g H_2O]	111,2	–

halt des Muskels mit 768,5 g/1000 g Muskel ergibt sich durch Differenzbildung ein Trockengehalt von 1000–768,5 = 231,5 g/ 1000 g Muskel. Diese Trockensubstanzmenge muß nun auf die beiden Kompartimente verteilt werden. Wenn man annimmt, daß die extrazelluläre Phase des Muskels eine bindegewebige ist, könnte eine Kollagenbestimmung als Maß für den Trockensubstanzgehalt des extrazellulären Kompartiments dienen. Für die vorliegenden Betrachtungen wollen wir einen Wassergehalt der intrazellulären Phase von 75% annehmen. Aus den obigen Berechnungen ergab sich, daß 657,0 g intrazelluläres Wasser/1000 g Muskelfrischgewicht enhalten sind. Die intrazelluläre Phase beträgt dann

$$657{,}0 \times \frac{100}{75} = 876 \text{ g.}$$

Zieht man diese Menge von 1000 g ab, so bleiben 124 g für die extrazelluläre Phase pro 1000 g Muskel übrig. Auf dieser Grundlage ergibt sich der Wassergehalt der extrazellulären Phase zu

$$\frac{111{,}5 \times 100}{124} = 89\%$$

4. Die Flüssigkeitsräume des Organismus

Die Körperflüssigkeiten kann man in zwei Hauptphasen oder -kompartimente teilen, nämlich extrazelluläre und intrazelluläre. Das intrazelluläre Kompartiment besteht aus dem Wasser und den gelösten Stoffen innerhalb der Zellen der verschiedenen Gewebe und ist der Ort der Stoffwechselprozesse des Körpers. Das extrazelluläre Kompartiment liegt außerhalb der Zellen und bildet für diese die wässrige Umgebung innerhalb des Körpers. Es sind die extrazellulären Flüssigkeiten, durch die eine Verbindung zwischen den Zellen und zwischen den Organen des Körpers geschaffen wird. Jene sind eingeschaltet zwischen die meisten Zellen des Körpers und die Organe, die den Stoffaustausch mit der Umgebung bewirken (z. B. Lungen, Haut, Gastro-Intestinaltrakt und Nieren).

Die Messung der scheinbaren Volumina der Flüssigkeitsräume

Die Verteilung der Körperflüssigkeiten kann im intakten Organismus auf verschiedene Weise studiert werden. Einer besteht darin, daß man die verschiedenen Flüssigkeitsräume mißt, indem man das scheinbare Verteilungsvolumen oder die Verdünnung einer gegebenen Substanz, die sich in dem fraglichen Kompartiment verteilt hat, bestimmt. Das ist eine absolute Messung. Eine andere Methode besteht darin, daß man die Änderungen des Volumens und des Gehalts an Festsubstanzen durch Bilanzuntersuchungen bestimmt.

Bei der Verdünnungstechnik wird eine bekannte Menge des Bezugsstoffes intravenös injiziert. Nach einer ausreichenden Zeit für die Verteilung wird Blut abgenommen und die Konzentration der Substanz wird bestimmt. Wenn ein Teil der Substanz während der Mischungszeit ausgeschieden wurde, so ermittelt man diese Menge, um den im Körper verbliebenen Rest bestimmen zu können. So ergibt sich:

$$\text{Verteilungsvolumen} = \frac{\text{Gesamtmenge im Körper}}{\text{Plasmakonzentration}}$$

Folgende Voraussetzungen müssen für eine solche Messung erfüllt sein.

1. Die injizierte Substanz muß sich gleichförmig in dem zu untersuchenden Kompartiment verteilen, ohne daß Anteile der Substanz in ein anderes Kompartiment übertreten, wo sie in einer anderen Konzentration vorliegen könnten.
2. Man muß eine repräsentative Bestimmung der Konzentration der Substanz durchführen können, gewöhnlich im Blut, Plasma oder Serum.
3. Die Menge der Substanz, die im Körper retiniert wird, muß man genau bestimmen können, indem man von der injizierten Menge den umgesetzten oder ausgeschiedenen Anteil abzieht.

Versuche mit verschiedenen Substanzen haben ergeben, daß das extrazelluläre Kompartiment nicht homogen ist und daß das Verteilungsvolumen von dem Bezugsstoff abhängt. Die Tabelle 7 enthält Angaben über die Verteilungsräume beim normalen Erwachsenen. Schwierigkeiten treten bei der Messung des Plasmavolumens mit Evans-Blau und ^{131}I-Albumin auf, da beide Substanzen aus dem Blut austreten. Das kann zu erheblichen Fehlern führen, besonders bei Traumen, bei denen übermäßige Mengen von Plasmaproteinen aus dem Gefäßsystem verloren gehen. Methoden zur Bestimmung des Plasmavolumens mit Hilfe von markierten

Tab. 7. Scheinbares Verteilungsvolumen verschiedener Stoffe bei normalen Erwachsenen*

Kompartiment und Prüfsubstanz	Durchschnittliches Verteilungsvolumen
Plasma (ml/kg Körpergewicht)	
Evans-Blau (T-1824)	45
^{131}I-Albumin	40
Extrazellulär (% Körpergewicht)	
Inulin	16
Mannitol	18
Thiosulfat (S_2O_3'')	17
Sulfat (SO_4'')	23
Bromid	26
Radioaktives Chlorid (^{36}Cl)	27
Radioaktives Chlorid (^{38}Cl)	23
Radioaktives Natrium (^{24}Na)	28
Thiocyanat (SCN)	24
Deuteriumoxid (D_2O)	62
Tritiumoxid (THO)	59
Antipyrin	54

* Abgerundete Werte aus einer Tabelle von Elkinton, J. R. und T. S. Danowski: The body fluids, Baltimore, The Williams & Wilkins Co., 1955, S. 77.

Erythrocyten (^{55}Fe, ^{59}Fe, CO, ^{32}P oder ^{31}Cr) und die Messung des Hämatokrits können ungenau sein. Der Hämatokrit, den man im venösen oder arteriellen Blut bestimmt hat, muß nicht den wahren Wert für das gesamte Blut widerspiegeln. Der Hämatokrit des Blutes im Kapillarbett unterscheidet sich von dem in den großen Venen und Arterien.

Aus den in der Tab. 7 dargestellten Daten wird klar, daß das extrazelluläre Flüssigkeitsvolumen von der Bezugssubstanz abhängt. Wenn Inulin und Thiosulfat den Extrazellulärraum messen, müssen sich die anderen Stoffe in einem größeren Volumen verteilen. Es wurde vorgeschlagen, das extrazelluläre Wasser und die Elektrolyte in vier Unterabteilungen zu trennen (1), nämlich 1. Plasma, 2. interstitielle und lymphatische Flüssigkeit, 3. Flüssigkeiten im dichten Bindegewebe, Knorpel und Knochen und 4. transzelluläre Flüssigkeiten.

Das intrazelluläre Volumen stellt das gesamte Flüssigkeitsvolumen minus das extrazelluläre Volumen, also z. B. den D_2O-Raum minus den Inulinraum dar.

Gamble (2) gibt an, daß das Wasser beim Erwachsenen 70% des Körpergewichts ausmacht und aus der intrazellulären Flüssigkeit mit 50% des Körpergewichts und der extrazellulären Flüssigkeit mit 20% des Körpergewichts (interstitielle Flüssigkeit 15% und Blutplasma 5% des Körpergewichts) besteht. Die Daten in der Tab. 8 zeigen, daß die Flüssigkeitsräume alters- und geschlechtsabhängig sind. Kinder haben eine größere Menge an Gesamtkörper-

Tab. 8. Durchschnittliche Verteilung des Körperwassers (% des Körpergewichts)

Alter und Geschlecht	Plasma-volumen	Gesamt-wasser	Extra-zelluläre Flüssigkeit	Inter-stitielle Flüssigkeit	Intrazelluläre Flüssigkeit
Kinder					
0– 1 Monat	4,1	76	29	25	47
1–12 Monate		65			
1–10 Jahre		62			
Erwachsene					
Männer	4,5	60	15	11	45
Frauen	4,3	50	15	10	35

wasser und extrazellulärem Wasser pro Gewichtseinheit als Erwachsene. Wichtige Veränderungen treten während der ersten Monate und Jahre des Lebens auf.

Klinisch wichtige Informationen über Veränderungen der Flüssigkeitskompartimente kann man aus Bilanzuntersuchungen erhalten. Man bestimmt das Körpergewicht, das Plasmawasser, die Plasmakonzentrationen von Na, K und Cl und die Bilanzen von N, Na, K und Cl. Änderungen des Körpergewichts dienen als Index für Veränderungen des Gesamtkörperwassers.

Die Chloridbilanz dient als Maß für Veränderungen der extrazellulären Flüssigkeiten. Wenn man Initialwerte für das Gesamtkörperwasser und das Extrazellulärvolumen voraussetzt, kann man Veränderungen der wichtigsten Flüssigkeitskompartimente ermitteln. Der Austausch von Natrium und Kalium zwischen den extra- und intrazellulären Phasen kann ebenfalls berechnet werden.

Zusammensetzung der Körperflüssigkeiten

Die extra- und intrazellulären Flüssigkeiten unterscheiden sich erheblich in ihrem prozentualen Gehalt an Wasser, Elektrolyten und Protein sowie organischen Stoffen niederen Molekulargewichts. Die in den Körperflüssigkeiten gelösten Stoffe kann man in drei Hauptgruppen unterteilen: Elektrolyte, Proteine (und andere Kolloide) und Nichtelektrolyte. Die Zusammensetzung des Blutplasmas und der Erythrocyten kann man durch direkte Analyse ermitteln, die der interstitiellen Flüssigkeit kann mit genügender Genauigkeit aus der Plasmazusammensetzung bestimmt werden. Andererseits muß die Zusammensetzung der intrazellulären Flüssigkeiten indirekt festgestellt werden und unterliegt verschiedenen Fehlern. Eine bestimmte Menge von Gewebe kann analysiert und die Ergebnisse pro Gewichtseinheit (entweder pro 1000 g fettfreies Frischgewebe oder pro 100 g fettfreie Trockensubstanz) ausgedrückt werden. Da man das Gewebe nicht in extra- und intrazelluläre Phasen aufteilen kann, wie das Blut durch Zentrifugation, ist das Problem, das Volumen und die Zusammensetzung einer Phase zu bestimmen. Das Volumen und die Zusammensetzung der anderen Phase kann dann aus der Differenz zum Gesamtgehalt erhalten werden.

Die Zusammensetzung der extrazellulären Phase kann aus den Plasmawerten erhalten werden. Folglich wurden Versuche unternommen, das Volumen der extrazellulären Phase zu bestimmen. Das dabei auftauchende Problem ist, ob man als Maß den Inulinraum, den SCN-Raum oder den Chloridraum benutzen soll. Die Aufteilung der intra- und extrazellulären Kompartimente des Gesamtgewebes wird von dem jeweiligen Volumen der extrazellulären Phase abhängen. Die meisten Untersucher stimmen darin überein, daß für praktische Zwecke gilt, daß Chlorid in der intrazellulären Phase des Skeletmuskels fehlt und daher als Maß für den Extrazellulärraum des Muskels dienen kann. Diese Voraussetzung trifft jedoch keineswegs für andere Organe zu (z. B. Niere und Leber).

Der Gebrauch von Chlorid zur Bestimmung des Wassergehalts der Extrazellulärphase des Skeletmuskels und die Grundlagen für die Verteilung von Wasser und Elektrolyten zwischen extra- und intrazellulären Phasen des Muskels wurden bereits besprochen (S. 18–21). Die Analyse hatte gezeigt, daß das Hauptkation der extrazellulären Flüssigkeit das Natrium ist, während das der intrazellulären Flüssigkeiten das Kalium ist.

Die Tabelle 9 enthält die durchschnittliche Elektrolytzusammensetzung des normalen menschlichen Plasmas. Außerdem ist in ihr die durchschnittliche Elektrolytzusammensetzung der intrazellulären Flüssigkeit des Skeletmuskels enthalten. Die Elektrolyte liefern den Hauptanteil des gesamten osmotischen Drucks der extra- und intrazellulären Flüssigkeiten. Wie man sieht, ist die Konzentration der Kationen in der intrazellulären Flüssigkeit beträchtlich höher als im Plasma (extrazelluläre Flüssigkeit) und trotzdem ergibt sich die gleiche milliosmolale Konzentration der zwei Flüssigkeiten. Das zeigt das osmotische Gleichgewicht an. Viele der anionischen Äquivalente in der intrazellulären Flüssigkeit werden von mehrwertigen Ionen geliefert, wodurch die osmolale Konzentration verringert wird.

Tab. 9. Durchschnittliche Zusammensetzung des normalen menschlichen Blutplasmas und annähernde Zusammensetzung der intrazellulären Flüssigkeit des Skeletmuskels (Werte auf 1000 g H_2O bezogen) (Plasmawasser 93%, intrazelluläres Wasser 74%)

	Blutplasma			Intrazelluläre Phase	
	mval/kg H_2O	mosm/kg H_2O		mval/kg H_2O	mosm/kg H_2O
Kationen			*Kationen*		
Na^+	150	150	Na^+	14	14
K^+	5,4	5,4	K^+	150	150
Ca^{++}	5,4	2,7	Ca^{++}	2	1
Mg^{++}	2,2	1,1	Mg^{++}	40	20
Summe	163,0	159,2	Summe	206	185
Anionen			*Anionen*		
Cl^-	113,0	113,0	$Protein^-$	50	(5)†
HCO_3^-	27,0	27,0	HCO_3^-	10	10
$Protein^-$	17,0	0,8 *	A^- (Phosphat und andere nicht proteinhaltige Ionen)	146	(103)†
A^-	6,0	(3,0)†			
Summe	163,0	143,8	Summe	206	(118)†
Total	326,0	303,0	Total	412	(303)†

* Die normale Konzentration von Albumin und Globulin im Plasma beträgt 4,0 und 3,0 g/100 ml.
† Grobe Schätzung.

$$\text{Albumin} = \frac{4{,}0 \times 10 \times 1000}{930} = 43 \text{ g/1000 g Wasser}$$

$$= \frac{43 \times 1000}{69\,000 \text{ (Molekulargewicht)}} = 0{,}62 \text{ mosm/1000 g Wasser}$$

$$\text{Globulin} = \frac{3{,}0 \times 10 \times 1000}{930} = 32{,}3 \text{ g/1000 g Wasser}$$

$$= \frac{32{,}3 \times 1000}{180\,000 \text{ (Molekulargewicht)}} = 0{,}18 \text{ mosm/1000 g Wasser}$$

$$\text{Albumin} + \text{Globulin} = 0{,}62 + 0{,}18 = 0{,}80 \text{ mosm/1000 g Wasser}$$

Da die Membran, die den extra- und den intrazellulären Raum voneinander trennt, eine reduzierte Durchlässigkeit für Natrium und Kalium aufweist, sind diese Kationen nicht nur überwiegend für den osmotischen Druck der extra- und intrazellulären Flüssigkeiten verantwortlich, sondern die Konzentrationen dieser zwei Kationen bestimmen auch das osmotische Gleichgewicht zwischen den zwei Kompartimenten.

5. Der Wasseraustausch zwischen dem Organismus und der Umgebung

Bei normalem Wasserstoffwechsel besteht ein Gleichgewicht zwischen dem vom Körper aufgenommenen und dem abgegebenen

Tab. 10. Aufnahme und Abgabe von Wasser bei Erwachsenen

Aufnahme	ml	Abgabe	ml
Trinken (Wasser und Getränke)	1200 (500–1700)	Urin	1400 (600–1600)
Wasser der Nahrungsstoffe (Gehalt 60–97% Wasser)	900 (800–1000)	Lungen und Haut (Perspiration)	900 (850–1200)
Oxydationswasser	300 (200– 400)	Faeces	100 (50– 200)
Gesamt	2400 (1500–3000)		2400 (1500–3000)

Wasser (Tab. 10). Die Wasserzufuhr setzt sich zusammen aus den Flüssigkeiten, die als solche aufgenommen werden, aus dem Wasser der sogenannten festen Nahrungsstoffe und aus dem Oxydationswasser. Das Oxydationswasser stellt Wasser dar, das im Stoffwechsel gebildet wird, auch wenn keine Nahrung oder Flüssigkeiten aufgenommen werden. So liefert z. B. die Oxydation von 100 g Fett, Kohlenhydrat oder Protein etwa 109, 60 oder 44 g (oder ml) Wasser. Diese Größen können folgendermaßen errechnet werden:

Glucose

$C_6H_{12}O_6 + 6\ O_2 \rightarrow 6\ CO_2 + 6\ H_2O$

(180 g) (108 g)

$$\frac{108}{180} \times 100 = 60 \text{ g Wasser/100 g Glucose}$$

Tripalmitin

$2\ C_{51}H_{98}O_6 + 145\ O_2 \rightarrow 102\ CO_2 + 98\ H_2O$

(1612 g) (1764 g)

$$\frac{1764}{1612} \times 100 = 109 \text{ g Wasser/100 g Fett}$$

Triolein

$C_{57}H_{104}O_6 + 80\ O_2 \rightarrow 57\ CO_2 + 52\ H_2O$

(884 g) (936 g)

$$\frac{936}{884} \times 100 = 106 \text{ g Wasser/100 g Fett}$$

Tristearin

$2\ C_{57}H_{110}O_6 + 163\ O_2 \rightarrow 114\ CO_2 + 110\ H_2O$

(1780 g) (1981 g)

$$\frac{1981}{1780} \times 100 = 111 \text{ g Wasser/100 g Fett}$$

Die Oxydation einer Mischung der drei Fette ergibt also rund 109 g Wasser pro 100 g oxydiertem Fett.

Es ist bekannt (4), daß 100 g Fleischeiweiß 52,38 g Kohlenstoff, 7,27 g Wasserstoff, 22,68 g Sauerstoff, 16,65 g Stickstoff und 1,02 g Schwefel enthalten. Wenn man annimmt, daß der gesamte

Stickstoff in Harnstoff umgewandelt wird, so ergeben 16,65 g Stickstoff 35,7 g Harnstoff:

$$16{,}65 \times \frac{60}{28} = 35{,}7\ \mathrm{g}$$

Harnstoff hat die Summenformel CH_4ON_2. Daher werden 4 : 60 = x : 35,7 oder x = 2,37 g Wasserstoff von 100 g Fleischeiweiß zur Bildung von Harnstoff benutzt. Daher werden 2 : 18 = 4,90 : x oder x = 44 g Wasser durch die Oxydation von 100 g Fleischeiweiß gebildet.

Es ist klar, daß das Oxydationswasser in Abhängigkeit von den Mengen an umgesetztem Kohlenhydrat, Fett und Eiweiß variieren wird. Die Daten in der Tab. 11 wurden auf der Basis berechnet,

Tab. 11. Abhängigkeit des Oxydationswassers von den umgesetzten Nahrungsstoffen

	Kalorien		Nahrung		Oxydationswasser		
Diät 1							
	280 = 4	x	70 g Protein	x	0,44 g	=	31 ml
	918 = 9	x	102 g Fett	x	1,09 g	=	111 ml
	1880 = 4	x	450 g Kohlenhydrat	x	0,60 g	=	270 ml
Gesamt	2998						412
Diät 2							
	280 = 4	x	70 g Protein	x	0,44 g	=	31 ml
	1800 = 9	x	200 g Fett	x	1,09 g	=	218 ml
	920 = 4	x	230 g Kohlenhydrat	x	0,60 g	=	138 ml
Gesamt	3000						387

daß ein erwachsener Mann von 70 kg 3000 kcal verbraucht. Bei der Diät 1 steuern die Kohlenhydrate 60% der Kalorien bei, bei der Diät 2 machen die Fettkalorien 60% aus. Die Berechnungen zeigen, daß das Oxydationswasser etwa 13–14 ml/100 kcal beträgt. Wenn keine Nahrung aufgenommen wird und die Kohlenhydratreserven aufgebraucht sind, liefern die Gewebslipide und -proteine die Kalorien. Angenommen ein 70 kg schwerer Mann fastet 7 Tage und der Gesamt-Stickstoffwert im 24-Stunden-Urin am siebenten Tag ist 9,6 g, so sind 60 g (9,6 x 6,25) Protein umgesetzt worden. Nehmen wir weiterhin an, daß der Gesamt-Kalorienbedarf des Betreffenden 1698 kcal war, so heißt das, daß 1458 kcal (1698–(60 x 4)) aus dem Stoffwechsel von 162 g (1458/9) Fett stammen. Die Berechnungen in Tab. 12 ergeben, daß etwa 203 g Wasser

Tab. 12. Das Oxydationswasser beim Fasten*

Körperbestandteil		Kalorien		Oxydationswasser
60 g Eiweiß	=	240	und	26 g
162 g Fett	=	1458	und	177 g
Gesamt		1698		203 g

* Es wurde angenommen, daß ein 70 kg schwerer Mann fastet und der 24-Stunden-Urin am 7. Tag 9,6 g Gesamt-N (entspricht dem Umsatz von 60 g Protein) enthält. Der Gesamtkalorienumsatz von 1698 kcal wurde ebenfalls vorausgegeben.

durch Oxydation entstanden sind. Zusätzlich dürfte Zellwasser durch Gewebsabbau im Zusammenhang mit dem Eiweißabbau freigeworden sein. Ob dem Körper Wasser von außen zugeführt wird oder nicht, ständig verliert der Körper Wasser auf vier Wegen: durch die Haut, die Lungen, den Darm und die Nieren. Es ist wichtig, sich darüber klar zu werden, daß eine Retention oder ein Verlust von Körperwasser mit einer Zunahme oder einem Verlust von Elektrolyten (Na und/oder K) verbunden ist. Folglich ist es zur Aufrechterhaltung des Flüssigkeitsgleichgewichts wichtig, daß adäquate Mengen von Wasser und Elektrolyten aufgenommen werden.

Beim Gesunden überschreitet die Aufnahme von Wasser und Elektrolyten den normalen Bedarf des Organismus. Daher bestimmen metabolische und regulatorische Mechanismen die Retention oder Elimination von Wasser und/oder Elektrolyten.

Beim Kranken können die Änderungen der Aufnahme oder der Verlust durch einen der vier oben erwähnten Wege so stark sein, daß die Regelmechanismen nicht mehr in der Lage sind, ein normales Volumen und eine normale Zusammensetzung der Körperflüssigkeiten aufrechtzuerhalten.

Die Regulation des Körperwassers

Durst ist der subjektive Sinneseindruck, der den Wunsch hervorruft, Wasser aufzunehmen. Das Ganze stellt ein ziemlich komplexes physiologisches Problem dar, das noch eingehender Klärung bedarf. So viel sei gesagt, daß Durst eng mit einer osmotischen Hypertonie der Körperflüssigkeiten und einem intrazellulären Wasserdefizit verknüpft zu sein scheint.

Aus den Angaben der Tab. 10 ist zu erkennen, daß der Wasserverlust durch die Lungen, die Haut und den Darm etwa dem Wasser entspricht, das aus dem Wasser in der Nahrung und aus der Oxydation erhalten wird. Diese drei Wege der Wasserausscheidung haben den Vorrang, so daß die tägliche Wasserausscheidung im Urin ein Gleichgewicht zwischen den extrarenalen Verlusten und der Zufuhr von Wasser aus den verschiedenen Quellen darstellt. Mit anderen Worten hängt das Urinvolumen von den Mengen an Wasser und Elektrolyten ab, die nach den extrarenalen Verlusten verbleiben.

Unsichtbarer Wasserverlust

Wasserdampf wird ständig durch die Lungen und die Haut abgegeben, wodurch etwa 25% der abgegebenen Wärme des Körpers verloren geht (5). Dieser obligate Wasserverlust spielt eine Rolle bei der Regulation der Körperwärme und nimmt auch bei hochgradiger Dehydratation nur wenig ab (6).

Unter gewöhnlichen Umständen verliert der Erwachsene etwa 800 bis 1500 ml Wasser pro Tag über den Weg der Haut und der Lungen. Das wird gewöhnlich als der unsichtbare Verlust bezeichnet, da die Umwandlung des Wassers direkt in die gasförmige Phase erfolgt. Es gibt Angaben (3), daß dieser unsichtbare Wasserverlust etwa 42–44 g (oder ml) pro 100 umgesetzten Kalorien beträgt. Ein erwachsener Mann, der 3000 Kalorien verbraucht, müßte danach einen unsichtbaren Wasserverlust von etwa 1300 ml haben. Der unsichtbare Wasserverlust bei Kindern ist relativ erheblich größer als bei Erwachsenen. Das geht aus den folgenden Formeln (3) zur Bestimmung des minimalen basalen unsichtbaren Wasserverlustes hervor:

Erwachsene: Unsichtbarer Wasserverlust ml/Tag = 15 x kg Körpergewicht

Kinder: Unsichtbarer Wasserverlust ml/Tag = 30 x kg Körpergewicht

Der unsichtbare Wasserverlust durch die Haut führt zu einem geringen Verlust von Elektrolyten. Teilweise ist dieser Verlust auf eine Desquamation zurückzuführen. Schweiß enthält, obgleich er hypoton ist, doch erhebliche Mengen an Elektrolyten und Stickstoff. Sichtbares Schwitzen führt daher zu bedeutsamen Verlusten an Elektrolyten und auch an Wasser.

Die renale Wasserausscheidung

Die Nieren stellen die wichtigsten Organe zur Regulierung des Volumens und der Elektrolyt-Zusammensetzung der Körperflüssigkeiten dar. Wie oben ausgeführt wurde, steht das Körperwasser zur Ausscheidung zur Verfügung, nachdem die extrarenalen Bedürfnisse befriedigt worden sind, nämlich die Abgabe durch die Lungen und die Haut. Unter den meisten Bedingungen ändert sich das Urinvolumen direkt mit der Menge der ausgeschiedenen Feststoffe. Wie aus den unten gemachten Ausführungen klar werden wird, erzwingt ein Überschuß an gelösten Stoffen (Elektrolyten und/oder Nichtelektrolyten) in den Nierentubuli die Ausscheidung von Wasser. Andererseits kann ein Überschuß von Wasser nur zu einem viel geringeren Ausmaß die Ausscheidung von gelösten Festsubstanzen erzwingen. Die Ergebnisse der Analysen von Proben des 24-Stunden-

Urins einer großen Gruppe normaler Medizinstudenten, die verschiedene spezifische Diätformen (einschließlich völligem Fasten) 3 Tage lang einhielten, ergaben eine Variationsbreite des Volumens von 320 bis 4740 ml und der Dichte von 1,004 bis 1,043.

6. Die Nierenfunktion

Das Nephron ist die funktionelle Untereinheit der Niere, und die Nierenfunktion hängt von der Zahl und der Aktivität dieser Einheiten ab. Jede Niere eines normalen Erwachsenen hat etwa eine Million Nephren. Das Nephron besteht aus dem Glomerulum und dem Nierentubulus. Der Nierentubulus kann eingeteilt werden in 1. den proximalen Tubulus contortus 2. die Henle'sche Schleife und 3. das distale Tubulusconvolut. Der Urin aus dem distalen Tubulusconvolut passiert die Sammeltubuli und danach den Ureter bis zur Harnblase.

Die Bestimmung einzelner Phasen der Nierenfunktion

Zur Ermittlung des Gesamtanteils der glomerulären Filtration und des tubulären Transports (wobei unter Transport die tubuläre Reabsorption und/oder die tubuläre Exkretion verstanden werden) bei der Ausscheidung einer gegebenen Substanz, ist es notwendig zu wissen, wieviel der gegebenen Substanz in der Zeiteinheit filtriert wird. Dieser Wert, also die Menge an filtrierter Substanz pro Zeiteinheit, wird zu dem bestimmbaren Betrag des Stoffes im Urin (pro Zeiteinheit) ins Verhältnis gesetzt und erlaubt die Ermittlung des tubulären Transports in der Zeiteinheit. Als Zeiteinheit wird gewöhnlich eine Minute gewählt.

In vereinfachter Form ergibt sich folgendes:

1. Filtrierte Menge – reabsorbierte Menge = Menge im Urin

   filtriertes Plasmavolumen x Konzentration im Filtrat – reabsorbierte Menge = Urinvolumen x Stoffkonzentration

oder

2. Filtrierte Menge	– sezernierte Menge	= Menge im Urin
filtriertes Plasmavolumen x Konzentration im Filtrat	– sezernierte Menge	= Urinvolumen x Stoffkonzentration

3. $ml = \frac{UV}{P}$

Der dritte Ausdruck stellt die „Clearance" dar, ein theoretisches Plasmavolumen, das beim Fluß durch die Nieren von der betreffenden Substanz in 1 Minute befreit (geklärt) würde. Die Clearance stellt auch das Plasmavolumen dar, das benötigt wird, um die Menge der Substanz zur Verfügung zu stellen, die in 1 Minute in den Urin ausgeschieden wird.

Eine Substanz wie das Inulin (auch Mannit und Thiosulfat) wird durch den Glomerulus frei filtriert; es wird weder in den Tubuli reabsorbiert noch durch tubuläre Sekretion der tubulären Flüssigkeit hinzugefügt, noch wird er durch die Nierenzellen verstoffwechselt. Eine solche Substanz kann dazu dienen, die glomeruläre Filtrationsrate zu bestimmen. Beim normalen, männlichen Erwachsenen (1,73 m^2 Körperoberfläche) beträgt die durchschnittliche glomeruläre Filtrationsrate etwa 130 ml/min. Substanzen mit einer Clearance von weniger als 130 ml/min, wozu Glukose, Harnstoff, Aminosäuren, Ascorbinsäure, Na^+, K^+, HCO_3^- und Cl^- gehören, müssen während der Passage des Glomerulusfiltrats durch die Tubuli (teilweise) reabsorbiert werden. Andererseits müssen Substanzen, die eine Clearance über 130 ml/min haben, wie Diodrast, p-Aminohippurat, Phenolsulfonphthalein, Creatinin, H^+ und NH_4^+, während der Passage des Glomerulusfiltrats durch die Tubuli sezerniert werden.

Bestimmte Substanzen wie Diodrast und p-Aminohippurat werden so effektiv durch die gemeinsame Wirkung der Glomeruli und Tubuli aus dem Blut entfernt, daß sie tatsächlich vollständig bei einem Durchgang durch die Niere aus dem Blut verschwinden. Ihre Clearances sind daher ein Maß für den effektiven renalen Blutplasmafluß, der beim normalen Erwachsenen etwa 700 ml/min beträgt (7). Bei einem Hämatokrit von 45% ergibt sich ein effektiver renaler Blutfluß von etwa 1270 ml/min.

Wenn die Blutkonzentration bestimmter Substanzen, die entweder einer tubulären Reabsorption oder einer tubulären Exkretion unterliegen, erhöht wird, erreicht man einen Punkt, bei dem die Urinausscheidung der filtrierten Menge der Substanz parallel geht. Mit anderen Worten, man hat eine maximale Rate des tubulären Transports erreicht, und die Ausscheidung im Urin steht nun in Beziehung zu dem filtrierten Betrag. Dies wurde ursprünglich als Tm bezeichnet, mit speziellem Bezug auf die tubuläre Exkretionsfähigkeit der Nieren (7). Es ist jetzt üblich, Tm zu benutzen, um das tubuläre Transportmaximum zu charakterisieren, unabhängig davon, ob es Reabsorption oder Exkretion ist.

Die Anwendung des Prinzips der Clearance ergab drei verschiedene Typen des tubulären Reabsorptionsmechanismus (8). Als Beispiel für den ersten Typ kann die Harnstoff-Reabsorption dienen. Harnstoff diffundiert sehr gut. Nach der Filtration durch den Glomerulus diffundiert etwas von dem Harnstoff passiv durch die renalen Tubuluszellen als Folge der ansteigenden Harnstoffkonzentration in der tubulären Flüssigkeit durch Wasser-Reabsorption. Der zweite oder „aktive“ Typ des tubulären Rückresorptionsmechanismus wird durch Glukose, Ascorbinsäure, Aminosäuren und Phosphat dargestellt und ist von spezifischen Stoffwechselaktivitäten innerhalb der Zellen abhängig. Die Nierentubuli besitzen für diese Substanzen eine feststehende und begrenzte Rückresorptionskapazität (eine Tm). Sie stellt die maximale Menge der Substanz dar, die durch die Tubuli in der Minute rückresorbiert werden kann. Jeder Überschuß über diese Menge wird im Urin wiedergefunden. Eine dritte Art von Reabsorption durch die Nierentubuli wird durch die Rückresorption der Anionen Bicarbonat und Chlorid dargestellt. Offenbar vereint dieser Mechanismus einige Eigenschaften der ersten beiden Mechanismen (8). So ist z. B. in einer Art die Rückresorptionsrate des Bicarbonats feststehend und begrenzt, da die rückresorbierte Menge pro Zeiteinheit oberhalb der Schwelle unabhängig von der Plasmakonzentration ist. Die Nierenschwelle für die Hauptausscheidung von Bicarbonat ist bei normalen Hunden etwa 25 mval/l (9). Die Rückresorption des Bicarbonats ist aber nicht feststehend im ursprünglichen Sinn von Tm. Hier ändert sich die Menge des reabsorbierten Bicarbonats in der Zeiteinheit direkt und fast proportional mit Änderungen in der Rate der glomerulären Filtration.

Die Tabelle 13 enthält die berechneten Daten, die die Größe des Stoffturnovers in den Nieren unterstreichen. Es dürfte klar sein, daß ein nur geringer Abfall der prozentualen tubulären Reabsorption einer gegebenen Verbindung zu einem ausgeprägten Anstieg seiner Ausscheidung im Urin führen würde.

Tab. 13. Größe des täglichen tubulären Transports
(Die Berechnungen basieren auf einem durchschnittlichen Glomerulusfiltrat von 125 ml/min und durchschnittlichen Plasmawerten)

Substanz	Glomerulus-filtrat	Urin	Tubuläre Rückresorption %
Wasser [l]	180	1	99
HCO_3^- [val]	4,75	0,002	99
$NaHCO_3$ [g]	400	0,17	99
Cl^- [val]	20,16	0,18	99
NaCl [g]	1180	10	99
Na [val]	25,74	0,3	98
K [val]	0,9	0,3	67
Harnstoff [g]	45	25	44
Aminosäure-N [g]	9	0,1	99
Protein [g]	36	0,1	99

Die Konzentrierung und Verdünnung des Urins

Die Rückresorption von Wasser durch die Nierentubuli erfolgt durch zwei mehr oder weniger unabhängige Prozesse:

1. durch passive Wasserrückresorption im proximalen Tubulusabschnitt ohne Beziehung zu dem antidiuretischen Hormon (ADH) und 2. durch Wasserrückresorption im distalen System (einschließlich der Sammelröhren), die eng mit der Wirkung von ADH verknüpft ist (10,11). Die gegenwärtigen Ansichten (12) über den Turnover des Wassers und die Ausscheidung von Stoffen über die Niere bei Säugetieren weisen darauf hin, daß die Flüssigkeit in den proximalen Tubuli drastisch im Volumen reduziert wird, wobei Wasser und Festsubstanzen in dem Verhältnis aufgenommen werden, daß sie isotonisch mit dem arteriellen Nierenblutplasma ist. Der Urin wird osmotisch durch die Wirkung eines Gegenstrommechanismus im Nierenmark konzentriert. Eine initiale Konzentrierung der Flüssigkeit erfolgt, wenn sie den absteigenden Schenkel der Henle'schen Schleife hinabfließt. Darauf folgt im aufsteigenden Schenkel wieder eine Verdünnung. Die Flüssigkeit im distalen Tubulus neigt dazu, hypotonisch zu werden und die endgültige Konzentrierung erfolgt in den Sammelröhren als Folge einer Wasserdiffusion aus den Sammelröhren in die hyperosmotische, interstitielle Flüssigkeit des Nierenmarks.

Die Tabelle 14 enthält die Daten, die die Zusammensetzung der tubulären Flüssigkeiten zeigt, die durch Mikropunktion gesammelt wurden (13). Aus den proximalen und distalen Tubulusconvoluten von anästhesierten Ratten wurde durch Mikropunktion Flüssigkeit gesammelt und auf Inulin, Natrium, Harnstoff und osmotische Aktivität untersucht. Dabei ergab sich folgendes (14). Bei antidiuretischen Ratten war die proximale Flüssigkeit isoosmotisch mit dem Plasma. Das Verhältnis der Konzentration in der Flüssigkeit zu der im Plasma (F/P-Verhältnis) für Natrium schwankte zwischen 0,93 und 1,01, mit einem Mittelwert von 0,99. Für Inulin bewegten sich die F/P-Verhältnisse zwischen 1,5 und 3,1 als Zeichen dafür, daß Wasser rückresorbiert worden ist. Messungen der Harnstoffkonzentration ergaben F/P-Verhältnisse, die im allgemeinen die Hälfte oder weniger als die Hälfte der F/P-Werte für Inulin betragen.

Tab. 14. Die Zusammensetzung der durch Mikropunktion gewonnenen Tubulusflüssigkeit (13)

Parameter	Antidiurese	Mannitdiurese
Letzte Fraktion der proximalen Flüssigkeit bei Ratten		
Wasserrückresorption	70%	< 70%
Osmolalität F/P*	1,0	1,0
Glucose F/P	0,2	–
Harnstoff F/P	1,5	–
Na^+ F/P	1,0	bis 0,7
K^+ F/P	0,9	–
Ca^{++} F/P	1,0	bis 0,5
NH_4^+ F/P	20	–
ΔpH	bis – 0,4 Einheiten	bis – 0,6 Einheiten
HCO_3^- F/P	0,4	0,3
Cl^- F/P	1,3	bis 0,8
Transtubuläre Potentialdifferenz	– 20 mV	– 20 mV
	Flüssigkeit in der Henleschen Schleife	Urin im Sammelrohr
Osmolalität F/P	2,8	3,0
Inulin F/P	11	122
Harnstoff F/P	17	54
Natrium F/P	1,9	0,3
Chlorid F/P	2,8	0,8
pH	7,34	6,58

$$^*F/P = \frac{\text{Konzentration in der Tubulusflüssigkeit}}{\text{Konzentration im Plasma}}$$

Analysen der distalen Tubulusflüssigkeit von antidiuretischen Ratten ergaben, daß die Flüssigkeit entweder hypoton oder isotonisch mit Plasma war. Das F/P-Verhältnis für Natrium lag zwischen 0,50 und 0,79, mit einem Mittelwert bei 0,62. Das Verhältnis für Inulin betrug 5,7 bis 11,7, wobei alle Werte wenigstens doppelt so hoch waren als die höchsten F/P-Verhältnisse im proximalen Tubulus. Im Gegensatz zur proximalen Flüssigkeit waren die F/P-Verhältnisse für Harnstoff gleich oder größer als die Inulinwerte und lagen zwischen 6,3 und 18,1. Offenbar wird Harnstoff aus der proximalen

Flüssigkeit zwar rückresorbiert, aber später wieder ausgeschieden, so daß die distale Flüssigkeit wenigstens so viel enthält wie abfiltriert wurde. Unter den Bedingungen der osmotischen Diurese waren alle Proben der proximalen Flüssigkeit isoosmotisch mit dem Plasma (F/P = 1). Jedoch waren die F/P-Verhältnisse für Natrium proximal kleiner als 1,0, besonders bei der Mannitdiurese, bei der die F/P-Verhältnisse für Natrium von 0,96 bis hinab zu 0,78 (mit einem Mittelwert von 0,90) schwankten. Während der Harnstoffdiurese bewegte sich das proximale F/P-Verhältnis für Natrium von 0,99 bis 0,91, mit einem Mittelwert von 0,95. Die proximalen F/P-Verhältnisse für Inulin lagen zwischen 1,25 und 3,02. Eine Analyse der distalen Flüssigkeit ergab, daß sie im Anfang des distalen Konvoluts hyposmotisch war, aber in den späteren Anteilen einwandfrei isoosmotisch wurde. Die distalen F/P-Verhältnisse für Natrium wurden sehr niedrig gefunden. Sie lagen zwischen 0,16 und 0,38, mit einem Mittelwert von 0,24. Die niedrigsten Verhältnisse wurden in Proben aus den untersten distalen Abschnitten gefunden. Das F/P-Verhältnis für Inulin lag für die erste Hälfte des distalen Konvoluts im Mittel bei 4 und für die zweite Hälfte des distalen Konvoluts bei 5,9. In drei analysierten Proben von Tieren mit Mannitdiurese war das distale F/P-Verhältnis für Harnstoff in einem Falle gleich dem Inulin-Verhältnis und etwa halb so groß in den zwei anderen Proben.

Die Daten der Tabelle 14 und die obigen Feststellungen stehen im Einklang mit folgender Zusammenfassung (vgl. auch Abb. 1):

1. Das Glomerulusfiltrat (P) ist ein Ultrafiltrat des Plasmas. Die Flüssigkeit in den proximalen Tubuli (P_1) (P_2) bleibt mit dem Plasma isoosmotisch, so daß die Flüssigkeit beim Eintritt in den oberen Teil der absteigenden Henle'schen Schleife (H_1) isotonisch ist. Die ansteigende Konzentration eines Stoffes, der nicht reabsorbierbar ist, wie Creatinin oder Inulin, zeigt an, daß 80–87% des filtrierten Wassers während der Passage durch den proximalen Tubulus reabsorbiert wird.

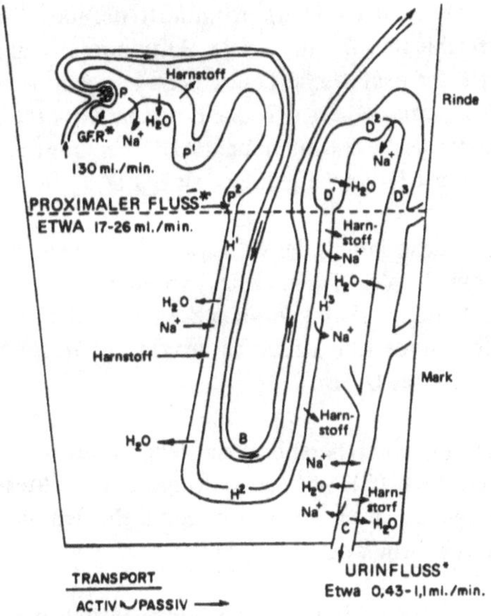

Abb. 1: Schema eines Nephrons mit Darstellung der Lokalisation und der Faktoren der Urinbildung. G.F.R. bedeutet glomeruläre Filtrationsrate. *Der proximale Fluß basiert auf der Annahme, daß 80 bis 87% des Glomerulusfiltrats (etwa 130 ml/min) rückresorbiert werden, wenn es den absteigenden Schenkel der Henleschen Schleife erreicht. Der Urinfluß basiert auf der Tatsache, daß das Volumen des 24-Stunden-Urins normalerweise zwischen 600 und 1600 ml beträgt.

2. Der osmotische Druck im absteigenden Schenkel der Henle'schen Schleife steigt an, bis er an der Spitze (H_2) ein Maximum erreicht. Er ist deutlich hypertonisch sowohl während einer Diurese als auch während einer Antidiurese.

3. Der osmotische Druck der Flüssigkeit im aufsteigenden Schenkel der Henle'schen Schleife sinkt immer weiter, und die Flüssigkeit, die in das distale Tubuluskonvolut (D_1) eintritt, ist sowohl während einer Diurese als auch während einer Antidiurese hypoton. Der

osmotische Druck der Flüssigkeit im Mittelteil des distalen Tubulus (D_2) ist verschieden. Bei maximaler Antidiurese (maximale ADH-Wirkung) ist der osmotische Druck der Flüssigkeit etwas größer als der bei D_1 und nähert sich der isotonen Konzentration. Bei maximaler Wasserdiurese (minimale ADH-Wirkung) ist der osmotische Druck bei D_2 meist geringer als bei D_1.

4. Der osmotische Druck der Flüssigkeit beim Erreichen des distalen Endes des distalen Tubulus (D_3) ist ebenfalls verschieden. Bei maximaler Antidiurese ist die Flüssigkeit isotonisch mit Plasma, während der osmotische Druck bei maximaler Wasserdiurese bei D_3 geringer als bei D_1 ist.

5. Urin, der aus dem Nierenbecken, dem Ureter oder der Spitze der Sammelröhren (C) während maximaler Antidiurese gesammelt wurde, ist deutlich hyperosmotisch und stellt den am meisten konzentrierten Urin dar.

Während einer Wasserdiurese ist er hyposmotisch und hat einen osmotischen Druck, der gleich oder etwas kleiner ist als der Druck der Flüssigkeit bei D_3. Maximale Antidiurese verringert das Flüssigkeitsvolumen bei C auf 0,2 bis 1% des Glomerulusfiltrats. Bei maximaler Wasserdiurese stellt es 10 bis 20% des Glomerulusfiltrates dar.

6. Das Blut, das von der Spitze der Gefäßschleife (Vasa recta) (B) gesammelt wird, ist immer hyperosmotisch und in seiner osmotischen Konzentration gleich dem Urin, der an der Stelle C während maximaler Antidiurese erhalten wird. Messungen der Gefrierpunktserniedrigung und chemische Analysen ergaben, daß die Konzentration der gesamten Festsubstanzen, des Natriums und Chlorids von der Rinden-Mark-Grenze zur Spitze der Papille fortlaufend ansteigt. Bestimmungen des Gefrierpunkts des Rindengewebes ergaben, daß dieses Gewebe immer isoton mit dem Plasma ist.

Die Flüssigkeit im absteigenden Schenkel der Henle'schen Schleife wird durch die Wirkung eines Gegenstromprozesses fortschreitend osmotisch konzentriert. Man stellt sich vor, daß Natrium durch einen aktiven Prozeß und Chlorid als Folge des elektrochemischen Gradienten aus dem relativ wasserundurchlässigen aufsteigenden Schenkel der Henle'schen Schleife in das Interstitium der Medulla heraustransportiert werden, bis ein Gradient von wahrscheinlich 200 mosmol zwischen der Flüssigkeit des aufsteigenden Schenkels und dem Interstitium entstanden ist (15). Dieser Effekt wird vervielfältigt, wenn die Flüssigkeit im absteigenden Schenkel der Henle'schen Schleife in das osmotische Gleichgewicht mit der interstitiellen Flüssigkeit kommt, indem Wasser aus dem absteigenden Schenkel herausdiffundiert und wahrscheinlich auch etwas Natrium durch Diffusion oder aktive Sekretion in den absteigenden Schenkel hineingelangt. Als Folge davon hat die Flüssigkeit eine fortlaufend ansteigende Osmolarität, bis sie den aufsteigenden Schenkel erreicht. Auf diese Weise bildet sich ein ansteigender osmotischer Gradient in Richtung auf die Papillenspitze aus und trotzdem besteht keine große osmotische Differenz zwischen der Flüssigkeit im Lumen und im Interstitium. Durch die Sekretion von Natrium aus der Flüssigkeit während der Passage durch den wasserundurchlässigen aufsteigenden Schenkel der Henle'schen Schleife tritt eine ständige Abnahme der Osmolarität auf und die Flüssigkeit, die in den distalen Tubulus eintritt, ist hypoton. Natrium wird im distalen Tubulus aktiv reabsorbiert.

Das Epithel der Sammelröhren soll in Gegenwart des antidiuretischen Hormons wasserdurchlässig und für Natrium undurchlässig sein. Dadurch diffundiert Wasser aus den Sammelröhren in das hyperosmotische medulläre Interstitium, bis die Flüssigkeit, die in den Sammelröhren zurückbleibt, entsprechend konzentriert wird. Wenn der Urin erheblich konzentriert wird, muß der Fluß durch die Henle'sche Schleife den Fluß durch die Sammelröhren erheblich übersteigen. Das wird unter dem Einfluß des antidiuretischen Hormons durch Diffusion von Wasser aus dem distalen Konvolut in das Interstitium der Rinde erreicht, wodurch das Volumen verringert wird und die Osmolarität auf den isotonischen Spiegel gebracht wird.

Die renale Wasserausscheidung, also das Urinvolumen, hängt normalerweise von der Zusammensetzung des Blutes (Menge der gelösten Stoffe) und von den endokrinen Regulationen ab.

Bei beliebiger Wahl der Flüssigkeitsmenge schwankt das Urinvolumen normalerweise direkt mit der Menge an Feststoffen, die ausgeschieden werden. (Im Gegensatz dazu bedingt eine überschüssige Ausscheidung von Wasser eine Ausscheidung von Elektrolyten (Na und Cl) in einem viel geringeren Maße.) Wenn die Menge der auszuscheidenden Stoffe steigt, wird die ausgeschiedene Wassermenge ebenfalls erhöht, und die Grenzkonzentration an Feststoffen im Urin hat die Tendenz, die Konzentration des Glomerulusfiltrats zu erreichen. Bei Einschränkung der Wasserzufuhr beträgt die maximale Konzentration an Feststoffen im Urin 1200 bis 1400 mosmol/l.

Das Wasser des Urins kann man in zwei Anteile teilen, von denen jeder zumindest teilweise von einander unabhängig variiert werden kann (16). Ein Anteil besteht aus dem Volumen, das benötigt wird, um die im Urin gelösten Stoffe in einer mit dem filtrierten Plasma isoosmotischen Lösung zu halten. Dieser Teil wird als osmolare Clearance bezeichnet (C_{osm}) und durch folgenden Ausdruck beschrieben:

$$C_{osm} = \frac{U_{osm}}{P_{osm}} V$$

Der zweite Anteil stellt den Netto-Überschuß oder das Netto-Defizit über die osmolare Clearance dar. Dieser Anteil wird als die freie Wasserclearance (C_{H_2O}) bezeichnet. Der Urinfluß V wird durch die folgende Summe dargestellt:

$$V = C_{osm} + C_{H_2O}$$

Daraus ergibt sich:

$$V = \frac{U_{osm}}{P_{osm}} V + C_{H_2O} \qquad \text{oder}$$

$$C_{H_2O} = V - \frac{U_{osm}}{P_{osm}} V = \left(1 - \frac{U_{osm}}{P_{osm}}\right) V$$

Die freie Wasserclearance (C_{H_2O}) wird positiv sein, wenn der Urin bis unter den isoosmotischen Zustand durch einen scheinbaren Zusatz von reinem Wasser verdünnt wird, wie im Falle der Wasserdiurese. Sie wird negativ, wenn der Urin durch Entzug von reinem Wasser konzentriert wird, wie im Falle der Antidiurese. Es wurde gezeigt, daß die distale Reabsorption von Wasser ein zweifacher Prozeß ist, der durch den Grad bestimmt wird, bis zu dem Feststoffe absorbiert werden, und durch einen Mechanismus für die Reabsorption von Wasser ohne Feststoffe. Beide werden durch ADH beeinflußt (11). Aus dem Vorangegangenem wird klar, daß es eine aktive Reabsorption von Feststoffen (Na) in Verbindung mit Wasser und eine Wasser-Reabsorption ohne Festsubstanzaufnahme gibt. Die maximale Geschwindigkeit der Wasserreabsorption, die unabhängig von der Reabsorption von Festsubstanzen ist, hat man zu etwa 5–7 ml/min bestimmt. Der Urin kann mit Rücksicht auf die Körperflüssigkeiten in einem Ausmaß verdünnt werden, daß gelöste Stoffe in einem Überschuß von Wasser entfernt werden können. Theoretisch sollte diese Situation bei völligem Fehlen von ADH vorliegen. Diese Betrachtung kann durch die folgenden Berechnungen erhärtet werden. Angenommen die glomeruläre Filtrationsrate ist 125 ml/min, das glomeruläre Filtrat hat eine Konzentration von 300 mosmol/l und 85% des Wassers und der Feststoffe werden im proximalen Tubulus reabsorbiert.

Unter der Annahme einer fehlenden ADH-Wirkung werden dann 125 x 85% = 106,2 ml proximal reabsorbiert. Die Differenz von 18,8 ml wird an das distale System als isotonische Flüssigkeit weitergegeben. Die Flüssigkeit enthält 300 mosmol/l und 18,8 ml enthalten 5,64 mosmol (18,8 x 0,300), die an das distale System weitergeleitet werden. Wenn in der Abwesenheit von ADH 90% der gelösten Stoffe ohne Wasser reabsorbiert werden, bleiben 10% oder 0,564 mosmol der gelösten Stoffe in den 18,8 ml. Wenn kein Wasser reabsorbiert wird, ergibt sich bei Abwesenheit von ADH eine Konzentration von gelösten Stoffen im Urin von

$$\frac{0{,}564}{18{,}8} \times 1000 = 30{,}0 \text{ mosmol/l}$$

Bei einem Volumen von 18,8 ml/min wäre das Urinvolumen in 24 Stunden 27 l (18,8 ml/min x 1440 min).

Nehmen wir eine vollständige ADH-Wirkung an, so werden zunächst wieder 18,8 ml isotonische Flüssigkeit und eine Menge von 5,64 mosmol gelöster Stoffe an das distale System abgegeben. In der Gegenwart von ADH werden 90% der gelösten Substanzen und *des Wassers* reabsorbiert. Dann bleiben 1,9 ml Flüssigkeit und 0,564 mosmol gelöste Stoffe übrig. Die folgende Wasser-Reabsorption wird durch die maximal erreichbare Konzentration von 1200 bis 1400 mosmol/l begrenzt. Das Volumen, das bei einer Konzentration von 1400 mosmol/l 0,564 mosmol enthält, ist:

$$\frac{0{,}564 \times 1000}{1400} = 0{,}4 \text{ ml.}$$

Der Urinfluß wäre also 0,4 ml/min (576ml/Tag) mit einer maximalen osmolaren Konzentration von 1400 mosmol/l.

Die distale Reabsorption von Wasser, die unabhängig von der Reabsorption von gelösten Stoffen ist, ist in diesem Falle 1,88–0,40 = 1,48 ml/min. Die maximale Rate der Wasser-Reabsorption, die unabhängig von der Reabsorption von gelösten Stoffen ist, (schätzungsweise 5–7 ml/min) kann nur verwirklicht werden, wenn die Belastung mit Festsubstanzen im Vergleich zur Wasserbelastung niedrig ist. Wenn die Abgabe von gelösten Stoffen an das distale System groß ist, verbleibt infolge einer begrenzten Reabsorption der gelösten Stoffe ein Rest, der Wasser erfordert. Folglich ist unter solchen Umständen die Wasser-Reabsorption, die unabhängig von der Reabsorption von gelösten Stoffen verläuft, relativ klein und kann nur eine geringe Wirkung auf das Urinvolumen haben.

Normalerweise wechselt die Menge der im Urin gelösten Stoffe mit der Aufnahme von Salzen (hauptsächlich NaCl) und Eiweiß in der Nahrung (der Urin ist der Hauptweg für die Ausscheidung von Stickstoff-Endprodukten der Eiweiße, deren Hauptmenge Harnstoff ist). Die Gesamtmenge an Festsubstanzen im 24-Stunden-Urin kann annähernd aus der Dichte und dem Long-Koeffizienten ermittelt werden:

Gesamt-Menge der Festsubstanzen (g/Tag) =

$$\text{Letzte 2 Zahlen der Dichte bei } 25^{\circ}\,\text{C} \times 2{,}6 \times \frac{\text{24-Std-Vol.}}{1000}$$

So ergibt sich bei einem 24-Stunden-Volumen von 1400 ml und einer Dichte von 1,014 die Menge an Festsubstanzen zu:

$$14 \times 2{,}6 \times \frac{1400}{1000} = 51 \text{ g/24 h}$$

Es muß betont werden, daß diese Berechnung nur eine Schätzung ist, da nicht alle Substanzen gleicher Konzentration den gleichen Effekt auf die Dichte haben. So wird die Dichte von 1 l Urin um 0,001 durch 3,6 g Harnstoff, 1,47 g NaCl und 3,8 g NaH_2PO_4 erhöht.

Die Ausscheidung von Festsubstanzen im Urin beträgt beim normalen Erwachsenen etwa 60 g/Tag, was etwa 1200 mosmol gelöster Stoffe entspricht. Einen großen Teil der Festsubstanzen und der osmotisch wirksamen, gelösten Stoffe machen zwei Verbindungen aus: Harnstoff und NaCl. Das kann durch die Annahme eines 24-Stunden-Urinvolumens von 1000 ml mit 30 g Harnstoff und 11,7 g Cl (als NaCl) veranschaulicht werden. Wie die Berechnungen der Tab. 15 zeigen, liefern diese beiden Stoffe in den angegebenen Mengen 900 mosmol und 0,016 zu der Dichte.

Tab. 15. Bedeutung von Harnstoff und NaCl als osmotisch wirksame Stoffe im Urin

Substanz	g/l	Anteil am spezifischen Gewicht	mosmol/l
Harnstoff	30	(30 : 3,6) x 0,001 = 0,008	(30 : 60) x 1000 = 500
NaCl	11,7	(11,7 : 1,47) x 0,001 = 0,008	(11,7 : 58,5) x 2000 = 400
Gesamt	41,7	0,016	900

Bei der Ausscheidung einer gegebenen Menge von gelösten Stoffen hängt das Urinvolumen von dem Grad ab, bis zu dem der Urin konzentriert werden kann. Nehmen wir z. B. an, daß die 24-Stunden-Ausscheidung an gelösten Stoffen 1200 mosmol beträgt. Die isotonische Flüssigkeit in den distalen Tubuli hat eine Konzentration von rund 300 mosmol/l und eine Dichte von etwa 1,008. Wenn während der Ausscheidung diese Konzentration nicht verändert wird, dann würden 1200/300 x 1000 = 4000 ml Urin zur Elimination der Stoffe erforderlich sein. Wenn andererseits ein Urin, der 600 mosmol/l (Dichte 1,015) enthält, ausgeschieden werden kann, würde nur ein Urinvolumen von 1200/600 x 1000 = 2000 ml benötigt, um die gelösten Stoffe auszuscheiden. Wenn schließlich ein Urin, der 1400 mosmol/l enthält (Dichte 1,035) ausgeschieden werden könnte, dann würden 1200/1400 x 1000 = 800 ml Urin mit der Dichte 1,035 notwendig sein, um die 1200 mosmol gelöster Stoffe auszuscheiden.

Berechnungen dieser Art wurden angestellt, um die Abb. 2 anzufertigen, die die Beziehungen zwischen der Ausscheidung von gelösten Stoffen zum Urinvolumen und der Stoffkonzentration darstellt. Man sieht, daß jede Stufe der Dichte von 0,005 (im 24-Stunden-Urin) 200 mosmol/l darstellt. Wie die Abb. 2 illustriert, steigt das Urinvolumen für eine gegebene ausgeschiedene Stoffmenge, wenn die Fähigkeit zur maximalen Konzentration abnimmt.

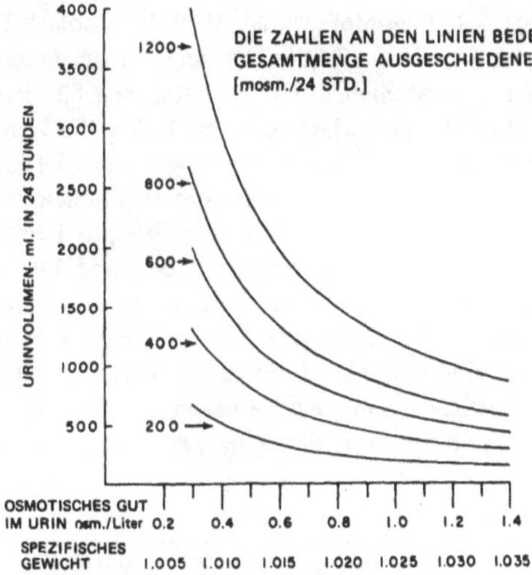

Abb. 2: Darstellung des Urinvolumens in Beziehung zur Ausscheidung der Gesamtmenge der festen Stoffe und der Osmolalität (2) (Näheres im Text).

Es ist eindrucksvoll, wenn man die osmotische Arbeit im Zusammenhang mit der Ausscheidungsfunktion der Nieren betrachtet. Immer wenn gelöste Stoffe konzentriert werden, muß osmotische Arbeit geleistet werden. Wenn umgekehrt gelöste Stoffe von einer höheren zu einer niedrigen Konzentration übergehen, wird osmotische Arbeit durch sie geleistet. Die Beziehung zwischen osmotischer Arbeit und Konzentrationsänderung für einen gelösten Stoff wird durch folgende Beziehung dargestellt:

$$W = NRT \ln \frac{C_2}{C_1} = 2{,}3\ NRT \log \frac{C_2}{C_1} ,$$

wobei W die minimale osmotische Arbeit (in cal) ist, die beim Übergang von N Molen der Substanz der molalen Konzentration C_1 zur molalen Konzentration C_2 erforderlich ist. R ist die Gaskonstante und beträgt 1,987 cal/Mol x Grad, T ist die absolute Temperatur und 2,3 ist der Faktor für die Umwandlung der natürlichen in die dekadischen Logarithmen. Die obigen Angaben für einen angenommenen Urin, der 30 g Harnstoff und 11,7 g NaCl pro Liter enthält, soll dazu dienen, die Anwendung dieser Gleichung zu zeigen. Es sei angenommen, daß diese Konzentrationen pro 1000 g Urinwasser ausgedrückt sind, weiterhin daß pro 1000 g Plasmawasser 140 mg Harnstoff, 105 mval Chlorid und 140 mval Natrium vorhanden sind. Das Problem ist die Berechnung der osmotischen Arbeit (bei 37° C) bei der Ausscheidung des Harnstoffs, des Natriums und des Chlorids durch die Nieren. Die gesamte osmotische Arbeit stellt die Summe der einzelnen osmotischen Arbeiten für jeden gelösten Stoff dar. Zuerst muß man die molalen Konzentrationen berechnen:

Gelöster Stoff	Konzentration pro 1000 g Wasser	Mol/1000 g Wasser
Plasma-Harnstoff	140 mg N	0,005
Urin-Harnstoff	30 g	0,500
Plasma-Chlorid	105 mval	0,105
Urin-Chlorid	11,7 g NaCl	0,200
Plasma-Natrium	140 mval	0,140
Urin-Natrium	11,7 g NaCl	0,200

$$W_{Harnstoff} = 2{,}3 \times 0{,}500 \times 1{,}987 \times 310 \times \log \frac{0{,}500}{0{,}005} = 1416 \text{ cal}$$

$$W_{Chlorid} = 2{,}3 \times 0{,}200 \times 1{,}987 \times 310 \times \log \frac{0{,}200}{0{,}105} = 79 \text{ cal}$$

$$W_{Natrium} = 2{,}3 \times 0{,}200 \times 1{,}987 \times 310 \times \log \frac{0{,}200}{0{,}140} = 44 \text{ cal}$$

Die Wasserkonzentration ist im Plasma größer als im Urin. In diesem Falle ist die bei der Wasserausscheidung geleistete Arbeit negativ. Die von den Nieren bei der Urinbildung geleistete Netto-Gesamtarbeit ist die Differenz zwischen den Summen der positiven und negativen Calorien für die beteiligten Stoffe. Man hat errechnet, daß die Netto-Gesamtarbeit etwa 800 bis 900 cal/l Urin beträgt, wenn die Konzentration der gelösten Stoffe normal ist. Es ist einleuchtend, daß der größte Anteil der Arbeit der Nieren für die Ausscheidung des Harnstoffs verbraucht wird.

Der Bereich der osmotischen Konzentrationen des Urins bei normalen Erwachsenen erstreckt sich von etwa 50 bis 1400 mosmol/l. Bei Kindern sind die Nieren weniger leistungsfähig und der maximale Konzentrationsbereich erstreckt sich von etwa 100 bis 800 mosmol/l. Wie oben dargelegt wurde, glaubt man allgemein, daß die Bildung eines gegenüber Plasma hypertonischen Urins in den Säugernieren durch die Diffusion von Wasser aus dem Lumen der Sammelröhren in das medulläre Interstitium zustande kommt. Die treibende Kraft für die Wasserbewegung ist ein osmotischer Gradient, der durch den aktiven Transport von Natrium (begleitet von Chlorid) von dem absteigenden Schenkel der Henle'schen Schleife in den Interstitialraum des Marks erzeugt wird. Verschiedene Untersuchungen (17–23) haben gezeigt, daß maximale Osmolaritäten im Urin nicht erreicht werden können, wenn die Harnstoffausscheidung niedrig ist. Oder umgedreht, man erhält maximal konzentrierten Urin, wenn die Harnstoffausscheidung hoch ist. Ganz offenbar diffundiert der Harnstoff aus dem Lumen der Sammelröhren in das Interstitium des Marks längs seines chemischen Gradienten. Das ermöglicht, mit ansteigender Harnstoffausscheidung höhere Osmolaritäten zu erreichen, als man durch das interstitielle Natrium (chlorid) allein erzielen könnte. Mit anderen Worten, man glaubt, daß die Osmolalität des Urins auf die Konzentration von nichtpermeablen (Nicht-Harnstoff) und permeablen (Harnstoff) gelösten Stoffen zurückzuführen ist. Der letztere erreicht möglicherweise ein Diffusionsgleichgewicht zwischen Tubuluslumen und interstitieller Flüssigkeit.

Die hormonelle Regulation der renalen Wasserausscheidung

Die durch einen osmotischen Gradienten erzwungene Reabsorption von Wasser im distalen Tubulussystem wird durch ADH begünstigt, und Veränderungen der Menge des ADH spielen eine herausragende Rolle bei der Stabilisierung des Volumens der Körperflüssigkeiten. Das ADH des Hypophysenhinterlappens unterliegt der Kontrolle von Arealen oder Zellen des Hypothalamus, die auf Impulse reagieren, die von den Osmorezeptoren in dem Plexus der Arteria carotis interna ausgehen (24). Verney zeigte durch Infusionen in die Arteria carotis (24), daß ein Anstieg des osmotischen Drucks der extrazellulären Flüssigkeit die ADH-Bildung steigerte und umgekehrt. Endogenes und exogenes ADH wird besonders durch die Leber inaktiviert.

Es liegen Beweise dafür vor (25), daß zusätzlich zu den Osmorezeptoren noch Rezeptoren existieren, die auf Veränderungen des Volumens der Körperflüssigkeiten ansprechen (Volumenrezeptoren).

Auf diese Weise halten Änderungen der Sekretion von ADH als Antwort auf Wasserbelastungen das Körperwasser sehr wirksam innerhalb relativ fester Grenzen. Trinkt man z. B. reines Wasser (26) zu einem Zeitpunkt, wenn die Körpervorräte im Gleichgewicht sind, so wird ein Abfall des osmotischen Drucks der extrazellulären Flüssigkeiten eintreten. Der verringerte osmotische Druck ruft eine verringerte Abgabe von ADH hervor, und der Wasserüberschuß wird durch Diurese ausgeschieden. Auch durch Infusion von künstlicher extrazellulärer Flüssigkeit (25) wird das Blutvolumen vermehrt, wodurch eine verminderte ADH-Sekretion und eine Diurese ausgelöst wird. Wasserbeschränkung schließlich führt zu einem Anstieg der extrazellulären Stoffkonzentration (27) und einem Abfall des Blutvolumens und ruft eine erhöhte ADH-Abgabe und eine verringerte Urinbildung hervor.

Als sicher gilt, daß ADH die Durchlässigkeit des Epithels der distalen Tubuli für Wasser steigert, wodurch eine Urinkonzentrierung erreicht wird. Unter gewöhnlichen Bedingungen ist die Ausscheidung eines verdünnten Urins abhängig von der Unterdrückung der ADH-Sekretion. Eine gesteigerte Clearance von Wasser ist die Folge einer Reabsorption von Natriumsalzen an einem relativ wasserundurchlässigen Ort des Nephrons. Jedoch findet man einen maximal hypotonen Urin nicht unter Bedingungen, die eine Rückdiffusion von Wasser aus dem distalen Nephron erlauben (28).

Eine Störung des Konzentrationsvermögens der Nieren tritt bei Kaliummangel (29, 30) und bei Hypercalcämie (31) auf.

Verschiedene Forscher haben die Wirkung von ADH auf der Zellebene untersucht (32–37). Die Einwirkung von Vasopressin auf die isolierte Froschhaut oder die Harnblase der Kröte führt zu einem Anstieg des aktiven Na-Transports und zu einer eindeutigen Zunahme der passiven Permeabilität für Wasser und Harnstoff. Vasopressin wirkt nur, wenn es der Lösung zugesetzt wird, die die innere Oberfläche der Haut oder der Harnblase umspült. Man stellt sich vor, daß der Anstieg der Permeabilität durch eine Vergrößerung der Wasserkanäle oder der Poren in der Membran der Lumenseite hervorgerufen wird.

Wenigstens drei Hypothesen existieren, die die zelluläre Wirkungsweise von ADH betreffen (34). Die erste ist die Annahme, daß ADH die Sekretion des Enzyms Hyaluronidase im Nierentubulus stimuliert. Hyaluronidase ist ein depolymerisierendes Enzym, und letztlich ist seine Wirkung auf die Mukopolysaccharide für die gesteigerte Durchlässigkeit verantwortlich. Bei der zweiten dient ein mechanisches System, das seiner Natur nach keine Stoffwechseleigenschaften hat, zur Erklärung. Es soll eine Wechselwirkung von Vasopressin mit spezifischen Gewebsrezeptoren vorliegen, die strukturelle Veränderungen in der Membran hervorruft. Es wird postuliert, daß Vasopressin wenigstens an zwei Stellen der Membran gebunden wird. Davon ist die wichtigste durch eine kovalente Bindung zwischen der Disulfidbrücke des Vasopressinmoleküls und freien Sulfhydrylgruppen an der Membran hervorgerufen. Auf irgendeine unbekannte Weise werden mechanisch Wasserkanäle geöffnet, die den Fluß von Wasser gestatten. Die Unabhängigkeit des Vorgangs von Stoffwechselprozessen wird durch die Beobachtung wahrscheinlich gemacht, daß eine Reihe von Stoffwechselhemmern, einschließlich der Inkubation in Stickstoff, nicht in der Lage war, die Veränderung der Wasserpermeabilität der Krötenblase durch das Hormon zu unterbinden. Die dritte Hypothese beinhaltet die Bildung eines intrazellulären Metaboliten, des zyklischen 3′, 5′-AMP, das für den Stoff gehalten wird, der für die Permeabilitätsänderungen verantwortlich ist (32–34). Hier kann das Vasopressin an der Zelle durch SH-Wechselwirkungen fixiert werden, aber in der Folge tritt eine vermehrte Bildung von zyklischen 3′, 5′-AMP in den betreffenden Epithelzellen auf. Das zyklische 3′, 5′-AMP ist der intrazelluläre Überträger. In der Abb. 3 ist die Rolle des

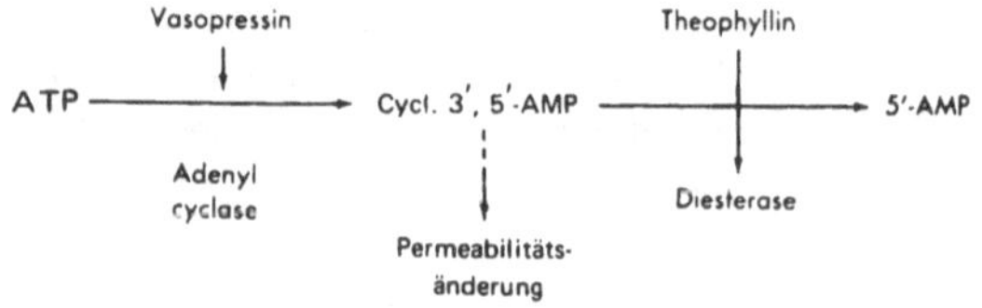

Abb. 3: Die Rolle des zyklischen 3′, 5′-AMP bei der Wirkung von Vasopressin (32, 34).

zyklischen 3′, 5′-AMP bei der Wirkung des Vasopressins dargestellt. Die Umwandlung von ATP in zyklisches 3′, 5′-AMP wird durch das Enzym Adenylcyclase katalysiert und die Geschwindigkeit der Bildung von 3′, 5′-AMP wird durch Vasopressin gesteigert. Das zyklische 3′, 5′-AMP wird durch eine Diesterase unter Bildung von 5′-AMP inaktiviert. Die Diesterase wird durch Methylxanthine, wie Theophyllin, gehemmt. Zyklisches 3′, 5′-AMP ahmt die Wirkung von Vasopressin an der Krötenblase nach. Eine Wirkung tritt nur ein, wenn die Substanz der inneren Badlösung zugesetzt wird. Auch ist diese Wirkung insofern spezifisch, als weder ATP noch 5′-AMP gleiche Effekte zeigt. Ein hormonähnliches Verhalten zeigt Theophyllin, wahrscheinlich durch eine Hemmung der Inaktivierung von endogen gebildetem zyklischem 3', 5'-AMP. Die Natur der Veränderung in der Membran, die zu der gesteigerten Durchlässigkeit führt, bleibt unbeantwortet.

In Versuchen mit isolierten, perfundierten Sammelröhren der Kaninchenniere wurde gefunden (37), daß Vasopressin und zyklisches 3', 5'-AMP, die der Badlösung für die Außenseite der Tubuli zugesetzt worden waren, sowohl die Netto-Wasseraufnahme entlang einem osmotischen Gradienten als auch die Permeabilität für diffundierendes Wasser bei fehlendem osmotischen Gradienten (gemessen mit tritiiertem Wasser) steigerte. Im Gegensatz zu den Ergebnissen mit der Krötenblase wurde die Harnstoffpermeabilität weder durch Vasopressin noch durch zyklisches 3', 5'-AMP bei Vorliegen einer gesteigerten Wasserdurchlässigkeit verändert. In-vivo-Versuche mit Hunden (38) zeigen, daß die Durchlässigkeit der Sammelröhren für Harnstoff durch die Einwirkung von ADH gesteigert wird.

Der antidiuretische Effekt von exogenem Vasopressin kann durch Säure- oder Basenbelastungen modifiziert werden (39, 40). Bei Hunden ist z. B. die Folge einer Infusion einer alkalischen Lösung eine herabgesetzte Reaktion auf exogenes Vasopressin, während die Ansprechbarkeit durch die Anwendung einer sauren Lösung gesteigert wird (39).

Die Hormone der Nebennierenrinde haben auch einen großen Einfluß auf den Wasserstoffwechsel (41) neben ihrer Wirkung auf die Reabsorption von Natrium in der Niere, die später besprochen wird. Die normale Antwort auf Wassergabe (mit und ohne Salzzufuhr) in Form der Diurese hängt von der regelrechten Funktion der Nebenniere ab. Die Wasserausscheidung ist bei adrenalektomierten Tieren mangelhaft. Auch intakte, hydratisierte normale Tiere zeigen eine Diurese nach Gabe von Nebennierenhormonen. Offenbar sind zwei Wirkungen der Nebennierenhormone für ihre direkten Effekte auf die Wasserdiurese verantwortlich:

1. die Nebennierenhormone sind notwendig für die Aufrechterhaltung einer normalen glomerulären Filtrationsrate, und
2. sie hemmen die Reabsorption von Wasser in den Nierentubuli.

7. Die Elektrolyte des Organismus

Die Regulation des Körper-Natriums

Die Verteilung von Natrium und Chlorid im Körper

Natrium ist das Hauptkation und Chlorid das Hauptanion der extrazellulären Flüssigkeiten. Zahlreiche Situationen weisen auf den parallelen Verlauf des Körpernatriums und -chlorids hin, d. h. Zunahmen und Verluste verlaufen parallel. Wichtige Umstände zeigen jedoch, daß das nicht ganz zutreffend ist, und es scheint zweifelsfrei, daß die kritische renale Natrium- und Chloridausscheidung bis zu einem gewissen Grad unter getrennter Kontrolle ist.

Die Tabelle 16 zeigt die Verteilung des Körpernatriums und -kaliums bei einem normalen Erwachsenen. Das gesamte Körperchlorid ist voll austauschbar, wie durch die Isotopenverdünnungsversuche gezeigt wurde. Im Falle von Natrium ist jedoch eine beträchtliche Menge nur langsam oder nicht austauschbar. Dieser Teil ist hauptsächlich im Knochen lokalisiert. Die Gesamtmenge des Natrium im Knochen beträgt rund 40% des Körpernatriums und das austauschbare Natrium im Knochen rund 14% des Körpernatriums. Daher ist der austauschbare Natriumpool erheblich kleiner als das gesamte Körpernatrium.

Die Angaben in der Tabelle 16 zeigen, daß etwa 97–98% des Körpernatriums extrazellulär sind. Da Natrium das Hauptkation der extrazellulären Flüssigkeiten ist, wird verständlich, daß eine Zunahme oder ein Verlust von Natrium im Körper, wie sie durch Bilanzversuche festzustellen sind, von einer Zunahme oder einem Verlust von extrazellulärem Wasser begleitet sind. Das ist bis zu einem gewissen Grad wahr. Man muß jedoch bedenken, daß Natrium in gewisse Körperzellen eintreten oder aus ihnen austreten

Tab. 16. Verteilung von Natrium und Chlorid im Körper

		Natrium		Chlorid	
		mval/kg Körpergewicht	Anteil an Gesamtmenge %	mval/kg Körpergewicht	Anteil an Gesamtmenge %
Plasma		6,5	11,2	4,5	13,6
Interstitielle Lymphe		16,8	29,0	12,3	37,3
Dichtes Bindegewebe und Knorpel		6,8	11,7	5,6	17,0
Knochen (austauschbare Menge)		8,0	13,8		
Knochen (gesamte Menge)		25,0	43,1	5,0	15,2
Transcellularraum		1,5	2,6	1,5	4,5
Gesamtmenge	extrazellulär austauschbar	39,6	68,3		
	extrazellulär gesamt	56,6	97,6	28,9	87,6
	im Organismus	58,0	100,0	33,0	100,0
	intrazellulär	1,4	2,4	4,1	12,4

kann und daß die Knochen Natrium aufnehmen und abgeben können. Solche Zunahmen oder Verluste haben keinen Einfluß auf das extrazelluläre Volumen.

Die Ausscheidung von Natrium durch die Nieren

Das Körpernatrium stammt natürlich aus der Natriumaufnahme mit der Nahrung. Diese beträgt beim Erwachsenen etwa 4–15g pro Tag, ausgedrückt als Natriumchlorid. Diese Menge übersteigt den normalen Bedarf, und die Konstanz der Natriumkonzentration im Plasma (etwa 140 mval/l) hängt primär von der Kapazität der Nieren ab, die Ausscheidung dieses Ions zu variieren. Die Rückresorption des Natriums findet auf zwei Stufen statt: 1. durch einen proximalen Prozeß, der 80–87% der normalerweise filtrierten Menge umfaßt und 2. durch einen distalen Prozeß, der eine begrenzte maximale Kapazität für die Natriumreabsorption hat. Die proximale Natriumrückresorption ist wahrscheinlich ein aktiver Prozeß, während die des Chlorids passiv ist (42–44). Die Abb. 4 zeigt die

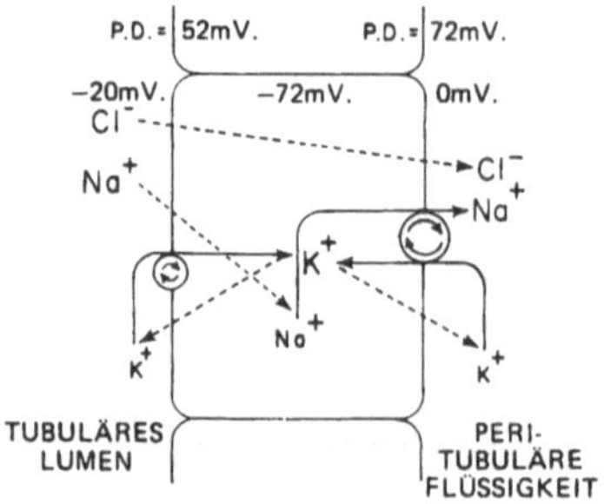

Abb. 4: Schematische Darstellung der Mechanismen, die bei der Rückresorption von Natrium und Chlorid in der proximalen Tubuluszelle beteiligt sind. Ausgezogene Linien stellen den aktiven Transport von einem Ort niedriger elektrochemischer Aktivität (kleine chemische Symbole) zu einem höherer elektrochemischer Aktivität (große chemische Symbole) dar. Die Größe der Kreispumpe stellt qualitativ die erforderliche elektrochemische Kraft dar. Die Kalium-Pumpe in der Membran der Lumenseite kann je nach der Konzentration des transportierten Ions in der proximalen Tubulusflüssigkeit fakultativ sein. Die gestrichelten Linien zeigen die passive Diffusion entlang eines elektrochemischen Gradienten an. Der Gradient für Chlorid ist überwiegend der elektrische, der durch das transtubuläre Potential von 20 mV hervorgerufen ist. Ein kleiner Konzentrationsgradient kann daran beteiligt sein. (Nach Pitts, R. F., Progr. Cardiovasc. Dis. **3**, 537 (1961)).

beteiligten Mechanismen. Die proximalen Tubuluszellen sind im Zellinneren etwa 70 mV negativ gegenüber der peritubulären Flüssigkeit und etwa 50 mV negativ gegenüber der Flüssigkeit im Tubuluslumen. Eine Potentialdifferenz besteht entlang der Tubuluswand, wobei die Außenseite des Tubulus gegenüber dem Lumen um etwa 20 mV positiv ist. Die Chloridanionen wandern entlang diesem elektrischen Gradienten vom negativen Lumen zu dem positiven Äußeren. Die Chloridkonzentration neigt dazu, während der proximalen Rückresorption von Wasser und gelösten Stoffen zuzunehmen, wodurch ein kleiner Konzentrationsgradient entsteht, der die Chloridreabsorption begünstigt. Gemeinsam mit allen Körperzellen haben die Tubuluszellen einen hohen Kaliumgehalt und eine niedrige Natriumkonzentration. Folglich muß das Natrium, das in die Zellen diffundiert durch einen aktiven Prozeß heraustransportiert (herausgepumpt) werden, um die Natriumkonzentration im Inneren niedrig zu halten. Gleichzeitig diffundiert Kalium aus den Zellen heraus und muß durch einen aktiven Prozeß zurückgeschafft (zurückgepumpt) werden, um die Kaliumkonzentration im Inneren hoch zu halten. Es ist anzunehmen, daß die Natrium- und die Kaliumpumpe gekoppelt sind.

Während der proximalen Rückresorption werden große Mengen Natrium über einen kleinen Konzentrationsgradienten zwischen dem peritubulären Blutplasma und der proximalen Flüssigkeit rückresorbiert. Normalerweise bleibt dieser Konzentrationsgradient wegen der schnellen, passiven Reabsorption des Wassers klein. Bei starken Belastungen mit gelösten Stoffen (osmotische Diurese) wird jedoch die Wasserrückresorption verzögert und das Natrium in der Tubulusflüssigkeit ist verdünnt, so daß seine Rückresorption gehemmt wird. Unter diesen Umständen wird eine größere Natriummenge an das distale System weitergegeben. Wenn diese Natriummenge die maximale Kapazität für die Natriumrückresorption überschreitet, kommt es zu einer überschießenden Ausscheidung von Natrium (und Wasser). Es wurde gezeigt, daß Änderungen der Natriumausscheidung auf zwei Wegen erreicht werden können: 1. durch Änderungen der distal angebotenen Menge, die durch Änderungen der glomerulären Filtration beeinflußt werden und 2. durch Änderungen der Geschwindigkeit der Natriumrückresorption durch hormonelle Kontrolle. Zusätzlich haben Versuche mit Salzbelastungen gezeigt, daß erhöhte Natriumkonzentrationen im Plasma zu einer verringerten tubulären Reabsorption, wahrscheinlich über eine direkte Wirkung auf die Nieren, führen (45).

Die Nebennierenrindenhormone spielen bei der Regulation der Natriumausscheidung eine wichtige Rolle. Sie begünstigen die tubuläre Rückresorption von Natrium in den Nieren. Unter normalen Bedingungen sinkt die Natriumausscheidung im Urin auf minimale Werte, wenn eine Einschränkung der Natriumzufuhr mit der Nahrung erfolgt. Es kann gezeigt werden, daß die Natriumrückresorption nicht vollständig von der Nebennierenrindenfunktion abhängig ist. Adrenalektomierte Tiere zeigen eine verringerte Reabsorption von Natrium. Körpernatrium geht verloren und eine Dehydratation erfolgt. Wenn jedoch die Natriumaufnahme gesteigert wird, findet eine angemessene Rückresorption des Natriums statt und verhindert dadurch eine Erschöpfung des Körpernatriums.

Aldosteron ist das natürliche Hormon, das für die tubuläre Rückresorption von Natrium verantwortlich ist. Die Regulation der Aldosteronausscheidung wird noch intensiv untersucht. Es bestehen Hinweise dafür, daß die Aldosteronsekretion relativ unabhängig von der Hypophyse ist. Andererseits scheint ein normal funktionierender Hypophysenvorderlappen erforderlich zu sein, um Aldosteron voll zur Wirkung kommen zu lassen.

Der Zusammenhang zwischen Renin, Angiotensin und Aldosteron hat in den letzten Jahren viel Beachtung gefunden (46–51). Angiotensin I ist ein Dekapeptid (46) (Abb. 5), das in eine zweite

HAsp.Arg.Val.Tyr.Val.His.Pro.Phe.His.Leu-OH (Rind)

HAsp.Arg.Val.Tyr.Ileu.His.Pro.Phe.His.Leu-OH (Pferd und Schwein)

Abb. 5: Aminosäurezusammensetzung von Angiotensin I.

Form das Angiotensin II, ein Oktapeptid, umgewandelt wird. Angiotensin II ist Angiotensin I minus das N-terminale Dipeptid His.Leu-OH. Angiotensin wird für den Stoff gehalten, der die Sekretion von Aldosteron stimuliert (49). Die Niere gibt an das Blut ein Enzym ab, das Renin. Es bestehen Anzeichen dafür, daß das Renin von den juxtaglomerulären Zellen kommt und daß der Grad der Dehnung der afferenten Arteriole und des juxtaglomerulären Apparats die Granulation dieser Zellen und die Sekretionsgeschwindigkeit des Renin kontrolliert. Das könnte ein Kontrollmechanismus sein, aber die tatsächliche Natur des Reizes, der die Sekretion des Renin kontrolliert, ist unbekannt (49, 52). Angiotensin II soll die Reninsekretion durch einen negativen Feedback-Mechanismus steuern (53). Das sezernierte Renin wirkt als proteolytisches Enzym auf ein α_2-Globulin im Blutplasma, wodurch zuerst ein inaktives Dekapeptid (Angiotensin I) entsteht, das dann in das aktive Oktapeptid, das Angiotensin II, nach folgendem Schema umgewandelt wird:

Renin-Substrat + Renin ⟶ Angiotensin I
(Hypertensinogen)
(α_2-Plasmaglobulin)

Angiotensin I + Umwandlungsenzym ⟶ Angiotensin II +
+ Dipeptid

Zusätzlich zu seiner kräftigen vasokonstriktorischen Wirkung greift das Angiotensin II direkt an den Nierentubuli an und fördert die Natriumretention. An der Nebennierenrinde stimuliert Angiotensin II die Sekretion von Aldosteron.

Der Mechanismus, der die Aldosteronsekretion reguliert, ist noch nicht völlig geklärt (54–59). Die Aldosteronsekretion wird durch ein verringertes intravasales Volumen, verringerte Natriumzufuhr oder Natriummangel und Kaliumzufuhr gesteigert. Diese Situationen können einen sekundären Hyperaldosteronismus durch die Wirkung des Renin-Angiotensin-Systems darstellen. Exogenes und endogenes ACTH und Angiotensin ebenso wie eine erhöhte Kalium- und eine gesenkte Natriumkonzentration im Plasma steigern die Aldosteronsekretion durch direkte Wirkung auf die Nebennierenrinde. Man glaubt, daß ACTH für den unmittelbaren Anstieg der Aldosteronsekretion verantwortlich ist, der die verschiedenen Formen des unspezifischen Stress begleitet.

Die zelluläre Wirkung des Aldosteron wurde mit Hilfe der Krötenblase untersucht (60–67). Eine über Nacht in einer steroidfreien Lösung gebadete Krötenblase gibt auf zugesetztes Aldosteron eine reproduzierbare Reaktion.

Forscher aus einem Laboratorium (60, 61, 64) haben postuliert, daß durch den Eintritt von Aldosteron in den Kern der Epithelzellen, die die Schleimhaut (Urin)-Seite der Blase begrenzen, eine Folge von Reaktionen ausgelöst wird. Nach einer Latenz von ein bis eineinhalb Stunden tritt ein aktiver Transport von Natrium von der Schleimhaut- zur Serosa-Seite auf. Während der Latenzperiode erfolgt eine DNS-abhängige Synthese von RNS. Das wiederum führt zu der de-novo-Synthese von Enzymen, die für die Oxydation von Substraten verantwortlich sind, wodurch energiereiche Phosphate entstehen, die wahrscheinlich für den Natrium-Transport benötigt werden. Die Wirkung von Aldosteron auf die Krötenblase ist mit einer Steigerung des aeroben Stoffwechsels (63) und mit charakteristischen Anforderungen an das Substrat verknüpft (60, 63). So wird der aktive Natriumtransport in der Krötenblase bei Anwesenheit, aber nicht beim Fehlen, von Aldosteron durch Zugabe von Pyruvat oder seinen Vorstufen, wie Glucose, Laktat oder Oxalacetat, und durch Acetacetat oder β-Hydroxybutyrat gesteigert. Eine ähnliche Steigerung findet man nicht nach Zusatz von Zwischenprodukten des Citratzyklus, wie α-Ketoglutarat oder Succinat.

Untersucher aus einem anderen Laboratorium (62) fanden Anhaltspunkte dafür, daß der Ort der Aldosteronwirkung die Schleimhautseite der Epithelzellen ist, durch die Natrium passiv eintritt, wie früher gezeigt wurde. Weitere Untersuchungen aus diesem Laboratorium (63, 65, 67) stützen die folgende Hypothese. Aldosteron steigert den Eintritt von Natrium durch die Schleimhautoberfläche durch einen Prozeß, der mit der Fixierung des Aldosterons an Bindungsorte im Gewebe verknüpft ist. Es liegt ein passiver Natriumtransport vor, bei dem die treibende Kraft der Gradient des elektrochemischen Potentials ist (ähnlich dem Natriumtransport

im proximalen Tubulus, S. 58, Abb. 4). Auf diese Weise wird dem aktiven Transportsystem für Natrium, das an der Serosaseite lokalisiert ist, mehr Natrium angeboten. Der aktive Transportprozeß ist mit dem Energiestoffwechsel der Zellen gekoppelt. Natrium ebenso wie Stoffwechsel-Zwischenprodukte müssen als Substrat für den aktiven Transportprozeß dienen, der durch einen Anstieg des Natrium im Transportpool der Zelle beschleunigt wird. Man fand, daß Amphotericin B, ein Stoff, der den passiven Eintritt von Natrium in die Zelle fördert, den Natriumtransport in Abwesenheit von Aldosteron fördert. Amphotericin benötigt die gleichen Substrate wie Aldosteron, und die Oxydation dieser Substrate ist ebenfalls gesteigert. Die Wirkung von Aldosteron liegt dann darin, den Eintritt von Natrium in das Gewebe zu erleichtern. Man glaubt, daß Aldosteron an physiologische Rezeptororte im Gewebe gebunden wird, die eine DNS-abhängige RNS-Synthese induzieren. Die RNS ist für die Bildung eines Eiweißes oder verschiedener Eiweiße verantwortlich. Das neu gebildete Protein soll ähnlich wie eine Permease wirken und den Eintritt von Natrium in das Gewebe durch die Schleimhautoberfläche erleichtern.
Vasopressin fördert auch den aktiven Natriumtransport durch die Krötenblase, indem es den Eintritt von Natrium in das Epithel durch die Schleimhautoberfläche erhöht. Die Wirkung von Aldosteron und Vasopressin auf den Natriumtransport sind additiv (67). Jedoch zeigt Vasopressin, im Gegensatz zu Amphotericin B, keine eindeutige Reaktion auf Substrate. Es wird daher angenommen (67), daß Vasopressin und Aldosteron nicht die gleichen Wege für den Eintritt von Natrium beeinflussen.

Die Zusammenhänge zwischen der Natriumabsorption und der Exkretion von Wasserstoff und Kalium werden später besprochen.

Die Regulierung des Kaliums im Körper

Die Verteilung des Kaliums

Kalium ist das Hauptkation der intrazellulären Flüssigkeiten, und der größte Teil des Kaliumbestandes des Körpers ist in den Muskeln lokalisiert. Mit der Indikatorverdünnungsmethode kann man zeigen, daß von Kalium ein höherer Prozentsatz als von Natrium austauschbar ist.

Die Daten der Tab. 17 zeigen die Verteilung des Kaliums bei einem

Tab. 17. Verteilung des Kaliums im Körper

	mval/kg Körpergewicht	Anteil an Gesamtmenge %
Plasma	0,2	0,4
Interstitielle Lymphe	0,5	1,0
Dichtes Bindegewebe und Knorpel	0,2	0,4
Knochen (Gesamtgehalt)	4,1	7,6
Transzellulärraum	0,5	1,0
Gesamtmenge im Extrazellulärraum	5,5	10,4
Gesamtmenge im Organismus*	53,8	100,0
Gesamtmenge im Intrazellulärraum	48,3	89,6

* Dieser Schätzwert basiert auf der Annahme, daß der austauschbare Kaliumgehalt junger Männer von 48,9 mval/kg Körpergewicht gleich 90% der Gesamtmenge des Organismus ist.

normalen, jungen männlichen Erwachsenen. Man kann feststellen, daß die größte Fraktion des extrazellulären Kaliums im Knochen lokalisiert ist.

Kalium wird genauso wie Natrium mit der Nahrung zugeführt. Der normale Erwachsene führt sich zwischen 4–8 g (als KCl) pro Tag durch pflanzliche und tierische Nahrungsstoffe zu. Der Verlust an Kalium durch den Verdauungstrakt ist größer als der des Natriums, was für eine weniger vollständige Resorption von Kalium gegenüber Natrium sprechen kann. Jedoch könnte das auch ein Zeichen für eine größere intestinale Sekretion von Kalium sein. Resorbiertes Kalium tritt in die extrazelluläre Flüssigkeit über und wird in den Körperflüssigkeiten verteilt. Die Ausscheidung erfolgt über den Urin, den Gastrointestinaltrakt und die Haut. Im Gegensatz zu der Einsparung von Natrium durch die Nieren, wird auch bei Einschränkung der Kaliumzufuhr mit der Nahrung ein erheblicher Verlust von Kalium mit dem Urin beobachtet. Dies ist ein wichtiger Punkt, wenn man mögliche Kaliumdefizite unter Bedingungen wie Fasten und Nahrungsmangel beurteilt.

Verlust und Zunahme des Körperkaliums betreffen primär die intrazellulären Flüssigkeiten und zeigen einen Verlust oder eine Zunahme von intrazellulärem Wasser an. Ein Defizit an Körperkalium kann verknüpft sein mit: 1. einem teilweisen Ersatz des Zellkalium-Verlustes durch Natrium und 2. einem Verlust von Körperzellmasse (feststellbar durch eine negative Stickstoffbilanz). Umgedreht kann eine Zunahme des Körperkaliums mit 1. einer Zunahme des zellulären Kaliums und Verlust des zellulären Natriums und 2. einer Zunahme der Körperzellmasse (festzustellen durch eine positive Stickstoffbilanz) einhergehen.

Die Ausscheidung von Kalium durch die Nieren

Für die Regulation des Körperkaliums sind primär die Nieren zuständig. Entsprechend den gegenwärtigen Vorstellungen (43, 68–72) wird die renale Ausscheidung von Kalium durch drei Komponenten bestimmt: komplette Filtration des Plasmakaliums im Glomerulus, fast komplette Rückresorption im proximalen Tubulus und aktive Sekretion in den distalen Teilen des Nephrons. Das Kalium im Urin stammt also von der distalen tubulären Sekretion. Es scheint erwiesen (70), daß Kalium im proximalen Tubulus entgegen einem elektrochemischen Gradienten durch ein aktives Transportsystem am Lumen-Saum rückresorbiert wird (vgl. auch Abb. 4).

Verschiedene Faktoren beeinflussen die Geschwindigkeit der Kaliumsekretion in den distalen Tubuli. Der Austritt von Kalium in das Lumen der distalen Tubuli ist mit einer gegenläufigen Bewegung des Natriums verknüpft. Daher kann die Menge von Natrium, die den Ort der Kaliumsekretion erreicht, ein begrenzender Faktor bei der Kaliumsekretion sein. Es wird auch postuliert, daß nicht nur Kalium sondern auch H^+ im Austausch für Natrium in das

Lumen der distalen Tubuli sezerniert werden. Diese Art des Ionentransports basiert auf der inversen, wenn auch nicht quantitativen Beziehung zwischen Kaliumausscheidung und Urinsäuerung. Man findet eine gesteigerte Rate der Kaliumausscheidung bei einer respiratorischen Alkalose und eine verringerte Ausscheidung bei einer respiratorischen Acidose. Der p_{CO_2}-abhängige Carrier für H^+ wird offenbar nicht mit dem K^+ geteilt (73). Etwas Kalium könnte in den Sammelröhren resorbiert werden. Unter Bedingungen des alimentären Natrium- und Kaliummangels, also Situationen, die durch niedrige Raten der Kaliumausscheidung charakterisiert sind, hat man eine signifikante Rückresorption beobachtet.

Die Ausscheidung von Kalium im Urin steht unter dem Einfluß der Nebennierenrindenhormone, aber das kann eng mit der regulierenden Wirkung dieser Hormone auf die Natrium-Rückresorption zusammenhängen. Gewöhnlich beobachtet man eine gesteigerte Kaliumausscheidung bei einem Überschuß an Nebennierenhormonen. Gibt man jedoch Menschen oder Ratten eine natriumarme Diät, so daß sie nicht zusätzlich Natrium rückresorbieren können, da bereits alles filtrierte Natrium rückresorbiert ist, so zeigen sie keine gesteigerte Ausscheidung von Kalium, wenn DOCA oder Compound E in großen Dosen über längere Zeit verabreicht wird (74, 75). Die Gabe dieser Stoffe führt jedoch zu einer erhöhten Kaliumausscheidung, wenn NaCl in der Nahrung vorhanden ist oder parenteral zugeführt wird. Unter diesen Bedingungen ist der Verlust von Kalium mit einem Anstieg der renalen Rückresorptior von Natrium in Übereinstimmung mit der Theorie des Ionenaustauschprozesses verknüpft. Bei Nebenniereninsuffizienz ist die verringerte Rückresorption von Natrium mit einer verringerten Ausscheidung von Kalium verknüpft.

8. Der Austausch von Wasser und gelösten Stoffen im Körper

Der osmotische Druck der Körperflüssigkeiten wird normalerweise relativ konstant gehalten. Da die Körpermembranen einen freien

Durchtritt von Wasser erlauben (wie bereits früher festgestellt, sind der aufsteigende Schenkel der Henle'schen Schleife und der distale Nierentubulus eine Ausnahme), kann man ein osmotisches Gleichgewicht in den Körperflüssigkeiten annehmen. Ebenso kann man annehmen, daß jede Änderung des osmotischen Drucks des Blutplasmas sich in den verschiedenen Kompartimenten des Körpers widerspiegeln wird. Die Trennung des Körperwassers in zwei Hauptkompartimente, nämlich ein extrazelluläres und ein intrazelluläres, setzt das Vorhandensein einer „Membran" oder einer „Barriere" voraus. Es ist klar, daß die Aufrechterhaltung eines konstanten Volumens der intrazellulären Flüssigkeit notwendigerweise von dem osmotischen Druck abhängig ist, der von den gelösten Stoffen erzeugt wird, für die die „Membran" undurchlässig ist (wirksamer osmotischer Druck).

Der „effektive" osmotische Druck

Der osmotische Druck ist eine kolligative Eigenschaft einer Lösung und ist abhängig von der Zahl der vorhandenen gelösten Partikel (Ionen und Moleküle). Der osmotische Druck einer Lösung kann als der hydrostatische Druck gemessen werden, der notwendig ist, um die Lösung und das reine Lösungsmittel im Gleichgewicht zu halten, wenn sie durch eine Membran getrennt sind, die nur für das Lösungsmittel durchlässig ist. Zellmembranen zeigen Differenzen der Durchlässigkeit. Ein gelöster Stoff, der frei durch eine Zellmembran permeieren kann, beeinflußt den Wasseraustausch durch die Membran nach einer Konzentrationsänderung in der Zellflüssigkeit oder der extrazellulären Flüssigkeit nicht. Es kommt zu einem Konzentrationsgleichgewicht durch die Membran. Der Stoff trägt zu dem osmotischen Gesamtdruck beider Flüssigkeiten bei. Ein osmotischer Effekt wird nur durch diejenigen Stoffe erzeugt, für die die betreffende Membran nicht durchlässig ist. Das bedeutet: Gelöste Stoffe, für die eine gegebene Membran undurchlässig ist, erzeugen einen effektiven osmotischen Druck. Das wird aus den folgenden Betrachtungen klar werden.

Nehmen wir folgende drei Lösungen an: 54 g Glucose (54/180 = 0,3 val), 18 g Harnstoff (18/60 = 0,3 val) und 8,78 g NaCl (8,78/58,5 = 0,15M oder 0,15 x 2 = 0,3 val) pro 1000 g Wasser haben den gleichen osmotischen Druck. Sie werden dann in Säckchen für osmotische Druckmessungen entsprechend der Abb. 6 gefüllt. Es wäre klar, daß der osmotische Gesamtdruck und der effektive osmotische Druck gleich sind, wenn die Membran nur für Wasser durchlässig ist (Fall 1, 2 und 3 Abb. 6).

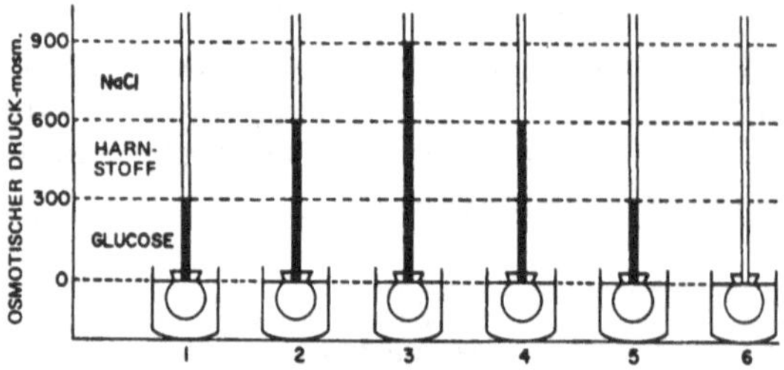

Abb. 6: Der effektive osmotische Druck. Die Lösungen befinden sich in einem Säckchen mit genau definierten Eigenschaften und stehen in Wasser. Der Anstieg im Manometer (hydrostatischer Druck) mißt den osmotischen Druck. Es bedeutet **1:** 0,3 osmol Glucose, Membran nur für Wasser durchlässig; **2:** 0,3 osmol Glucose und 0,3 osmol Harnstoff, Membran nur für Wasser durchlässig; **3:** 0,3 osmol Glucose, 0,3 osmol Harnstoff und 0,3 osmol NaCl, Membran nur für Wasser durchlässig; **4:** Wie in **3**, aber Membran für Wasser und NaCl durchlässig; **5:** wie **3**, aber Membran für Wasser, NaCl und Harnstoff durchlässig; **6:** wie **3**, aber die Membran ist für alle gelösten Stoffe und Wasser durchlässig. Es muß hervorgehoben werden, daß die Ordinate als mosmol/1000 g Wasser und nicht als Druck (mm Hg oder atm) angegeben ist. Das erfolgte, da der osmotische Druck (p = CRT) für Lösungen mit gleichem Wert für C unter gleichen Bedingungen gleich ist.

Austausch zwischen Blutplasma und Erythrocyten

Die Erythrocytenmembran ist für Wasser, Harnstoff und bestimmte andere, einfache, organische Verbindungen frei permeabel. Sie ist ebenfalls frei durchlässig für anorganische Anionen, Cl′ und HCO_3', für CO_2 und für H^+ und NH_3. Andererseits scheint die Erythrocytenmembran für die meisten anderen Anionen, besonders Proteinat, undurchlässig zu sein und zeigt eine eingeschränkte Permeabilität für Na^+ und K^+. So werden sowohl im Plasma als auch in den Erythrocyten die Kationen zum Teil durch nichtdiffusible und zum Teil durch diffusible Anionen ausgeglichen, wobei die letzteren hauptsächlich Chlorid und Bicarbonat sind. Das System ist für die Anwendung der Gesetze der Membran-Gleichgewichte (Gibbs-Donnan-Gesetz) geeignet und ergibt den folgenden Ausdruck (76):

$$r = \frac{[H^+]_p}{[H^+]_c} = \frac{[Cl^-]_c}{[Cl^-]_p} = \frac{[HCO_3^-]_c}{[HCO_3^-]_p} = 1 - \frac{[BP]_c + [Hb]_c - [BP]_p}{2\,([B]_p - [BP]_p)}$$

worin $[H^+]$, $[Cl^-]$ und $[HCO_3^-]$ als mval/1000 g Wasser ausgedrückt sind; $[BP]_c$ stellt das Anionenäquivalent der nichtdiffusiblen Anionen dar, $[Hb]_c$ sind die mMol des Hämoglobins der Erythrocyten, $[BP]_p$ ist das Anionenäquivalent der Plasmaproteine und $[B]_p$ ist der Gehalt des Plasmas an Gesamtkationen pro 1000 g Wasser. Da die Gesamtkationenkonzentration und der Gesamthämoglobingehalt der Erythrocyten relativ konstant bleiben, ist der wichtigste Faktor der Gleichung, der die Verteilung der diffusiblen Ionen und des Wassers beeinflußt, das Anionenäquivalent der nichtdiffusiblen Anionen der Erythrocyten $[BP]_c$. Das ist hauptsächlich wegen des Hämoglobinats (Hb^- und HbO_2^-) so, dessen Konzentration vom pH und dem Grad der Sauerstoffsättigung abhängt. Sowohl ein Anstieg des pH als auch eine gesteigerte Oxygenierung des Hämoglobins steigern den Wert von $[BP]_c$ und umgekehrt.

So wollen wir z. B. einen Anstieg des Blut-pH annehmen, der durch einen Abfall des Kohlendioxid-Druckes und eine gesteigerte Oxygenierung von Hämoglobin (Bedingungen, die vorliegen, wenn venöses Blut arteriell wird) hervorgerufen wird. Beide Faktoren führen zu einem Anstieg des Wertes von $[BP]_c$. Das würde das Ungleichgewicht in der Verteilung der diffusiblen Ionen zwischen den zwei Phasen weiter vergrößern (der Wert von r würde noch weiter unter 1 gesenkt). Das Gesamtergebnis dieser beiden Veränderungen wäre, daß die Konzentrationen von Cl^- und HCO_3^- in den Erythrocyten gesenkt werden, wenn $[BP]_c$ ansteigt. Es findet ein Ersatz der einwertigen Ionen (1mval = 1 mosmol) durch ein mehrwertiges Ion (mval größer als mosmol) statt. Folglich findet gleichzeitig mit dem Aufbau der erforderlichen Differenz der Ionenkonzentration eine Diffusion von Wasser aus den Erythrocyten in das Plasma als Reaktion für einen osmotischen Ausgleich statt.

Im allgemeinen erfolgt die Wasserbewegung zwischen dem Plasma und den Erythrocyten als Antwort auf die effektiven osmotischen Druckverhältnisse der beiden Phasen.

Die Bedeutung der obigen Gleichung und die Wirkung einer Änderung der Wertigkeit der nichtdiffusiblen Anionen der Erythrocyten kann folgendermaßen veranschaulicht werden.

Nehmen wir vereinfacht an, daß Plasma und Erythrocyten des oxygenierten Blutes bei pH 7,4 im Gleichgewicht sind und die in der Abb. 7 gezeigte Zusammensetzung, ausgedrückt pro 1000 g Wasser, hat. Durch Einsetzen in die obige Gleichung ergibt sich:

$$r = 1 - \frac{[BP]_c + [Hb]_c - [BP]_p}{2\,([B]_p - [BP]_p)}$$

$$r = 1 - \frac{64 + 25 - 16}{2\,(152 - 16)} = 1 - \frac{73}{272} = 1 - 0{,}27 = 0{,}73$$

Die berechneten Werte von $r = [Cl^-]_c/[Cl^-]_p = 79/108 = 0{,}73$ und $r = [HCO_3^-]_c/[HCO_3^-]_p = 21/28 = 0{,}75$ zeigen eine befriedigende Übereinstimmung. Wenn nun der Partialdruck des Kohlendioxids (pCO_2) steigt und den pH des Systems zu den isoelektrischen Punkten des Hämoglobins und der Plasmaproteine verschiebt, werden die Werte für HbO_2^- und Pr^- zu null reduziert.

$$K^+ + HbO_2^- + H_2CO_3 = K^+ + HCO_3^- + HHbO_2$$

$$Na^+ + Pr^- + H_2CO_3 = Na^+ + HCO_3^- + HPr$$

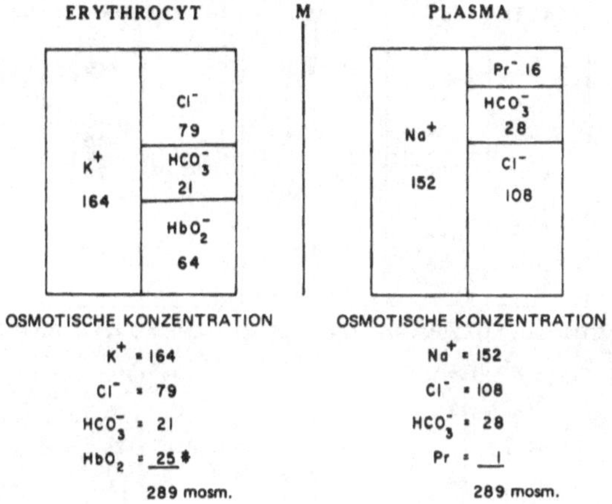

Abb. 7: Annähernde Zusammensetzung von oxygeniertem Blut bei pH 7,4.

*Es wären in Blut mit 15 g Hämoglobin/100 ml und einem Hämatokrit von 50% in 100 ml Erythrocyten 30 g Hämoglobin enthalten. Bei einem Wassergehalt der Erythrocyten von 72% wären 30 x 100/72 = 41,7 g Hämoglobin/100 g Zellwasser. In 1000 g Zellwasser sind dann 41,7 x 10 x 1000/16700 = = 25 mMol gelöst, wobei 16 700 das Molekulargewicht einer Häm-Einheit darstellt, die sich mit 1 Mol O_2 verbindet.

Eine Beschreibung der Verhältnisse (im Nicht-Gleichgewicht) ist als Diagramm in der Abb. 8 gegeben. Der Ersatz der mehrwertigen Anionen (HbO_2^- und Pr^-) durch das einwertige Anion (HCO_3^-) führt zu einem osmotischen Ungleichgewicht mit Begünstigung der Erythrocyten. Bei der Einstellung des Gleichgewichts tritt Wasser in die Zellen ein und Chlorid und Bicarbonat werden ausgetauscht, so daß r sich einem Wert von 1 nähert.

$$r = 1 - \frac{[BP]_c + [Hb]_c - [BP]_p}{2\,([B]_p - [BP]_p)}$$

$$= 1 - \frac{0 + 23 - 0}{2\,(164)} = 1 - 0{,}07 = 0{,}93$$

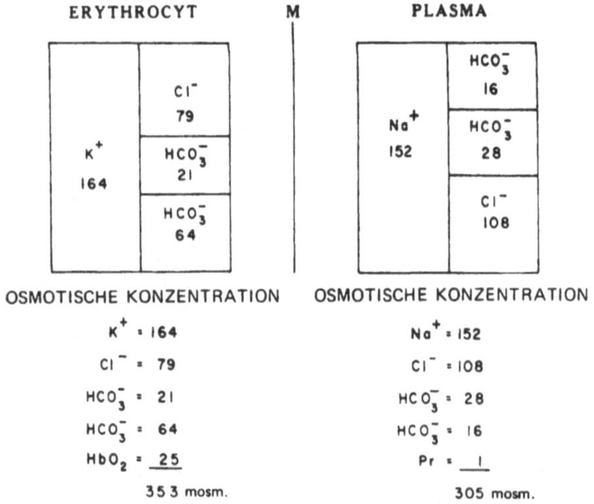

Abb. 8: Annähernde Zusammensetzung von oxygeniertem Blut beim Anstieg von pCO_2, der erforderlich ist, um das pH auf den isoelektrischen Punkt des oxygenierten Hämoglobins und der Plasmaproteine zu reduzieren. (Das System ist nicht im Gleichgewicht. Um das Gleichgewicht herzustellen, tritt Wasser in die Erythrocyten ein, um die osmotische Konzentrationen in den Erythrocyten und im Plasma (353 mosmol und 305 mosmol/kg Wasser : 2 = 329 mosmol/kg Wasser) auszugleichen. Das geschieht gleichzeitig mit einem Chlorid-Bicarbonat-Austausch, so daß sich das r (nach Donnan) dem Wert 1 nähert.)

Der Stoffaustausch zwischen Blutplasma und interstitieller Flüssigkeit

Eine der Funktionen des Blutes ist, Nährstoffe zu den verschiedenen Zellen des Körpers zu transportieren und Abfallprodukte fortzuschaffen. Das wird mit großer Wirksamkeit durch Austausch durch die Kapillarmembran erreicht. Das Blut in den Kapillaren steht unter einem bestimmten hydrostatischen Druck. Es ist daher notwendig, daß die Kapillarmembran für einige im Plasma gelöste Stoffe undurchlässig ist, wenn das Plasmavolumen aufrechterhalten werden soll und wenn weiterhin ein Durchtritt von Flüssigkeit von den Geweben in das Blut entgegen diesem Druck stattfinden soll. Die Bedeutung des osmotischen Drucks, der durch die Plasmaproteine hervorgerufen wird (kolloid-osmotischer Druck oder onkotischer Druck), für die Aufrechterhaltung des Gleichgewichts zwischen Blutplasma und interstitieller Flüssigkeit wurde zuerst von Starling betont.

In der Abb. 9 ist das Konzept Starlings dargestellt. Seine Anwendung läßt zwei Hauptkräfte – kapillärer Blutdruck und kolloidosmotischer Druck des Plasmas – und zwei sekundäre Kräfte –

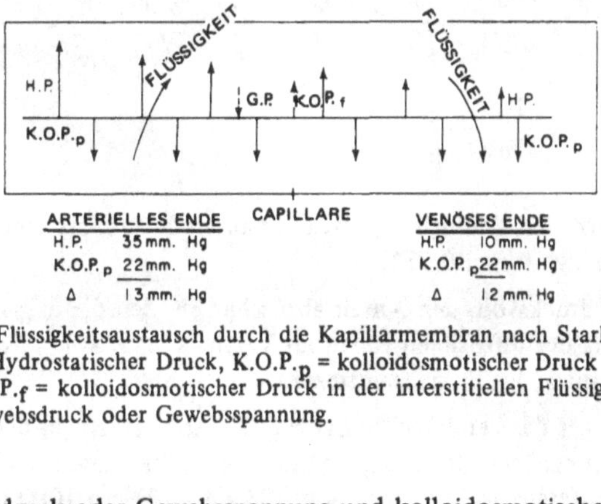

Abb. 9: Flüssigkeitsaustausch durch die Kapillarmembran nach Starling. H. P. = Hydrostatischer Druck, K.O.P.$_p$ = kolloidosmotischer Druck im Plasma, K.O.P.$_f$ = kolloidosmotischer Druck in der interstitiellen Flüssigkeit, G.P. Gewebsdruck oder Gewebsspannung.

Gewebsdruck oder Gewebsspannung und kolloidosmotischer Druck der Interstitialflüssigkeit – erkennen, die die Richtung des Flüssigkeitsstromes durch die Kapillarwand bestimmen. Dementsprechend haben am arteriellen Ende der Kapillare die Kräfte, die die Flüssigkeit aus der Kapillare treiben (hydrostatischer Druck und kolloidosmotischer Druck der interstitiellen Flüssigkeit), das Übergewicht über die, die die Flüssigkeit in die Kapillaren treiben (Kolloidosmotischer Druck des Plasmas und Gewebsdruck). Am venösen Ende der Kapillaren ist es umgedreht.

Das Plasmaalbumin erzeugt im wesentlichen den kolloidosmotischen Druck des Plasmas. Die Plasmaalbumin-Konzentration ist größer als die Plasmaglobulin-Konzentration. Ferner ist das Molekulargewicht des Albumins kleiner als das des Globulins. Man kann errechnen, daß Albumin etwa dreimal so viel osmotischen Druck pro g hervorruft wie Globulin (s. S. 28).

Das System Plasma-interstitielle Flüssigkeit ist für die Anwendung des Donnan-Gleichgewichts geeignet, wobei sich der folgende Ausdruck ergibt, wenn die Glieder in molalen Konzentrationen ausgedrückt werden:

$$r_{pf} = \frac{[H^+]_f}{[H^+]_p} = \frac{[Na^+]_f}{[Na^+]_p} = \frac{[K^+]_f}{[K^+]_p} = \frac{\sqrt{[Ca^{++}]_f}}{\sqrt{[Ca^{++}]_p}} = \frac{\sqrt{[Mg^{++}]_f}}{\sqrt{[Mg^{++}]_p}} =$$

$$= \frac{[Cl^-]_p}{[Cl^-]_f} = \frac{[HCO_3^-]_p}{[HCO_3^-]_f}$$

Unter normalen Bedingungen ist der Durchschnittswert von r_{pf} für einwertige Ionen 0,95*.

Es ist eindrucksvoll, den Anteil abzuschätzen, den die ungleiche Verteilung der diffusiblen Ionen im Vergleich zum kolloidosmotischen Druck des Plasmas ausmacht.

Nehmen wir das vereinfachte System der Abb. 10 an, in dem ein r (nach Donnan) von 0,95 angenommen wird. Die osmolale Konzentrationsdifferenz ist 0,48 mosmol (303–302,52) pro 1000 g Wasser. Bei 38° C hat 1 mMol gelöste Substanz pro 1000 g Wasser einen osmotischen Druck von 19,38 mm Hg (p = CRT = 1 x 0,082 x 311 = = 25,5 Atm/Mol; 25,5 Atm x 760 mm Hg = 19,380 mm Hg/Mol

*Analytisch bestimmte Verhältnisse der molalen Konzentrationen von Plasma zur Ödemflüssigkeit für zweiwertige Elemente sind erheblich niedriger; z. B. $\sqrt{[Ca^{++}]_f} / \sqrt{[Ca^{++}]_p}$ und $\sqrt{[Mg^{++}]_f} / \sqrt{[Mg^{++}]_p}$ beträgt im Durchschnitt 0,71 und 0,87. Das wird teilweise durch die Bindung von Ca und Mg an die Plasmaproteine verursacht.

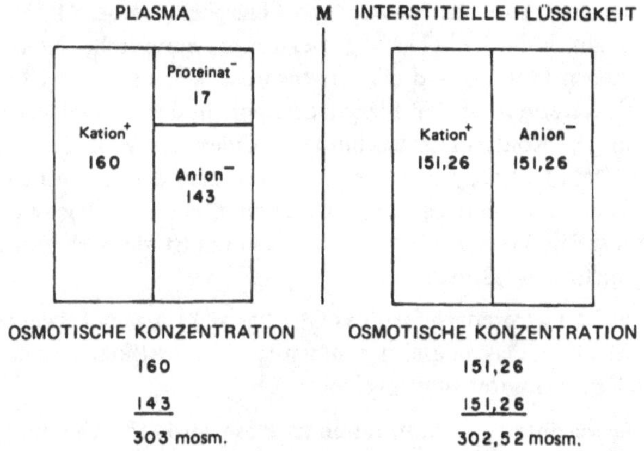

Abb. 10: Annähernde Elektrolytkonzentrationen im Plasma und in der interstitiellen Flüssigkeit. Die Dimension der Konzentration ist mval/1000 g Wasser. Das r nach Donnan soll 0,95 sein. Die Membran wird als undurchlässig für Plasmaproteine angenommen.

oder 19,38 mm Hg/mMol). Damit entsprechen 0,48 mosmol/1000 g Wasser 9,3 mm Hg (19,38 x 0,48 = 9,3). Der kolloidosmotische Druck der Plasmaproteine ist rund 20 bis 25 mm Hg. Daher ist der Druck von 9,3 mm Hg, der durch die ungleiche Verteilung der diffusiblen Ionen hervorgerufen wird, von beträchtlicher Größe.

Die Lymphgefäße stellen einen anderen Weg für den Rückstrom der Flüssigkeit aus dem Interstitialraum in das Plasma dar. Eine kleine Änderung der Starling'schen Kräfte, die zu einer überschüssigen Transsudation führt, braucht wegen der Drainage durch die Lymphgefäße keine Ödeme zur Folge zu haben. Die Lymphgefäße sind insofern einmalig, als sie den einzigen wirksamen Mechanismus darstellen, durch den die kleinen Mengen von Protein, die während der Transsudation aus dem Plasma in das Interstitium gelangen, von hier in das Plasma zurückgeleitet werden. Wenn nämlich Proteine einmal in die Lymphgefäße gelangt sind, so können sie nicht mehr in die interstitielle Flüssigkeit zurückdiffundieren und bewirken so einen Transfer von Flüssigkeit aus dem Interstitialraum in die Lymphgefäße. Der kolloid-osmotische Druck der enthaltenen Proteine und der Gewebsdruck scheinen die wichtigsten Faktoren für den Flüssigkeitstransport in das Lymphsystem zu sein. Die Kontraktion der Muskeln fördert den Fluß der Flüssigkeit in dem Lymphsystem. Wenn das Volumen der interstitiellen Flüssigkeit vergrößert ist, steigt der Lymphfluß. Bei Verschluß der Lymphgefäße können kleine Änderungen der Starling'schen Kräfte nicht mehr ausgeglichen werden.

Zahlreiche Faktoren können das Gleichgewicht, das normalerweise zwischen dem Plasma und der interstitiellen Flüssigkeit besteht, verändern. Darunter sind folgende:

1. Eine verringerte Konzentration an Plasmaprotein (Albumin)
2. Eine gesteigerte Kapillardurchlässigkeit
3. Ein Anstieg des hydrostatischen Drucks
4. Eine Abnahme des Gewebsdrucks
5. Eine übermäßige Zufuhr von Salz (NaCl) und Wasser oder eine überschüssige Ausscheidung von Salz (Na) und Wasser.

Der Stoffaustausch zwischen extra- und intrazellulären Kompartimenten

Da die Zellmembranen für Wasser frei durchlässig zu sein scheinen, ist die Mehrheit der Bearbeiter dieses Gebietes der Meinung, daß die extrazelluläre und die intrazelluläre Flüssigkeit den gleichen osmotischen Druck hat. Einige Forscher glauben jedoch, daß die zelluläre Flüssigkeit gegenüber der extrazellulären hypertonisch ist. Wenn das zutreffend ist, müßte man einen Mechanismus für den aktiven Transport des Wassers aus den Zellen fordern, um die Differenz im osmotischen Druck aufrechtzuerhalten.

Bei freier Diffusion des Wassers würde eine Änderung des effektiven osmotischen Drucks entweder in der extrazellulären oder in der intrazellulären Phase eine Neuverteilung des Wassers zwischen den zwei Kompartimenten erforderlich machen. Primäre Änderungen des effektiven osmotischen Drucks der extrazellulären Flüssigkeit werden viel häufiger auftreten als solche der intrazellulären Flüssigkeit. Ein Anstieg des effektiven osmotischen Drucks der extrazellulären Flüssigkeit ist von einem Transport von Wasser aus den Zellen in das extrazelluläre Kompartiment begleitet. Ein solcher Anstieg des effektiven osmotischen Drucks ist am häufigsten auf eine Zunahme der Konzentration des Natrium zurückzuführen. Da jedoch Glucose bei Insulinmangel bestimmte Zellmembranen nicht frei permeieren kann, kann die Hyperglykämie auch erheblich zu dem effektiven osmotischen Druck der extrazellulären Flüssigkeit beitragen. (Z. B. entspricht eine Plasmaglucosekonzentration von 100 mg/100 g Plasmawasser rund 5,6 mosmol/1000 g Wasser und eine Konzentration von 500 mg/100 g Plasmawasser ist 27,8 mosmol/1000 g Wasser). Die erhöhte Glucosekonzentration und die hypertonische extrazelluläre Flüssigkeit bewirken einen Übertritt von Wasser aus dem intrazellulären in das extrazelluläre Kompartiment. Eine langdauernde Hyperglykämie kann für eine gesenkte Natriumkonzentration im Plasma als Zeichen eines Verdünnungseffekts verantwortlich sein. Bei einer Korrektur des Insulinmangels und einer Senkung des Blutglucosespiegels wird die extrazelluläre Flüssigkeit hypotonisch mit dem Ergebnis, daß Wasser in das intrazelluläre Kompartiment eintritt und zu einer Hypernatriämie führt.

Das extrazelluläre Volumen kann also ansteigen oder abnehmen, und der effektive osmotische Druck kann in jeder Situation erhöht, no mal oder erniedrigt sein. Man kann mit anderen Worten folgende Störungen bezüglich der extrazellulären Flüssigkeit erwarten:

1. Isotonische Vergrößerung
2. Hypertonische Vergrößerung
3. Hypotonische Vergrößerung
4. Isotonische Abnahme
5. Hypertonische Abnahme
6. Hypotonische Abnahme.

Die Richtung des Wasseraustausches zwischen extrazellulärem und intrazellulärem Kompartiment wird durch die Einhaltung der osmotischen Isotonie bestimmt.

Gewöhnlich ändert sich die zelluläre Hydratation invers mit dem osmotischen Druck der extrazellulären Flüssigkeit, der hauptsächlich durch die Natriumkonzentration des Plasmas bestimmt wird. Die Änderung des gesamten Zellwassers kann kompliziert werden durch 1. eine Abgabe von Zellkalium (mit oder ohne teilweisen Ersatz durch Natrium), 2. durch eine verringerte Konzentration osmotisch aktiver Kationen und 3. durch Zerstörung (oder Verringerung) der Zellmasse.

9. Störungen des Wasser- und Elektrolytstoffwechsels

Änderungen der Natriumkonzentration im Plasma

Unter normalen Umständen wird die Natriumkonzentration im Plasma durch die Fähigkeit der Niere zur Regulierung der Natrium- und Wasserausscheidung in engen Grenzen gehalten (135 bis 148 mval/l). Jedoch wird eine unzureichende Zufuhr von Natrium im Verein mit einem fortwährenden Verlust zu einer erniedrigten Natriumkonzentration im Plasma führen (Hyponatriämie). Bei Nierenerkrankungen ist eine Salzverschwendung häufig vorhanden; d. h. die schwerkranke Niere ist nicht in der Lage, Natrium (und Chlorid) zurückzuhalten, wenn die Salzzufuhr streng eingeschränkt wird, und es geht bei Vorliegen eines Natriumdefizits im Plasma ständig Natrium im Urin verloren. Eine erniedrigte Natriumkonzentration im Plasma kann während der Behandlung von Herzleiden mit Stauungen durch Thiazid- und Quecksilberdiuretika und salzarme Diät ausgelöst werden und wird bei Nebenniereninsuffizienz beobachtet. Die sogenannten Verdünnungs-Hyponatriäminen werden häufig beobachtet und zwar bei Stauungsinsuffizienzen des Herzens, bei Lebercirrhose und bei Hypalbuminämie. In diesen Fällen liegt eine Störung der Wasserdiurese infolge ADH-Überschuß, andere Hormonstörungen (z. B. Nebenniereninsuffizienz) oder Störungen der Hämodynamik der Nieren vor. Wasserersatz ohne gleichzeitigen Elektrolytersatz führt nach starkem Schwitzen, nach langdauerndem Erbrechen oder schweren Diarrhoen zu einer erniedrigten Natriumkonzentration im Plasma.

Hyponatriämie wird klinisch unter gewissen Bedingungen bei Lungenaffektionen und bei zerebralen Affektionen beobachtet. Sie kann auch die Folge einer erhöhten Blutzuckerkonzentration bei Insulinmangel und einer erhöhten Blutlipidkonzentration (mit gleichzeitigem Defizit von Plasmawasser) sein.

Eine erhöhte Konzentration des Natriums im Plasma (Hypernatriämie) wird weniger oft gefunden als eine Hyponatriämie. Jedoch ist ein Syndrom mit hohen Salzwerten (Hypernatriämie und Hyperchlorämie) klinisch häufig in Verbindung mit zerebralen Gefäßschäden, Encephalitis, nach hochgradiger Dehydratation und nach Anoxieperioden beim Frühgeborenen zu beobachten (77–79). Klinische Syndrome mit Hypernatriämie sind willkürlich in drei Gruppen eingeteilt worden (78):

1. Das Syndrom bei primärer Exsiccation. In dieser Gruppe sind Kinder mit Fieber und milden Diarrhoen enthalten. Auch ältere Leute, deren Primärerkrankung eine genügende Selbstversorgung unmöglich macht, zeigen besonders bei sehr heißem Wetter oder während einer toxischen Periode dieses Syndrom.
2. Schäden des Zentralnervensystems. Hier können die Spiegel sowohl des Natriums als auch des Chlorids im Plasma hoch sein, ohne daß Zeichen für eine Dehydratation vorliegen. Das Syndrom kann chronisch fortbestehen und keine Reaktion auf Zufuhr von salzfreien Flüssigkeiten zeigen, was dafür spricht, daß Zentren im Gehirn daran beteiligt sind, den Natriumchloridspiegel im Steady-state zu halten. Ein vollständiger Salzentzug für längere Zeit führt bei diesen Patienten zu Symptomen des Salzmangels, bevor die Plasmawerte für Natrium und Kalium auf die sogenannten Normalwerte gesenkt werden können.
3. Diabetisches Koma nach Behandlung. Hier ist sie die Folge der Wasserdiffusion aus dem extrazellulären in das intrazelluläre Kompartiment als Antwort auf den Abfall des effektiven osmotischen Drucks in den extrazellulären Flüssigkeiten durch den Eintritt der Glucose in die Zellen.

Änderungen der Kaliumkonzentration des Plasmas

Eine erniedrigte Kaliumkonzentration im Plasma (Hypokaliämie) wird bei unzureichender Zufuhr und/oder übermäßigen gastrointestinalen oder renalen Verlusten beobachtet. Die Plasmakonzentration an Kalium kann trotz Vorliegen eines ausgeprägten zellulären Kaliummangels innerhalb des Normalbereichs (3,8 bis 6,4 mval/l) bleiben. Die Kaliumkonzentration im Plasma kann sogar erhöht sein, obwohl ein zellulärer Kaliummangel vorliegt, wenn die Nierenfunktion schwer gestört ist. Die Kaliumkonzentration im Plasma (rund 5 mval/kg Wasser) ist im Vergleich zu der intrazellulären Kaliumkonzentration (rund 160 mval/kg Zellwasser im Skelettmuskel) klein. Daher können beachtliche Veränderungen der Kaliumkonzentration im Plasma als Folge eines Kaliumaustauschs zwischen extra- und intrazellulären Kompartimenten auftreten. Bei bestimmten Austauschvorgängen besteht ein Zusammenhang mit dem Plasma-pH, einer Zellzerstörung oder anabolen Stoffwechselsituationen (Glycogenablagerung oder Proteinbildung). In einigen Fällen kann der Kaliumabfall im Plasma einfach auf eine Verdünnung durch Gabe von kaliumarmen Flüssigkeiten zurückgeführt werden. Beispiele für Hypokaliämien werden später gegeben.

Alimentärer Kaliummangel bei ausreichendem Natrium in der Nahrung führt zu einer Kaliumerschöpfung und einem erniedrigten Kaliumspiegel im Plasma, weil Kalium weiterhin im Urin ausgeschieden wird, obwohl ein schweres Kaliumdefizit bestehen kann. Eine erniedrigte Kaliumkonzentration im Plasma findet man häufig, wenn der alimentäre Mangel durch extrarenale Verluste wie Erbrechen oder Diarrhoen kompliziert wird.

Bei Erbrechen und Diarrhoen mit Verlust von Magen-Darm-Flüssigkeit, die erhebliche Mengen an Kalium enthält, besteht eine Neigung zur Hypokaliämie. Unzureichende Nahrungsaufnahme verschlimmert die Kaliumverarmung. Bei gleichzeitiger Dehydratation kann die Kaliumkonzentration im normalen Variationsbereich bleiben. So kann eine erniedrigte Kaliumkonzentration unentdeckt bleiben, bis eine Substitutionsbehandlung eingeleitet wird, besonders mit kaliumfreien Lösungen. Dieser Abfall der Kaliumkonzentration im Plasma kann dann auf die fortgesetzte Kaliumausscheidung im Urin, eine Plasmaverdünnung oder einen Übertritt von Kalium aus dem extrazellulären in das intrazelluläre Kompartiment zurückgeführt werden. So ist z. B. das Ergebnis einer Glucoseinfusion ein Abfall des Plasmakaliums in Verbindung mit einer Glycogenbildung.

Ein weiterer Faktor, der den Plasmaspiegel des Kaliums beeinflußt, soll hier erwähnt werden. Offenbar besteht ein Zusammenhang zwischen der Kaliumkonzentration im Plasma und dem extrazellulären pH; d. h. bei Acidose ist das Plasmakalium erhöht und bei Alkalose erniedrigt.

Die diabetische Acidose ist von einem zellulären Kaliummangel begleitet. Aber die Kaliumkonzentration im Plasma kann in Abhängigkeit von Hydratationszustand erniedrigt, normal oder sogar erhöht sein. Die Behandlung der Acidose mit parenteraler Zufuhr großer Volumina von Kochsalzlösung und hohen Dosen Insulin mit oder ohne gleichzeitige Glucosegabe führt zu einem Abfall der Kaliumkonzentration im Plasma auf Spiegel, bei denen Symptome der Hypokaliämie auftreten. Dieser Abfall kann auf die dauernde Kaliumausscheidung im Urin, auf die Verdünnung, auf den Transport von Kalium in die Zellen als Folge der Glycogenbildung und auf den verringerten Proteinabbau zurückgeführt werden.

Ein Überschuß an exogenen oder endogenen Nebennierenrindenhormonen bei ausreichender alimentärer Natriumzufuhr führt zu einem erhöhten Kaliumverlust mit dem Urin und zu einem Kaliummangel im Plasma. Erniedrigte Kaliumwerte im Plasma können postoperativ auftreten, am häufigsten nach Magen-Darm-Operationen. Das ist auf den erhöhten Kaliumverlust im Verein mit einer unzureichenden Zufuhr zurückzuführen.

Bei bestimmten Fällen von Acidose der Nierentubuli besteht eine Hypokaliämie mit begleitender Hyperchlorämie. Hier tritt eine übermäßige tubuläre Kaliumausscheidung als Folge einer verringerten Fähigkeit der Niere zur Ausscheidung von Wasserstoffionen auf. Es gibt bestimmt Fälle chronischer Nierenerkrankungen mit erniedrigtem Plasmakalium und erhöhter Kaliumausscheidung im Urin, sogenannte „Kalium-Verlust-Nephritis".

Einige Fälle von Nierenversagen oder Oligurie können normale oder gesenkte Plasmakaliumwerte aufweisen. Dieser Befund kann auf extrarenale Verluste (durch Erbrechen, Diarrhoe, Drainage des Magen-Darm-Traktes, die Anwendung von Kationenaustauschern oder der künstliche Niere) oder auf eine Verdünnung durch Anwendung kaliumfreier Flüssigkeiten zurückzuführen sein.

Bei der familiären periodischen Paralyse sind die paralytischen Anfälle mit einem steilen Abfall der Kaliumkonzentration des Plasmas verbunden. Das Fehlen einer gleichzeitigen gesteigerten Kaliumausscheidung im Urin weist auf einen Übertritt von Kalium aus dem Extrazellularraum in das zelluläre Kompartiment hin. Diese Vorstellung wird durch die Tatsache unterstützt, daß die paralytischen Anfälle bei solchen Patienten durch die Anwendung von Glucose, Adrenalin oder Insulin, also Substanzen, die bekannterweise den Transfer von Plasmakalium in die Zellen fördern, ausgelöst werden können.

Eine erhöhte Kaliumkonzentration im Plasma (Hyperkaliämie) und Kaliumintoxikationen werden gewöhnlich nur in Situationen beobachtet, in denen der Urinfluß unterbrochen und die Kaliumzufuhr gleichzeitig gesteigert ist. Diese gesteigerte Kaliumzufuhr in die extrazellulären Flüssigkeiten kann bei exogener Anwendung auftreten oder endogen durch verstärkte katabolische Vorgänge und Zellabbau hervorgerufen werden. Der Anstieg des Plasmakaliums kann auch durch eine Kombination von Dehydratation und vermehrten katabolischen Vorgängen bedingt sein.

Eine Hyperkaliämie kann bei Nebenniereninsuffizienz, schwerer Exsiccose bei kindlichen Diarrhoen mit Acidose, beim Nierenversagen mit ausgeprägter Oligurie oder Anurie, bei Acidosen (sowohl bei metabolischen als auch bei respiratorischen), bei einer Kaliumtherapie (mit zu schneller parenteraler Zufuhr von kaliumreichen Flüssigkeiten) und bei der familiären hyperkaliämischen Paralyse auftreten.

Störungen mit Wasservermehrung (Hyperhydrie)

Bei intakten Regulationsmechanismen ist es unwahrscheinlich, daß man oral genug Wasser zuführen kann, um eine anhaltende positive Wasserbilanz hervorzurufen. Nach einer kurzen Latenzperiode scheiden die Nieren das Wasser ebenso schnell aus, wie es absorbiert wird, und die Urinvolumina können Größen erreichen, wie sie beim Diabetes insipidus beobachtet werden. Überreichliche Diurese führt zu einem kleinen Elektrolytverlust, was sich aus dem Verlust an Körpergewicht bei einer geringen Änderung der Plasmaelektrolytkonzentrationen ergibt. Es ist theoretisch möglich, die Kapazität normaler Nieren für die Wasserausscheidung zu überschreiten, indem man fortwährend Flüssigkeit mit einer Geschwindigkeit infundiert, die größer ist als der maximale renale Wasserausstoß, d. h. größer als etwa 13 ml/min (19 1/24 Stunden) (80). Das ist versehentlich passiert (81).

In Fällen, in denen die Kapazität der Nieren zur Wasserausscheidung mangelhaft ist, führt eine vermehrte Wasseraufnahme zur Wasserintoxikation. Das tritt am häufigsten bei Patienten mit Oligurie oder Anurie infolge einer akuten Tubulusnekrose auf. Bei solchen Fällen werden wässrige Lösungen oft mit der falschen Hoffnung infundiert, dadurch eine Nierenausscheidung zu erreichen. Wenn solche Wassergaben die Wasserausscheidung des Körpers auf dem Wege der unsichtbaren Ausscheidung überschreiten, tritt eine Netto-Zunahme des gesamten Körperwassers (zellulär und extrazellulär) ein. Diese verdünnt die Elektrolytkonzentrationen der extrazellulären und intrazellulären Flüssigkeit, obwohl der Gehalt des

Körpers an Elektrolyten an sich normal ist. Diese Hyperhydrie kann abdominelle und Wadenkrämpfe und Konvulsionen hervorrufen (82, 83).

Verschiedene klinische Bilder führen zu Elektrolytverarmung und zu Wasserverlusten. Wenn der Elektrolytverlust nicht bemerkt wird und Flüssigkeit oral oder Glucoselösungen intravenös gegeben werden, wird das Wasser ersetzt, aber die Elektrolytkonzentrationen verringert. Diese Arten von Wasserüberschuß werden bei Patienten mit Verschlüssen im oberen Darmtrakt, mit Diarrhoen, mit diabetischer Acidose, mit Nierenerkrankungen mit Salzverlusten, mit Nebenniereninsuffizienz oder bei jeder Krankheit beobachtet, bei der Verluste an Körperelektrolyten und Wasser durch Lösungen ersetzt werden, die nicht die nötige Menge an Elektrolyten enthalten.

Störungen durch primären Natriumüberschuß

Die Leichtigkeit, mit der es auch bei normalen Menschen zu einer Natriumretention kommt, steht im Gegensatz zu der Schwierigkeit, bei den gleichen Individuen eine Hyperhydrie zu erzeugen. Es scheint, als ob die Körperbestände an Natrium und Chlorid normalerweise den tatsächlichen physiologischen Bedarf übersteigen. Das zeigt auch die Tatsache, daß die Ausscheidung von Natrium (und Chlorid) der Aufnahme parallel geht. Die Zufuhr großer Natriumchloridmengen führt zu einer Salzretention und einer Zunahme des Körperwassers.

Die übermäßige Akkumulation von Natrium und Wasser führt zu Ödemen, die eine Vermehrung der extravasculären Flüssigkeit im extrazellulären Kompartiment darstellen. Das Plasmavolumen kann verändert sein oder auch nicht. Während am häufigsten eine Ansammlung von isotonischer Flüssigkeit vorliegt, kann das Ödem sowohl mit einer erhöhten als auch mit einer erniedrigten Natriumkonzentration im Plasma einhergehen. Das Ödem kann generalisiert sein, wie bei Patienten mit schwerer Hypoproteinämie oder mit fortgeschrittener Herzinsuffizienz mit Stauungen. Es kann aber auch auf ein einzelnes Glied als Folge einer Behinderung des venösen Blut- oder Lymphflusses aus dieser Extremität beschränkt sein. Oder es kann z. B. als Ascites in Fällen von Lebercirrhose auftreten. Bei der Untersuchung der Ödempathogenese muß man den Anteil zweier Faktoren berücksichtigen: 1. den Mechanismus, der für die Störung des normalen Austausches zwischen dem Plasma und der interstitiellen Flüssigkeit verantwortlich ist (Faktoren der Störung der Starling'schen Kräfte) und 2. die Reaktion der Niere bezüglich der Ausscheidung von Natrium und Wasser, die die Hauptkomponenten der extrazellulären Flüssigkeit darstellen.

Das nephrotische Ödem

Eine Hypoproteinämie in Verbindung mit einer starken Proteinurie wurde lange Zeit als der wichtigste Faktor für die Entwicklung von Ödemen bei Patienten mit Lipoidnephrose und mit dem nephrotischen Syndrom angesehen (84). Zahlreiche Untersuchungen haben den engen Zusammenhang zwischen dem Vorliegen oder Fehlen von Ödemen bei diesen Krankheiten und dem Spiegel der Plasmaalbuminkonzentration (bzw. der Höhe des kolloid-osmotischen Drucks) gezeigt. Es wurden jedoch Situationen bekannt, die die Zuverlässigkeit der Behauptung in Frage stellten, daß die Pathogenese der Ödeme beim nephrotischen Syndrom nur dem erniedrigten kolloidosmotischen Druck des Plasmas zugeschrieben werden kann (85). Obwohl insgesamt eine gute Korrelation zwischen dem Vorhandensein von Ödemen und der Hypoproteinämie bestand, machte die Zahl der Ausnahmen ebenso wie das spontane Einsetzen oder die therapeutische Auslösung einer Diurese und einer Verringerung der Ödeme ohne eindeutige Veränderungen des erniedrigten Plasmaalbuminspiegels eine weitere Klärung erforderlich. Es war kaum zu verneinen, daß die renale Kontrolle der Wasser- und Elektrolytausscheidung nicht ein Teilfaktor bei der Ödempathogenese des nephrotischen Syndroms sein konnte.

Eine Arbeitsgruppe kam zu dem Schluß (86), daß die Entstehung von Ödemen das Ergebnis einer renalen Reabsorption von filtriertem Natrium, Chlorid und Wasser über das Maß hinaus ist, daß für die Aufrechterhaltung eines normalen extrazellulären Flüssigkeitsvolumens notwendig ist. Diese Zunahme der tubulären Reabsorption (Störung des glomerulär-tubulären Gleichgewichts) kann die Folge einer Abnahme der glomerulären Filtrationsrate (primäre glomeruläre Insuffizienz) oder von Reizen, die direkt am Tubulus angreifen (primäres Überwiegen der Tubulusfunktion), sein. Die Autoren stellten sich die Frage, ob die primäre glomeruläre Insuffizienz oder das primäre Überwiegen der Tubulusfunktion der wichtigere Faktor für die übermäßige tubuläre Rückresorption war. Nach ihrer Meinung ist die glomeruläre Insuffizienz, die bei den meisten Patienten mit diesem Syndrom vorhanden ist, von grundlegender Bedeutung. Das heißt, daß wenn die glomeruläre Filtrationsrate genügend gesenkt ist, die Salz- und Wasserretention unabhängig von Faktoren, die an den Tubuli angreifen, auftritt.

Wenn jedoch die glomeruläre Filtrationsrate nur leicht gesenkt oder im Normalbereich ist, dann können tubuläre Faktoren bedeutsamer werden. Diese Ansicht ist jedoch unzutreffend, da Ödeme trotz normaler oder sogar gesteigerter glomerulärer Filtrationsrate sich ansammeln oder weiter bestehen können. In diesem Falle könnte man die Wirkung eines Hormons postulieren, das die tubuläre Rückresorption in den Nieren stimuliert. Es wurde festgestellt (87–89), daß beim Menschen eine niedrige Natriumaufnahme von einer gesteigerten Ausscheidung von Aldosteron im Urin begleitet ist und daß bei verschiedenen ödematösen Zuständen ein Zusammenhang zwischen der Ausscheidung von Aldosteron und der Menge von Natrium im Urin besteht. Man glaubt, daß signifikante Ödeme nicht entstehen, wenn die Nebennieren nicht funktionieren, und daß Ödeme als ein „sekundärer Aldosteronismus“ angesehen werden können.

Der Mechanismus der Ödembildung bei der Nephrose ist noch nicht ganz klar. Die Vorstellung einer übermäßigen Rückresorption von

Salz und Wasser durch die primäre und spezifisch tubuläre Aktivität zeigt auch Ausnahmen. Man fand z. B. (91), daß die Anwendung von konzentriertem, salzarmen Albumin bei drei Patienten mit nephrotischem Syndrom zu einer Diurese von Wasser und Salz führte. Die Autoren glaubten, daß diese Beobachtung eine früher vertretene Ansicht unterstützt (92), daß die Nieren nicht primär für die Ödeme verantwortlich sind. Dabei wird die Hypothese vertreten, daß der Abfall des effektiven Blutvolumens bei Zuständen von generalisierten Ödemen der gemeinsame Nenner ist und daß dies, möglicherweise durch die Nebennierenrinde vermittelt, zur Salzretention führt. Diese Salzretention stimuliert ihrerseits die Sekretion von ADH und letztlich die Retention von Wasser und damit die Ödembildung.

Man kann die Konzeption folgendermaßen entwickeln. Während der Ödembildung und dem Vorliegen eines erniedrigten, kolloidosmotischen Drucks kann man annehmen, daß die Transsudation von Flüssigkeit mit größerer Geschwindigkeit erfolgt als die Rückresorption in das Gefäßsystem. Folglich besteht entweder ein relatives oder ein absolutes Defizit des Plasmavolumens. Das stellt den Faktor dar, der die Retention des Wassers und des Salzes hervorruft.

Wenn Salz und Wasser zur Verfügung stehen, werden sie in einem etwas hypotonischen Verhältnis zurückgehalten. Je schwerer die Störung der Starling'schen Kräfte ist, um so mehr gelangt von dem retinierten Salz und Wasser in die interstitielle Flüssigkeit und um so weniger wird das Plasmavolumen wieder hergestellt. Dadurch kann der Reiz des verminderten Plasmavolumens bestehen bleiben, und die Retention von Salz und Wasser geht weiter. So lange eine übermäßige Menge der retinierten Flüssigkeit in die extravasculären Räume übertritt, so lange wird sich das Plasmavolumen vermindern. Wenn durch die Nahrung kein Salz zugeführt wird, kann das abnehmende Plasmavolumen nicht voll kompensiert werden. Das kann ein ausreichender Stimulus für die ADH-Sekretion und in der Folge für eine Wasserretention sein. Die Retention von Wasser ohne

Salz führt zu einer erniedrigten Natriumkonzentration im Plasma. So wird die allgemeine Tendenz zu einer leichten Hyponatriämie bei Patienten mit Ödemen verstärkt, wenn das Salz in der Nahrung drastisch eingeschränkt wird. Der Grad, bis zu dem diese chronische Hyponatriämie durch Verdünnung fortschreiten kann, hängt von der Stärke des Reizes ab, der von dem verminderten Plasmavolumen ausgeht, und ist letztlich durch die osmotische Hypotonie selbst begrenzt. Die letztere unterdrückt die ADH-Sekretion und möglicherweise wiegt der hemmende Einfluß der osmotischen Hypotonie den stimulierenden Einfluß des verringerten Plasmavolumens auf. Wenn man versucht, die erniedrigte Natriumkonzentration im Plasma bei diesem Patienten zu normalisieren, so ruft die Salzzufuhr Durst, vermehrte Zufuhr und Retention des Wassers hervor, und im klinischen Zustand des Patienten ändert sich nichts, außer daß das extrazelluläre Volumen ansteigt.

Eine gesteigerte Sekretion von Aldosteron spielt zweifellos eine Rolle bei der Ödembildung beim nephrotischen Syndrom, da es die renale Rückresorption von Salz und Wasser fördert. Es muß jedoch festgehalten werden, daß bei normalen Personen nach Aldosterongabe und beim primären Aldosteronismus keine ausgeprägte Natriumretention oder Ödeme auftreten (55, 94). Es scheint ein „Entkommen" vor der Natriumretention zu geben. Die Wirkungen der Anwendung von großen Dosen von Aldosteron ändern sich mit der Natriumzufuhr (55). Eine große Natriumaufnahme verstärkt die Effekte, während eine niedrige Natriumaufnahme sie verringert.

Die kardiale Stauungsinsuffizienz

Da der Mechanismus, der die renale Natriumausscheidung reguliert, nur unvollständig geklärt ist (45, 95), bestehen Meinungsverschiedenheiten über die Pathogenese der Natriumretention bei Herzinsuffizienz. Die bisherige Diskussion hat sich auf Änderungen der glomerulären Filtrationsrate und der Aktivität der Nebennierenhormone (speziell des Aldosterons) als den überwiegenden Faktoren, die die renale Ausscheidung des Natriums bestimmen, konzentriert. Die mögliche Bedeutung eines sogenannten dritten Faktors ist kürzlich kritisch besprochen worden (95). Der dritte Faktor scheint eine humorale Substanz zu sein, und seine Bildung scheint durch Änderungen des extrazellulären Volumens beeinflußt zu werden. Die Möglichkeit besteht, daß bei pathologischen Zuständen mit Ödembildung eine Insuffizienz des dritten Faktors besteht und daß es einen Überschuß des dritten Faktors bei bestimmten Zuständen mit Salz- und Wasserverlust gibt.

Die Natriumretention bei cardialen Stauungen wurde direkt oder indirekt auf den niedrigen renalen Blutfluß, die niedrige Herzleistung, die geringe glomeruläre Filtrationsrate oder eine übermäßige Sekretion von Aldosteron zurückgeführt. Mit Hilfe der Bilanztechnik und markierten Verbindungen wurde gefunden, daß der Überschuß des Körpernatriums ebenso innerhalb wie außerhalb der Zellen vorliegen kann und daß sowohl das extrazelluläre als auch das intrazelluläre Volumen vermehrt sein können und daß ein Defizit von Kalium in der Zelle vorliegen kann.

Bei dem Versuch die physiologischen Veränderungen, die für diese Abweichungen des Volumens der Zusammensetzung und Verteilung der Körperflüssigkeiten verantwortlich sind, zu erkennen, wurden zwei Theorien entwickelt: das „Rückwärtsversagen" (Starling) und das „Vorwärtsversagen" (96, 97). Die wichtigsten Kennzeichen dieser zwei Ansichten können folgendermaßen zusammengefaßt werden:

Rückwärtsversagen	Vorwärtsversagen
Erhöhter Venendruck	Salz- und Wasserretention
Erhöhter Capillardruck	Erhöhtes Plasmavolumen
Transsudation	Anstieg des Venen- und Capillardrucks
Verringerung des Plasmavolumens	Transsudation
Salz- und Wasserretention	

So ist entsprechend der Konzeption des Rückwärtsversagens die gesteigerte Transsudation ein primärer Prozeß, der primär durch den gesteigerten capillaren Blutdruck hervorgerufen wird, der aus einem unvollständigen venösen Rückfluß resultiert, wobei als zusätzliche Faktoren eine gesteigerte Capillarpermeabilität und ein erniedrigter Plasmaproteinspiegel hinzukommen. Das dynamische Gleichgewicht zwischen Plasma und interstitieller Flüssigkeit ist verschoben, so daß eine absolute oder relative Verminderung des Plasmavolumens die Folge ist. Der Reiz des abnehmenden Volumens ruft die Retention von Salz und Wasser hervor. Das sind die Hauptkomponenten der extrazellulären Flüssigkeit, und die Ausdehnung des Volumens der interstitiellen Flüssigkeit hängt von der Menge von Salz und Wasser, die retiniert wird, und dem Grad der Abweichung der Starling'schen Kräfte ab. Bei der Theorie des Vorwärtsversagens ist andererseits die verminderte Natriumausscheidung primär. Die Natriumretention könnte entweder die Folge einer verminderten glomerulären Filtrationsrate (ein Absinken der filtrierten Natriummenge) oder einer vermehrten tubulären Natriumreabsorption oder eine Kombination von beiden sein.

Das Problem der Salz- und Wasserretention bei der cardialen Stauung ist mit Berücksichtigung der Rolle des Aldosterons kritisch besprochen worden (99).

Das Schema auf der linken Seite der Abb. 11 wird von dem Autor bevorzugt (99). Es wird hervorgehoben, daß Patienten mit Herzdekompensation bei Vorliegen einer Natriumretention entweder eine erhöhte oder eine niedrige Herzauswurfleistung haben können. Einheitlich wird ein erhöhter Venendruck gefunden. Der erhöhte hydrostatische Druck begünstigt die Transsudation und die unmittelbare Abnahme des zirkulierenden Blutvolumens. Dieses verminderte Volumen wird schnell durch Salz- und Wasserretention wieder aufgefüllt. Es kann sogar zu einem Überschießen des Kompensationsmechanismus kommen, der zu einem vermehrten Blutvolumen führt, das bei Patienten mit cardialen Stauungen

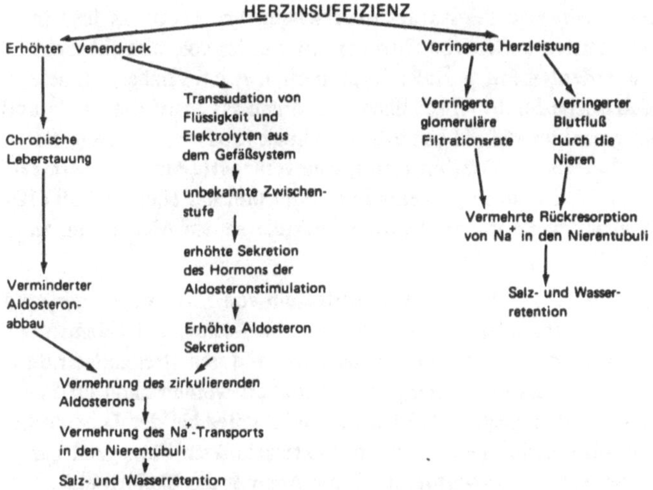

Abb. 11: Mögliche Wege der Salz- und Wasserretention bei kardialer Stauungsinsuffizienz (Davis, J. O., Amer. J. Med. **29,** 486 (1960)).

beobachtet wird. Im Zusammenhang mit den intravasalen Volumenänderungen kommt es zu einer Aldosteronproduktion (möglicherweise durch ein Aldosteron stimulierendes Hormon). Die Zunahme des zirkulierenden Aldosterons ist eindeutig. Sie wird weiter erhöht, wenn die Geschwindigkeit der Inaktivierung des Aldosterons durch die Leber abnimmt. Die Natriumretention kann dann auf die gesteigerte tubuläre Rückresorption im Zusammenhang mit dem vermehrten zirkulierenden Aldosteron zurückgeführt werden. Jedoch könnte eine verminderte glomeruläre Filtrationsgeschwindigkeit auch zu einer Natriumretention beitragen.

Lebercirrhose mit Ascites

Die Ursache des Ascites bei Cirrhose beinhaltet die gleichen Probleme wie die Herzödeme und es gibt keine einmütige Meinung. Daß ein erhöhter portaler Druck ein Teilfaktor für die Bildung der Ödeme und des Ascites ist, erscheint klar (100). Er liegt in den meisten Fällen von Cirrhose mit Ascites vor, obwohl nicht alle Patienten mit portaler Hypertension Ascites haben. Andere ursächliche Faktoren scheinen erniedrigte Plasmaproteinwerte und ein gesenkter kolloid-osmotischer Druck (101), eine gesteigerte antidiuretische Aktivität (102), eine veränderte Membranpermeabilität (103) oder eine veränderte Funktion der Nierentubuli (104), möglicherweise mit vermehrtem, zirkulierendem Aldosteron, zu sein.

Wichtig ist natürlich das Vorhandensein von Salz und Wasser, und es wurde gefunden, daß die Bildung von Ascites und Ödemen bei Patienten mit chronischem Leberschaden durch strenge Natriumeinschränkung in der Nahrung kontrolliert werden kann (105). Bilanzstudien zeigen, daß Ödeme und Ascites bei der Lebercirrhose eine isotonische Vermehrung der extrazellulären Flüssigkeit darstellen (106). Das wurde durch die Analyse des Skelettmuskels bestätigt.

Ein „sekundärer Aldosteronismus" tritt bei der Cirrhose auf. Er ist wahrscheinlich dadurch bedingt, daß die geschädigte Leber nicht in der Lage ist, das zirkulierende Aldosteron in dem gleichen Maße zu inaktivieren wie normales Lebergewebe. Folglich ist durch das vermehrte, zirkulierende Aldosteron eine gesteigerte Tendenz zur tubulären Rückresorption von Natrium (und Wasser) in der Niere vorhanden. Daraus wäre zu folgern, daß das „Escape"-Phänomen, das bei Fällen von primären Aldosteronismus beobachtet wird, hier fehlt.

Andere klinische Ödeme

Bei einer schweren Hypoproteinämie sind Ödeme unvermeidbar, besonders wenn Salz und Wasser zugeführt werden.

Bei der Untersuchung der Eiweißmangelernährung bei jungen Kindern wurde festgestellt (107), daß Kinder mit Kwashiorkor (Eiweißmangel mit ausreichenden Kalorien) niedrige Serumeiweißwerte und Ödeme mit größerer Häufigkeit zeigen als Kinder mit Marasmus (Mangel an Eiweiß, Kalorien und anderen Stoffen in der Nahrung). Bei langen Perioden unzureichender Aufnahme von Nahrung (Protein), wie sie in Europa zu Hungerszeiten vorlag, nimmt die extrazelluläre Flüssigkeit stark zu (Ödeme). Obwohl die Konzentration der Plasmaproteine (Albumin) abnimmt, können die Ödeme nicht eindeutig dem verminderten kolloid-osmotischen Druck im Plasma zugeordnet werden. Es scheint, daß die Ödeme bei einfacher kalorischer Unterernährung hauptsächlich der Ausdruck für eine Verminderung der Zellmasse ohne eine größere Änderung in der absoluten Menge oder dem Volumen der extrazellulären Flüssigkeit ist (108).

Die Bedeutung der Menge von Wasser und Natriumchlorid, die zur Verfügung steht, und die Tendenz für die Ansammlung von extravasaler Flüssigkeit muß besonders beachtet werden, wenn bei unterernährten Patienten wegen einer Dehydratation die intravenöse Zufuhr von Flüssigkeit vorgesehen wird. Bei unzureichender Proteinaufnahme wird die Gesamtmenge an zirkulierendem Plasma erniedrigt, aber der Verlust kann leicht verschleiert werden wegen der gleichzeitigen Verminderung des Plasmavolumens und die Proteinkonzentration im Plasma kann im Normalbereich liegen. Folglich kann bei der Korrektur der Wasser- und Elektrolytverluste durch intravenöse Kochsalzlösung die Plasmaeiweißkonzentration exzessiv fallen, und die Folge können Ödeme sein. Der Flüssigkeitsersatz sollte bei solchen Fällen mit einer Flüssigkeit durchgeführt werden, die ein Kolloid enthält.

Eine Natriumretention wird bei einer Zahl verschiedener klinischer Bilder beobachtet, bei denen offenbar ein glomerulär-tubuläres Ungleichgewicht vorliegt. So wird z. B. eine Natrium- und Wasserretention nach relativ milden Blutungen und in der unmittelbaren postoperativen Phase nach Eingriffen beobachtet. Das mag mit einer Vermehrung der Nebennierenrindenhormone zusammenhängen.

Störungen durch Natrium- und Wasserverluste

Hunger. Appetitverlust ist eine häufige Begleiterscheinung vieler Krankheiten. Die Unterbrechung der gesamten Nahrungszufuhr außer dem Wasser führt bald zu einer verringerten Stuhlmenge und zu einem Verlust an Körpergewicht. Ein Verlust an Körpergewicht tritt trotz der Wasseraufnahme wegen des Abbaus der Kohlenhydrate, der Fette und der Eiweiße ein. Wenn die Hungerperiode länger dauert, werden die Kohlenhydratreserven aufgebraucht und die erforderlichen Kalorien durch den Abbau von Körperfett und -eiweiß geliefert. Der Eiweißverlust kann mehr oder weniger auf der Basis der Stickstoff- und Kaliumausscheidung vorausgesagt werden (negative Stickstoff- und Kaliumbilanz). Man hat festgestellt, daß etwa 2,75 bis 3 mval K einem Gramm Gewebs (Muskel)-stickstoff entsprechen. Die Kenntnis der negativen Kalium- und Stickstoffbilanz erlaubt daher, angenähert den Anteil des Zellabbaus am Stickstoffverlust des Körpers festzustellen. Bei fehlender Kaliumzufuhr besteht eine signifikante Kaliumausscheidung weiter, insbesondere wenn Natrium für die Ausscheidung zur Verfügung steht. In diesem Fall stellt ein Teil des ausgeschiedenen Kaliums den Ersatz von Zellkalium durch Natrium und nicht eine Zellzerstörung dar. Beim Fehlen von Natrium und Chlorid in der Nahrung fällt die Urinausscheidung dieser Elemente auf ein Minimum. Der Endeffekt eines akuten Nahrungsentzugs ist die Zerstörung von Körpergewebe und der Verlust wechselnder Mengen von Kalium.

Primäre Wasserverluste

Ein Defizit an Wasser findet man in der unkompliziertesten Form bei Patienten oder Leuten, die aus irgendeinem Grund nicht die adäquate tägliche Wassermenge erhalten. Das passiert z. B. bei vernachlässigten oder bewußtlosen Erwachsenen, bei Patienten mit Obstruktionen im oberen Verdauungstrakt, bei geistig gestörten Personen, die eine Flüssigkeitsaufnahme verweigern, oder bei Personen, denen es auf See oder in der Wüste an frischem Wasser mangelt. Die Auswirkungen des Hungers komplizieren natürlich das Bild.

Der Mangel an Wasser, der sich bei unzureichender Wasserzufuhr einstellt, ist primär der Unfähigkeit des Körpers zuzuschreiben, den unsichtbaren Wasserverlust durch die Haut und die Lungen stark zu verringern. Er beträgt, wie früher ausgeführt wurde, etwa 800 bis 1500 ml/Tag. Zusätzlich wird Körperwasser durch die Nieren ausgeschieden. Die Abnahme des Körperwassers zusammen mit der Abnahme des Plasmavolumens und der Neigung zu einer osmotischen Hypertonie stimuliert die ADH-Sekretion, und die Urinausscheidung wird auf ein Minimum von etwa 250 bis 300 ml/Tag bei Erwachsenen reduziert. Diese Menge wird durch die maximal erzielbare milliosmolale Konzentration bestimmt. Das Oxydationswasser beträgt etwa 200 bis 300 ml/Tag. Daher führt auch trotz des reduzierten Urinvolumens der andauernde unsichtbare Wasserverlust zu einem Verlust an Körperwasser. Durst ist das herausragende Symptom des primären Wasserverlusts und hängt eng mit der Antidiurese, der osmotischen Hypertonie der Körperflüssigkeiten und dem extrazellulären Wasserdefizit zusammen. Daher ist er ein Symptom, das Beachtung verdient.

Bei großen Wasserverlusten wird die extrazelluläre Flüssigkeit hypertonisch, und Wasser tritt als Folge des osmotischen Ausgleichs aus dem intrazellulären Kompartiment aus. So steuern sowohl das extrazelluläre als auch das intrazelluläre Kompartiment zu dem Verlust an Körperwasser bei. Wenn die Dehydratation und die osmotische Hypertonie stärker werden, treten andere Faktoren in Aktion, die zusätzliche Mengen von Zellwasser für das extrazelluläre Volumen verfügbar machen. Als erstes gibt es eine Reaktion der Niere, die sich in der Ausscheidung von mehr Kalium als Stickstoff ausdrückt; d. h. es setzt ein Verlust von Zellkalium ein. Dieser Verlust an Zellkalium erniedrigt nicht nur den osmotischen Druck der intrazellulären Flüssigkeiten, sondern beeinflußt auch den osmotischen Druck der extrazellulären Flüssigkeit. Das Endergebnis ist der Übertritt einer zusätzlichen Wassermenge vom intrazellulären in das extrazelluläre Kompartiment. Ein weiterer Faktor tritt auf, der auf die osmotische Inaktivierung von Zellkationen mit der Freisetzung einer zusätzlichen Menge von Wasser zurückzuführen ist (109).

Schweiß ist hypotonisch. Bei profusem Schwitzen wird mehr Wasser als Elektrolyte verloren. Wenn kein Wasser aufgenommen wird, werden die extrazellulären Flüssigkeiten hypertonisch. Wenn nun aber eine große Wassermenge zugeführt wird, wird aus dem Bild des primären Wasserverlustes das des Salzverlustes. Die extrazellulären Flüssigkeiten werden hypotonisch, und das Wasser, das in das intrazelluläre Kompartiment eintritt, ist für das Auftreten von Krämpfen (Grubenarbeiter- oder Hitzekrämpfe) verantwortlich. Die osmotische Hypotonie der extrazellulären Flüssigkeiten nach dem Trinken von Wasser wird nur teilweise durch die Verdünnung verursacht, die durch das absorbierte Wasser entsteht. Sie wird hauptsächlich durch die Elektrolyte aus den extrazellulären Flüssigkeiten verursacht, die in den Gastrointestinaltrakt vor der Absorption eintreten.

Zusammenfassend kann festgestellt werden, daß bei primärem Wasserverlust eine Abnahme sowohl des extrazellulären als auch des intrazellulären Volumens eintritt. Obwohl eine osmotische Hypertonie der Körperflüssigkeiten auftreten kann, besteht ein verschieden großer Verlust an extrazellulären und intrazellulären Elektrolyten weiter. Folglich kann der Ersatz von Wasserverlusten ohne Elektrolytersatz zu Symptomen führen, die auf eine Hypotonie der extrazellulären Flüssigkeiten zurückzuführen ist.

Primäre Salzverluste

Erbrechen. Erbrechen beeinträchtigt die Aufnahme von Wasser und Nahrung, so daß bestimmte Aspekte der Veränderungen, die beim primären Wasserverlust auftreten, auch hier deutlich werden. Jedoch verstärken die aktuellen Verluste von Wasser und Elektrolyten im Erbrochenen den Mangel. Die Stärke des Erbrechens und die chemische Zusammensetzung des Erbrochenen beeinflussen die Geschwindigkeit des Verlusts an Körperwasser und die Art und das Ausmaß der Elektrolytstörung im Körper. Gewöhnlich enthält das

Erbrochene mehr Chlorid als Natrium und eine relativ große Menge an Kalium. In diesem Falle führt anhaltendes Erbrechen zu einem Abfall der Chloridkonzentration, zu einem Anstieg der Bicarbonatkonzentration und zu einem Anstieg des pH im Plasma (hypochlorämische Alkalose). Obwohl die Natrium- und Kaliumkonzentrationen im Plasma gewöhnlich abgefallen sind, können sie auch normal oder sogar erhöht sein, je nachdem wie groß der relative Wasserverlust ist. Jedoch entwickelt sich bei Patienten mit Erbrechen unabhängig von der Plasmakonzentration von Natrium und Kalium ein Defizit an diesen Kationen. Folglich ist der Endeffekt des Erbrechens ein Natrium- und Chloridmangel, eine metabolische Alkalose und ein Kaliummangel, die auf die Dehydratation und den Hungerzustand aufgepfropft sind. Das extrazelluläre Volumen ist vermindert, was durch einen Übertritt von Wasser aus dem extrazellulären Kompartiment in das intrazelluläre Kompartiment bei Vorliegen einer erniedrigten Natriumkonzentration im Plasma verschlimmert wird. Mit dem Verlust von Zellkalium kann Natrium in das intrazelluläre Kompartiment eintreten, was zu einer größeren Abnahme des extrazellulären Volumens führt. Beim Hungern findet eine Zellzerstörung statt, die Wasser freisetzt.

Diarrhoe. Ausgedehnte Veränderungen der Körperflüssigkeiten und der Elektrolyte werden häufig bei den kindlichen Diarrhoen und gelegentlich bei älteren Patienten gefunden. Wie beim Erbrechen entstehen bei diesen Patienten verschiedene Grade der Dehydratation und des Nahrungsmangels ebenso wie spezifische Elektrolytstörungen durch Verluste der Magendarmsekrete. Im Gegensatz zum Magensaft sind die Darmflüssigkeiten alkalisch und enthalten erhebliche Mengen an Bicarbonat. Der Verlust an Darmsekreten führt zu einem größeren Verlust an Natrium als an Chlorid. Die Bicarbonatkonzentration ist ebenso erniedrigt wie der pH-Wert im Plasma (metabolische Acidose). Stuhlanalysen bei Diarrhoen haben einen viel größeren Gehalt an Wasser, Natrium, Kalium und Stickstoff ergeben, als im Stuhl von normalen Personen enthalten ist.

Diarrhoen bei Erwachsenen sind ein viel weniger ernstes Problem als bei Kindern. Die Fähigkeit der Erwachsenen, normale Elektrolytkonzentrationen der Körperflüssigkeiten aufrecht zu erhalten, ist größer, auch wenn ein Elektrolytmangel auftritt. Schwere Elektrolytmangelzustände können sich jedoch bei der Dysenterie, der Cholera, der Colitis ulcerosa und der Diarrhoe bei der nicht-tropischen Sprue entwickeln (110–112). Kaliumdefizite sind nach dem chronischen Gebrauch von Laxantien beschrieben worden (113).

Bei den kindlichen Diarrhoen findet man eine deutliche Verringerung des extrazellulären Volumens. Die Natrium- und Kaliumkonzentrationen im Plasma sind häufig erniedrigt. Abhängig von den relativen Wasserverlusten durch unzureichende Aufnahme oder den unsichtbaren Wasserverlust kann jedoch die Natrium- und Kaliumkonzentration im Plasma beim Vorliegen eines Elektrolytmangels normal oder erhöht sein. Bei manchen Patienten findet man eine ausgeprägte Hyperchlorämie, Hypernatriämie und Hyperkaliämie. Die begleitende metabolische Acidose ist auf den größeren Verlust von Natrium als von Chlorid im Stuhl, auf die Hungerketose und das Nierenversagen zurückzuführen. Ein zellulärer Kaliummangel tritt auf und bei unzureichender Nahrungsaufnahme wird die Zellmasse unter Freisetzung von Wasser reduziert.

Nierenversagen. Ein unvermeidbarer Verlust von etwas Körperwasser durch die Nieren ist auch dann vorhanden, wenn die Urinbildung unter dem maximalen Reiz des ADH erfolgt. Bei chronischen Nierenerkrankungen kann die Fähigkeit der Nieren zur Wasserrückresorption in einem Ausmaß verloren gehen, daß der Urin der Hauptweg der Ausscheidung und damit größer als der unsichtbare Wasserverlust wird. In Fällen mit einem Defekt bei der Bildung des ADH oder wenn die Nieren nicht mehr auf ADH ansprechen, werden noch größere Mengen an filtrierter Flüssigkeit ausgeschieden, wie beim Diabetes insipidus. Ein Defizit an Wasser braucht hier jedoch nicht aufzutreten, wenn die Wasseraufnahme gesteigert wird. Beim Vorliegen einer unzureichenden Nebennierenrindenfunktion (z. B. beim M. Addison) ist die „Vergeudung" von Natrium und Chlorid durch die Nieren ein charakteristisches Merkmal. Der relativ größere Verlust von Natrium als von Wasser resultiert in einer hypotonischen Extrazellularflüssigkeit, und der Übertritt von Flüssigkeit in den Intrazellulärraum verstärkt die Verkleinerung des extrazellulären Volumens. Einige Fälle von Nierenerkrankungen wie die „Salzverlust"-Nephritis, die eine Nebennierenrindeninsuffizienz insofern simulieren, als ein exzessiver Verlust an Natrium und Chlorid auftritt, sind beschrieben worden (114–116). Bei der angeborenen Nebennierenhyperplasie mit Salzverlusten (117–119) könnte ein Defekt der Synthese der Nebennierenrindenhormone durch einen Block der C-21-Hydroxylierung vorliegen. Vor einigen Jahren erschien ein Bericht (120) über zwei Patienten mit Bronchialcarcinom, bei denen sich eine erniedrigte Natriumkonzentration im Plasma als Folge eines unerklärten Versagens der Nieren zur Natriumrückgewinnung entwickelte. Die Autoren postulierten eine dauernde unzureichende Sekretion des antidiuretischen Hormons als mögliche Ursache für die Störung. Diese Patienten zeigten eine normale Nieren- und Nebennierenfunktion. Gleichzeitig mit den Natriumverlusten durch die Niere wurde gefunden, daß der Urin ständig hypertonisch gegenüber dem Plasma war und daß eine Verringerung des Flüssigkeitsvolumens des Körpers nicht eintrat, als der Natriummangel und die Hypotonie des Plasmas zunahmen.

Offenbar kann auch eine fortdauernde, unzureichende Sekretion von ADH für die Natriumausscheidung, für die Wasserretention und die erniedrigte Natriumkonzentration im Plasma verantwortlich gemacht werden, die bei bestimmten Patienten mit Erkrankungen des Zentralnervensystems („zerebrale Salzverarmung"), Lungentuberkulose und anderen Erkrankungen beobachtet wird (121, 122). Andererseits kann in manchen Situationen eine schwere Hyponatriämie unter dem Bild der unzureichenden Sekretion von ADH mit ungewöhnlichen Verlusten an Natrium oder Verdünnung des Plasmanatriums auftreten (123). Es wurden Anhaltspunkte für eine Neuverteilung des Natriums im Körper mit einer Natriumanhäufung in den Zellen gefunden (123).

Quecksilberdiuretika und Carboanhydrasehemmer steigern die Natrium- und Chloridausscheidung im Urin.

Abschnitt II. Der Säure-Basen-Haushalt

Die regelnden Faktoren, die an der Erhaltung eines normalen Volumens, einer normalen osmolalen Konzentration, einer normalen Ionenzusammensetzung und einer normalen Wasserstoffionenkonzentration beteiligt sind, hängen eng zusammen. Die normale Zellfunktion ist von der Aufrechterhaltung eines konstanten Volumens und einer konstanten Ionenzusammensetzung der Körperflüssigkeiten abhängig, da die Enzyme, die den Zellstoffwechsel bestimmen, empfindlich gegen Veränderungen ihres Milieus sind. Der folgende Abschnitt behandelt speziell die Faktoren, die für die Aufrechterhaltung einer konstanten Wasserstoffionenkonzentration in den Körperflüssigkeiten verantwortlich sind. Diese Funktionen haben sowohl funktionellen als auch chemischen Charakter. Dazu gehören die Funktion der Nieren gleichzeitig bei der Regulation der Wasserstoffionen-Ausscheidung und ihre Fähigkeit für die Aufrechterhaltung einer konstanten Ionenzusammensetzung der Körperflüssigkeiten und die Funktion der Lungen bei der Regulation der Wasserstoffionen-Ausscheidung (mittels CO_2 und H_2O). Ferner wirken chemische Faktoren mit, wie die Fähigkeit von Pufferanionen für die Aufnahme von Wasserstoffionen, und der Austausch von Ionen zwischen der extrazellulären und intrazellulären Flüssigkeit. Bei dem zu besprechenden System handelt es sich nicht um ein Gleichgewicht sondern vielmehr um ein System im Steady-State. Wasserstoffionen werden dauernd dem System zugeführt oder aus ihm entfernt. Weiterhin ist das System ständig unter einem Kohlendioxid-Druck, der normalerweise nahe 40 mm Hg ist.

1. Die Entstehung und Ausscheidung von Säuren und Basen

Die Definition der Säuren und Basen

Die Theorie der Säuren und Laugen von Brønsted-Lowry ist bei Betrachtungen des Säure-Basen-Gleichgewichts weithin anerkannt. Nach dieser sind Säuren und Basen dadurch charakterisiert, daß sie die Tendenz haben, Protonen (also Wasserstoffionen) auszutauschen. Eine Säure ist ein Protonendonator und eine Base ein Protonenakzeptor. Entsprechend läßt sich die Reaktion einer Säure in folgender Form formulieren

$$A \rightleftharpoons B + H^+$$

B ist eine Base, da sie Protonen unter Bildung einer Säure aufnehmen kann. Man sieht, daß eine Base immer gebildet wird, wenn eine Substanz als Säure fungiert und ein Proton abgibt, und umgedreht wird eine Säure gebildet, wenn eine Base ein Proton aufnimmt. Das sollen die folgenden Beispiele verdeutlichen:

Säure	$\rightleftharpoons$	Proton	+	Base
HCl	$\rightleftharpoons$	H^+	+	Cl^-
H_2SO_4	$\rightleftharpoons$	H^+	+	HSO_4^-
HSO_4^-	$\rightleftharpoons$	H^+	+	$SO_4^=$
CH_3COOH	$\rightleftharpoons$	H^+	+	CH_3COO^-
H_2CO_3	$\rightleftharpoons$	H^+	+	HCO_3^-
HCO_3^-	$\rightleftharpoons$	H^+	+	$CO_3^=$
NH_4^+	$\rightleftharpoons$	H^+	+	NH_3
H_2O	$\rightleftharpoons$	H^+	+	OH^-
H_3O^+	$\rightleftharpoons$	H^+	+	H_2O

Die Base, die durch die Abgabe eines Protons aus einer Säure gebildet wird, bezeichnet man als konjugiert zu der Säure (der konjugierte Protonenakzeptor oder die konjugierte Base).

Die aufgeführten Reaktionen dürfen nicht mit denen gleichgesetzt werden, die gewöhnlich für die Dissoziation einer Säure formuliert werden, da die wichtige Rolle, die das Lösungsmittel spielt, nicht daraus hervorgeht. In sauren Lösungen sind die Wasserstoffionen mit dem Lösungsmittel kombiniert und nicht in merklicher Menge in freier Form vorhanden. So verbindet sich das Wasserstoffion, wenn Wasser das Lösungsmittel ist, mit den Wassermolekeln in Form des Hydroniumions, H_3O^+. Folglich wirkt, wenn eine Säure in Wasser gelöst ist, dieses als eine Base und seine Moleküle konkurrieren um die Protonen der Säuremoleküle. Das Ausmaß, mit dem die Wassermoleküle die Wasserstoffionen einfangen können, bestimmt den sogenannten Ionisationsgrad der Säure. Unter Berücksichtigung dieser Punkte wird die Reaktion für die Ionisation einer Säure, z. B. HCl, in Wasser richtiger wie folgt geschrieben:

$$HCl + H_2O \rightleftharpoons H_3O^+ + Cl^-$$

In diesem Falle ist die Baseneigenschaft des Wassers zwar schwach, aber unendlich Mal stärker als die Baseneigenschaft der konjugierten Base der Säure, nämlich des Chloridanions. Oder anders ausgedrückt, die Neigung des Protons sich mit Wasser zu verbinden ist weit größer als die Tendenz des Protons, sich mit dem Chloridanion zu verbinden. Folglich ist die Dissoziation von HCl in Wasser tatsächlich vollständig. Als weiteres Beispiel diene die erste Dissoziationsstufe der Kohlensäure in Wasser:

$$H_2CO_3 + H_2O \rightleftharpoons H_3O^+ + HCO_3^-$$

Hier ist die Tendenz des Protons, sich mit dem Wasser zu verbinden viel geringer als die Neigung des Protons, sich mit dem Bicarbonatanion, der konjugierten Base der Kohlensäure, zu vereinigen. Unter diesen Umständen konkurriert das Bicarbonation wirksam mit dem Wasser um die Protonen und folglich ist das Ausmaß, in dem die Kohlensäure in Wasser dissoziiert, relativ gering. Man kann verallgemeinern und sagen, daß die am wenigsten dissoziierende Säure die stärkste konjugierte Base hat, während die stärkste Säure die schwächste konjugierte Base hat. So ist in wäßriger Lösung die Kohlensäure eine schwache Säure wegen ihrer relativ starken konjugierten Base, HCO_3^-, und verbindet sich relativ fest mit den Protonen, während HCl eine starke Säure ist, weil seine konjugierte Base, Cl^-, sich locker mit Protonen verbindet.

Die Protonentheorie, die als Base jede Substanz bezeichnet, die sich mit Protonen verbindet, läßt die Bezeichnung der Metallhydroxide, wie NaOH und KOH, als Basen nicht zu. Diese Substanzen als Moleküle vereinigen sich nicht mit Protonen. Im eigentlichen Sinne müßten sie als Salze bezeichnet werden. Sie werden jedoch häufig als Basen bezeichnet, da man davon ausgeht, daß sie in Wasser vollständig in Metallionen und Hydroxylionen dissoziieren. In diesem Falle ist es das Hydroxylion, das die Base ist, da es sich mit einem Proton unter Bildung von Wasser verbinden kann.

Wasser ist ein schwacher Elektrolyt und seine Dissoziation kann folgendermaßen formuliert werden:

$$H_2O + H_2O \rightleftharpoons H_3O^+ + OH^-,$$

wobei ein Proton eines Wassermoleküls auf ein zweites übertragen wird. Die Gleichgewichtskonstante der obigen Gleichung hat die folgende Form:

$$K = \frac{[H_3O^+]\,[OH^-]}{[H_2O]^2}$$

Der Wert $[H_2O]^2$ kann als konstant angesehen werden, da der Dissoziationsgrad des Wassers sehr gering ist. Der Ausdruck kann daher in der Form geschrieben werden

$$K_W = [H_2O]^2 \times K = [H_3O^+]\,[OH^-],$$

worin K_W als das Ionenprodukt des Wassers bezeichnet wird. Wenn man bedenkt, daß in wäßrigen Lösungen sich die Wasserstoffionen mit Wasser zu Hydroniumionen verbinden, kann das Symbol H^+ anstelle von H_3O^+ benutzt werden. Wenn man das in der obigen Gleichung durchführt, so ergibt sich

$$K_W = [H^+]\,[OH^-]$$

Der Wert für K_W verändert sich mit der Temperatur und ist bei 25° C $1{,}0 \times 10^{-14}$ (Tabelle 18). Aus der Gleichung wird klar, daß wenn $[H^+]$ ansteigt, $[OH^-]$ entsprechend abfallen muß und umgekehrt. Da reines Wasser äquivalente Mengen von H^+ und OH^- ent-

Tab. 18. Werte von K_W bei verschiedenen Temperaturen

Temperatur [°C]	$K_W \times 10^{-14}$
0	0,12
10	0,29
20	0,68
25	1,01
30	1,47
38	2,50
40	2,92

hält, folgt daraus, daß bei 25° C die Konzentration jedes der beiden Ionen 10^{-7} ist. Oder mit anderen Worten, in 1 l reinen Wassers ist 1/10 000 000 oder 1×10^{-7} Mol von H^+ und OH^- enthalten. Die Acidität oder aktuelle Reaktion einer Lösung hängt von der Konzentration der vorhandenen Protonen ab. Der Neutralpunkt bei 25° C ist bei pH 7,0 ($pH = \log 1/1 \times 10^{-7}$). Bei 38° C ist K_W $2{,}5 \times 10^{-14}$, und der Neutralpunkt mit $[H^+] = [OH^-] = 1{,}58 \times 10^{-7}$ ist bei dieser Temperatur bei pH 6,8.

Die Bildung von H^+ im Körper

Im Verlauf des normalen Stoffwechsels werden täglich wechselnde Mengen saurer und basischer Salze aufgenommen und große Mengen von Säuren und kleine von Basen gebildet, die aus dem Organismus entfernt werden müssen. Die intermediären Stoffwechselwege der Kohlenhydrate, Fette und Proteine sind verknüpft. Folglich hat die Hauptmenge der Wasserstoffionen, die im Stoffwechsel dieser Nahrungsstoffe entstehen, einen gemeinsamen Weg, der zur Bildung von Kohlensäure (CO_2 + H_2O) führt (Abb. 12). Weitere Elemente neben C, H und O wie N, S und P sind in Proteinen (und anderen Substanzen, wie z. B. in den komplexen Lipiden) vorhanden. Man muß festhalten, daß beim Stoffwechsel dieser Elemente Säuren entstehen können.

Die Wasserstoffionen, die mit den organischen Anionen Laktat, Pyruvat, Acetoacetat und β-Hydroxybutyrat verbunden sind,

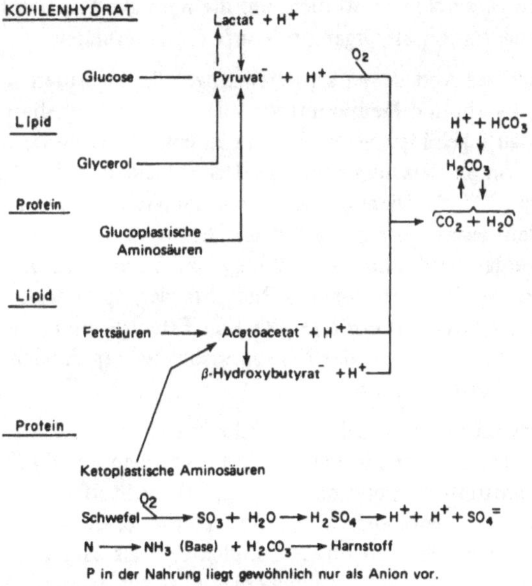

Abb. 12: Die Entstehung von Protonen im Stoffwechsel.

werden normalerweise nicht in merklichem Ausmaß an die Umgebung abgegeben. Vielmehr werden sie übertragen, wenn das Anion zu H_2CO_3 oxydiert wird. Diese kann dissoziieren und ergibt H^+ und HCO_3^-. Wasserstoffionen, die so im Stoffwechsel entstanden sind, können vom Körper über den Weg der Lungen als CO_2 und H_2O ausgeschieden werden. Wenn aus irgendeinem Grund die organischen Säuren nicht oxydiert werden können, wird die Ausscheidung der entsprechenden H^+ ein Problem für den Organismus. Das Anion der organischen Säure kann im Urin ausgeschieden werden. Wenn es als Salz (als Na- oder K-Salz) ausgeschieden wird, bleibt das entsprechende H^+ im Organismus zurück. Dieses H^+ kann nicht durch die Lungen ausgeschieden werden. Es muß durch die Nieren ausgeschieden werden, um die normale Wasserstoffionenkonzentration im Organismus aufrecht zu erhalten.

Im Verlauf des Abbaus der schwefelhaltigen Aminosäuren (Cystein, Cystin und Methionin) wird der Schwefel oxydiert und Schwefelsäure gebildet. Schwefelsäure ist eine starke Säure und wird im Urin als Salz ausgeschieden. Daher bleiben zwei H^+ im Organismus zurück. Diese müssen durch die Nieren (nicht durch die Lungen) ausgeschieden werden und das wird, wie später erläutert werden wird, durch die Bildung von Ammoniumionen ($NH_3 + H^+ \rightarrow NH_4^+$) erreicht. Der Phosphor der Nahrungsstoffe liegt in der oxydierten Form (H_3PO_4) als Ester vor und trägt nicht in der gleichen Weise wie der Nahrungsschwefel zur Entstehung von H^+ im Stoffwechsel bei.

Das Nahrungsprotein enthält im Durchschnitt etwa 16% Stickstoff. Der Organismus würde mit einem ernsten Problem der Entfernung von H^+ konfrontiert, wenn dieser Stickstoff im Stoffwechsel zu Salpetersäure umgewandelt würde. So würde z. B. die Ausscheidung von 9,8 g Stickstoff im 24 Stunden-Urin als Salpetersäure 7 l n/10 Säure bedeuten. Glücklicherweise ist das hauptsächliche Endprodukt des Eiweißstoffwechsels die neutrale Substanz Harnstoff. Seine Synthese kann in der Summe folgendermaßen formuliert werden:

$$\text{Aminosäure} \rightarrow NH_3 \text{ (als Base)}$$

$$2\,NH_3 + H_2CO_3 \rightarrow (NH_4)_2CO_3$$

$$(NH_4)_2CO_3 \rightarrow H_2NCONH_2 + H_2O$$

Es muß betont werden, daß H^+ aus dem Stoffwechsel (als H_2CO_3, d. h. $CO_2 + H_2O$) bei der Harnstoffbildung beteiligt ist.

Die Wirkung der Zufuhr basischer Äquivalente

Der Stoffwechsel von zugeführten Puffersalzen, d. h. Na- oder K-Salzen als Bicarbonat, Lactat oder Citrat, führt zu der Entfernung von H^+ aus dem Organismus. Die Entfernung von H^+ aus dem Organismus geht mit einem Anstieg von HCO_3^- einher (Abb. 13).

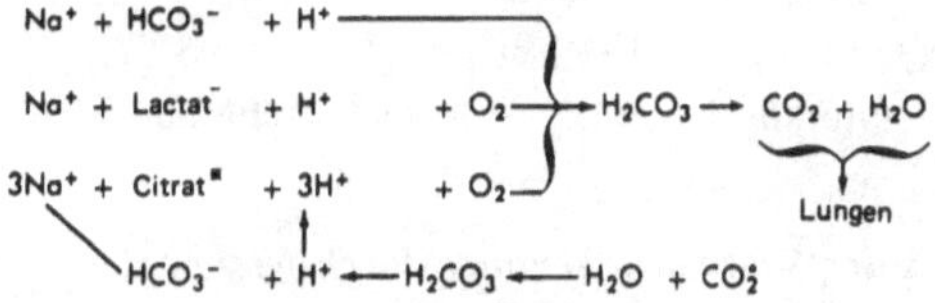

Abb. 13: Die Ausscheidung von Protonen aus dem Organismus.
*Manchmal wird die Entstehung von H^+ im Organismus so formuliert: $H_2O \rightleftharpoons H^+ + OH^-$, mit der Folgereaktion $CO_2 + OH^- \rightleftharpoons HCO_3^-$. Die dargestellte Folge ist vorzuziehen (124), da unter pH 8 das CO_2 hydratisiert wird: $CO_2 + H_2O \rightleftharpoons H_2CO_3$. Oberhalb pH 10 kommt es zu einer langsamen, basenkatalysierten bimolekularen Reaktion: $CO_2 + OH^- \rightleftharpoons HCO_3^-$, und zwischen pH 8 und pH 10 treten beide Reaktionen auf.

Die säuernde Wirkung von Salzen

Die Zufuhr bestimmter Salze, wie NH_4Cl und $CaCl_2$, führt zu einer Säuerung. Im Falle der Aufnahme von NH_4Cl werden sowohl das NH_4^+-Kation als auch das Cl^--Anion absorbiert. Der Stickstoff der Ammoniumionen wird in Harnstoff umgewandelt und H^+ wird frei.

$$2\ NH_4^+ + 2\ Cl^- \rightarrow 2\ NH_3 + 2\ H^+ + 2\ Cl^-$$

$$2\ NH_3 + CO_2 \rightarrow \text{Harnstoff}$$

Bei der Zufuhr von $CaCl_2$ werden im Darm schwer resorbierbare Calciumverbindungen gebildet und H^+ wird frei. Das illustrieren die folgenden Gleichungen:

$$Ca^{++} + 2\ Cl^- + 2\ H^+ + 2\ OH^- \rightarrow \underset{\text{(nicht resorbiert)}}{CaO} + H_2O + 2\ H^+ + 2\ Cl^-$$

und

$$3\ Ca^{++} + 6\ Cl^- + 2\ H_3PO_4 \rightarrow \underset{\text{(nicht resorbiert)}}{Ca_3(PO_4)_2} + 6\ H^+ + 6\ Cl^-$$

Man sieht, daß die Zufuhr beider Salze letztlich die Zufuhr von HCl zur Folge hat. Die H^+-Konzentration steigt und die HCO_3^--Konzentration sinkt, wie im folgenden gezeigt wird:

$$\underset{\text{(starke Säure)}}{NaHCO_3 + HCl} \rightarrow NaCl + \underset{\text{(schwache Säure)}}{H_2CO_3}$$

Das Ausmaß der Säureausscheidung durch Nieren und Lungen

Wie in der Abb. 12 dargestellt ist, werden die Wasserstoffionen, die bei der vollständigen Oxydation der Nahrungsstoffe mit den Elementen C, H und O anfallen, aus dem Körper über die Lungen als CO_2 und H_2O entfernt. Diese Wasserstoffionenausscheidung unterliegt daher der Atemregulation. Andererseits müssen Wasserstoffionen, die bei der Oxydation von Schwefel zu Schwefelsäure entstehen oder Wasserstoffionen, die bei der Ausscheidung von Anionen (Lactat, Pyruvat, Acetoacetat und β-Hydroxybutyrat) in Form von Natrium- oder Kaliumsalzen übrigbleiben, über die Nieren ausgeschieden werden. Die unten angeführten Berechnungen zeigen, daß der größere Anteil der Wasserstoffionenausscheidung durch die Lungen erfolgt. Jedoch muß festgehalten werden, daß obwohl die Wasserstoffionenausscheidung durch die Nieren viel kleiner als durch die Lungen ist, sie ein kritischer Ausscheidungsvorgang ist, der eng mit der Aufrechterhaltung der normalen Anion-Kation-Verhältnisse in den Körperflüssigkeiten zusammenhängt.

Zum Vergleich der relativen Wasserstoffionenausscheidung durch die Lungen und die Nieren, wollen wir einen normalen männlichen Erwachsenen betrachten, der 3000 Kalorien umsetzt und einen R.Q. von 0,82 hat. Die Kalorien pro l verbrauchtem Sauerstoff sind 4,825. Daraus errechnet sich 3000/4,825 = 623 l verbrauchter Sauerstoff und 0,82 x 623 = 510 l gebildetes CO_2. Die 510 l CO_2 stellen rund 23 Mol CO_2 (510/22,4) oder 46 l einer 1 n H_2CO_3 ($CO_2 + H_2O \rightarrow H_2CO_3$) dar. Andererseits sind die Protonen, die im Urin als titrierbare Azidität und Ammoniumionen ausgeschieden werden, weniger als 1 l einer n/10 Säure. Das gilt für ein angenommenes Urinvolumen von 1 l in 24 Stunden. Die titrierbare Azidität bis zum pH 7,4 bei einer üblichen Diät würde etwa 360 ml n/10 Säure darstellen und die Ausscheidung von 0,72 g NH_4^+ entspricht 400 ml n/10 Säure (0,72/18 = 0,04 val).

Sauerstoffverbrauch und Produktion von Kohlendioxid und Wasserstoffionen gehen in den Körperzellen vor sich. Die Aufrechterhaltung eines konstanten pH der Zellflüssigkeit hängt nicht nur von der Funktionstüchtigkeit der Nieren und Lungen zur H^+-Ausscheidung ab, sondern auch vom Vorhandensein von Pufferanionen in den Körperflüssigkeiten, die erforderlich sind, um H^+ von den Zellen zu den Ausscheidungsorganen zu transportieren.

2. Die Protonenregulation und die Homöostase der Ionen

Die Ionenzusammensetzung der Körperflüssigkeiten

Die Zusammensetzung der Körperflüssigkeiten stellt ein Fließgleichgewicht dar, bei dem die Flüssigkeiten unter einem ständigen Kohlendioxid-Druck von etwa 40 mm Hg stehen. Die extra- und intrazellulären Flüssigkeiten zeigen charakteristische Differenzen in der Elektrolytzusammensetzung. Wenn die Konzentrationen in Äquivalenten ausgedrückt werden, ist die Summe der Konzentrationen aller Kationen in einer Flüssigkeit gleich der Summe der Konzentrationen aller Anionen in der Flüssigkeit. Bei dem normalen Blut-pH von 7,4 ist die Hydroxylionenkonzentration etwas größer als die Wasserstoffionenkonzentration. Jedoch sind beide Konzentrationen bei der Angabe in mval/l zu klein, um sie bei den üblichen Anion-Kation-Bilanzen (Gamble-Diagrammen) zu berücksichtigen. Durchschnittswerte für oxygeniertes Humanblut bei pH 7,4 sind in der Tab. 19 zusammengefaßt. Ebenso ist in der Tabelle die annähernde Zusammensetzung der Zellflüssigkeit aufgeführt. Wie im Abschnitt I (S. 26 und 28) besprochen wurde, bestimmt die Gesamtkationenkonzentration einer gegebenen Körperflüssigkeit die Gesamtkonzentration

Tab. 19. Annähernde Elektrolytzusammensetzung von oxygeniertem Humanblut und Körperzellen*

Plasma		Erythrocyten		Körperzellen	
Kationen	Anionen	Kationen	Anionen	Kationen	Anionen
mval/l		mval/l		mval/l Wasser	
Na^+ = 140	Cl^- = 105	Na^+ = 16,0	Cl^- = 55	Na^+ = 14	Cl^- = 0
K^+ = 5	HCO_3^- = 25	K^+ = 96,0	HCO_3^- = 15	K^+ = 150	HCO_3^- = 10
Ca^{++} = 5	$Pr^{(-)}$ = 16	Ca^{++} = 0,5	$R^{(-)}$ = 47	Mg^{++} = 40	$PO_4^{-/=}$ = 140
Mg^{++} = 2	$PO_4^{=-}$ = 2	Mg^{++} = 4,5			$Pr^{(-)}$ = 50
	$R^{(-)}$ = 4				$R^{(-)}$ = 4
Gesamt = 152	= 152	= 117	= 117	= 204	= 204
Wasser (%) 93		72		75	
Protein (%) 7		28		25	
pH 7,4		7,2		7,0	

* Die Werte für Plasma und Erythrocyten sind in mval/l angegeben, die für die Zellflüssigkeit als mval/l Zellwasser. Es wird vorausgesetzt, daß die Körperzellen keine Chloridanionen enthalten.

der Anionen plus der Kationen. Eine wichtige Funktion der Nieren ist die Aufrechterhaltung einer konstanten Kationenkonzentration im Plasma und die Einstellung eines Verhältnisses von Plasma-Na zu Plasma-Cl von etwa 1,4 : 1,0.

Die Regulation des pH und die Aufrechterhaltung normaler Konzentrationen von Natrium und Chlorid

Die Ausscheidung von Wasserstoffionen durch die normale Niere ist mit der Ausscheidung von Na^+, Cl^- und HCO_3^- mit dem Ziel verknüpft, das normale Verhältnis von Na^+ zu Cl^- im Plasma aufrechtzuerhalten. Im folgenden wird gezeigt, daß je nach den Bedingungen Natriumchlorid sich genau wie ein neutrales, ein säuerndes oder ein alkalisierendes Salz verhalten kann.

1. Physiologische Kochsalzlösung wirkt genau wie ein neutrales Salz. Die Infusion isotonischer Kochsalzlösung bei einem Normalen mit ausgeglichener Elektrolyt- und Wasserbilanz wird von einer gesteigerten glomerulären Filtrationsrate und einem prompten Anstieg der Natrium- und Chloridausscheidung im Urin gefolgt. Der Gesamtkohlendioxidgehalt im Plasma fällt bis zur unteren Grenze des Normalbereichs auf Kosten eines Anstiegs der Chloridkonzentration bis zur oberen Grenze des Normalen. Das Natriumchlorid wirkt absolut neutral.

Daß Natriumchlorid genau wie ein neutrales Salz wirkt, kann in Frage gestellt werden. Die Voraussetzung ist eine normale Nierenfunktion. Tatsächlich könnte physiologische Kochsalzlösung als eine säuernde Flüssigkeit betrachtet werden. Das rührt von der Tatsache her, daß Körperflüssigkeiten unter dem Partialdruck von Kohlendioxid von etwa 40 mm Hg stehen. Eine physiologische Kochsalzlösung unter einem CO_2-Druck dieser Größe hätte ein pH von 5,0 oder weniger. Um das pH dieser Lösung auf das normale pH von 7,4 zu bringen, müssen H^+ (und Cl^-) durch renale Ausscheidung entfernt werden. Gleichzeitig würde ein dem Cl^- äquivalenter Anteil von HCO_3^- entstehen, wodurch das normale Verhältnis von

$Na^+ : Cl^-$ von etwa 1,4 : 1,0 wieder hergestellt würde. Das wird bei normaler Nierenfunktion leicht erreicht.

$$CO_2 + H_2O \rightarrow H_2CO_3 \rightarrow H^+ + HCO_3^-$$
$$NaCl \rightarrow Cl^- + Na^+$$

Bei einer gestörten Nierenfunktion jedoch kann der säuernde Effekt der Lösung bedenklich werden. Die Angaben in der Tab. 20 zeigen die Wirkung von Belastungsversuchen mit äquivalenten Konzentrationen von NaCl und KCl durch eine Magensonde bei Ratten. Man sieht, daß trotz des Anstiegs der Chloridkonzentration im Plasma die HCO_3^--Konzentration nicht ernstlich abfällt. Die renale Ausscheidung von Wasserstoffionen in 24 Stunden (angegeben als Summe der titrierbaren Acidität und NH_4 in mval) war bei den Kontrollen (Wasser) 1,24 mval, bei NaCl 1,59 mval und bei KCl 1,37 mval. So

Tab. 20. Plasmazusammensetzung und renale Elektrolytausscheidung bei normalen Ratten, die äquivalente Mengen von NaCl und KCl durch eine Magensonde erhielten (12,32 mval/Tag)

Applizierte Lösung	Plasma mval/l				24-Stunden-Urin mval/Tag			
	Cl^-	HCO_3^-	Na^+	K^+	pH	titrierbare Acidität	NH_4^-	Cl^-
Wasser	98,4	25,0	148,1	4,4	6,46	0,35	0,89	0,36
NaCl	107,0	25,7	149,7	3,7	6,60	0,31	1,28	9,80
KCl	110,5	23,5	149,2	7,4	5,96	0,38	0,99	11,02

ergibt sich eine leicht erhöhte Wasserstoffionen-Ausscheidung nach der Anwendung der Salzlösungen. Die erniedrigte Kaliumkonzentration im Plasma bei den NaCl-Versuchen (3,7 mval/l) ist möglicherweise auf einen Verdünnungseffekt zurückzuführen.

2. Physiologische Kochsalzlösungen wirken säuernd. Erbrechen bei Verschlüssen des oberen Gastrointestinal-Traktes führt zu Verlusten von H^+ und Cl^- mit dem Erbrochenen. Als Folge dieser Verluste

werden die Plasmakonzentrationen von H^+ und Cl^- gesenkt und die von HCO_3^- gesteigert. Wenn jetzt physiologische Kochsalzlösung infundiert wird, wirkt das Kochsalz wie ein säuerndes Salz. Und zwar so:

Ausgangslage Plasma	Zufuhr NaCl durch Infusion und H^+ aus dem Milieu	Ergebnis Nierenfunktion
Cl^- ↓		$CO_2 + H_2O \rightleftharpoons H_2CO_3$
HCO_3^- ↑		⇅
H^+ ↓	Ausgeschieden →	$\boxed{Na^+ \quad HCO_3^-}$ + H^+
pH ↑		Cl^-
		H^+ und Cl^- werden retiniert

3. Physiologische Kochsalzlösungen wirken alkalisierend. Bei schweren kindlichen Diarrhöen gehen die alkalischen Darmsekrete verloren. Der Verlust von HCO_3^- in diesen Sekreten bedeutet eine H^+-Retention. Natrium- und Chlorid-Ionen gehen auch verloren, aber der Verlust von Natrium ist größer als der von Chlorid. Die Plasmakonzentrationen von Natrium, Chlorid und Bicarbonat sind gesenkt. Wenn nun physiologische Kochsalzlösungen infundiert wird, wird das Natriumchlorid wie ein alkalisierendes Salz wirken.

Ausgangslage Plasma	Zufuhr NaCl durch Infusion und OH^- aus dem Milieu	Ergebnis Nierenfunktion
Na^+ ↓↓		$CO_2 + H_2O \rightleftharpoons H_2CO_3$
HCO_3^- ↓		⇅
Cl^- ↓	Retiniert →	$\boxed{Na^+ \quad HCO_3^-}$ + H^+
H^+ ↑		Cl^-
pH ↓		H^+ und Cl^- werden ausgeschieden

Man sieht, daß äquivalente Mengen von Na^+ und Cl^- retiniert werden, um die Cl^--Verluste zusammen mit Na^+ auszugleichen.

Der Ausscheidungsmechanismus der Niere für H^+ wird später besprochen (S. 149).

Der Unterschied zwischen Anionen starker Säuren und Puffern

In den Körperflüssigkeiten findet man zwei Hauptklassen von Anionen. Zu der einen Gruppe gehören die Anionen der starken Mineralsäuren, wie z. B. Salzsäure und Schwefelsäure, und die Anionen verschiedener organischer Säuren, wie Milchsäure, Acetessigsäure und β-Hydroxybuttersäure. Diese Anionen verbinden sich im physiologischen pH-Bereich nicht merklich mit H^+. Sie liegen in den Körperflüssigkeiten als Salze vor und sind daher durch eine äquivalente Menge von Kationen ausgeglichen. Die zweite Hauptgruppe von Anionen leitet sich von schwachen Säuren, hauptsächlich Eiweiß und Kohlensäure, ab. Diese schwachen Säuren sind im physiologischen pH-Bereich unvollständig dissoziiert. Sie liegen daher in den Körperflüssigkeiten sowohl als undissoziierte Säuren als auch als Salze vor. Anders gesagt, die Anionen wie Proteinat und Bicarbonat können sich im physiologischen pH-Bereich mit Wasserstoffionen verbinden. Folglich ändern sich die Konzentrationen dieser Anionen, wenn der pH-Wert sich ändert, und daraus ergibt sich, daß sich die Kationenkonzentrationen, die ihnen äquivalent sein müssen, auch ändern.

Die Verteilung der Anionen und Kationen des normalen menschlichen Blutplasmas ist in der Abb. 14 in Form des Gamble-Diagramms dargestellt. Man erkennt, daß die Bicarbonatkonzentration die Differenz zwischen der gesamten Anionenkonzentration und der Summe der Konzentrationen von Chlorid, Proteinat und anderen (gewöhnlich nicht bestimmten) Anionen darstellt. Die Bicarbonatkonzentration stellt den Wert dar, der im Steady-State bei einem CO_2-Partialdruck von etwa 40 mm Hg und einem pH von 7,4 vorliegt. Da das Kation Natrium und das Anion Chlorid

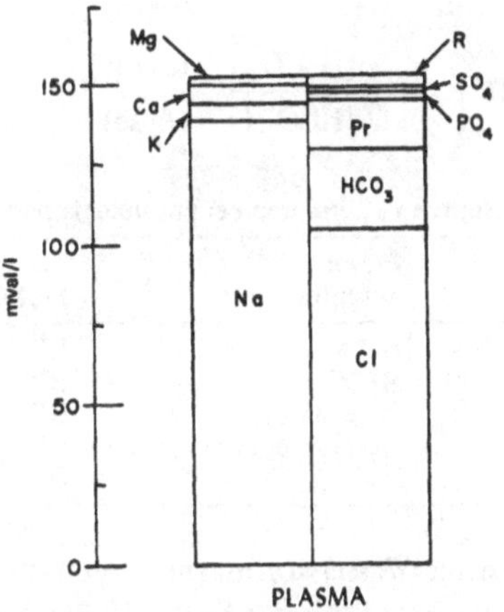

Abb. 14: Anionen-Kationen-Gleichgewicht im normalen menschlichen Plasma.

mengenmäßig unter diesen Ionen überwiegen, sollte es klar sein, wie oben bereits besprochen wurde, daß die Regulation ihrer Konzentrationen einen wichtigen Punkt bei der Aufrechterhaltung einer konstanten Bicarbonatkonzentration und weiterhin einer konstanten Wasserstoffionenkonzentration darstellt.

3. Das Säure-Basen-Gleichgewicht

Nach der Brønsted-Lowry-Theorie werden Säuren als Substanzen, die Protonen abgeben, und Basen als Substanzen, die Protonen aufnehmen, bezeichnet. Die bei physiologischem pH wichtigen Puffer sind in der Tab. 21 aufgeführt. Die Dissoziationskonstante der ersten Stufe der Kohlensäure kann folgendermaßen formuliert werden:

$$K_a = \frac{[H^+]\,[HCO_3^-]}{[H_2CO_3]}$$

Nach Auflösung nach $[H^+]$:

$$[H^+] = K_a \frac{[H_2CO_3]}{[HCO_3^-]} \quad \begin{matrix}\text{(Säure)}\\ \text{(Base)}\end{matrix}$$

Tab. 21. Die wichtigsten Puffersäuren bei physiologischem pH

Protonen-donator	⇌	Protonen-akzeptor	+	Proton	pK′
H_2CO_3	⇌	HCO_3^-	+	H^+	6,1
$H_2PO_4^-$	⇌	$HPO_4^{=}$	+	H^+	6,8
H-Protein	⇌	$Proteinat^-$	+	H^+	
$HHbO_2$	⇌	HbO_2^-	+	H^+	
HHb	⇌	Hb^-	+	H^+	

Wie man sieht, ist die Wasserstoffionenkonzentration über eine Konstante mit dem Verhältnis der Säure (H_2CO_3) zu der Base (HCO_3^-) verknüpft. Daher bezieht sich der Säure-Basen-Status nach dieser Konzeption auf die Wasserstoffionenkonzentration als Ergebnis des Verhältnisses von Säure zu Base. Wir werden unten sehen, daß das Kohlensäuresystem die Pufferkonzentration des Blutes (ein Maß für die Fähigkeit, Wasserstoffionen aufzunehmen oder abzugeben) widerspiegelt. Das Bicarbonat kann einfach gemessen werden und ist daher ein nützlicher Parameter bei der Untersuchung des Zustandes des Säure-Basen-Gleichgewichts.

Nicht unerwähnt sollen andere Vorstellungen über den Begriff „Säure-Basen-Gleichgewicht“ bleiben. So werden z. B. Änderungen des Säure-Basen-Gleichgewichts als Ausdruck von Änderungen des Gesamtkohlendioxid-Gehalts im Plasma (oder Änderungen der Bicarbonatkonzentration des Plasmas oder der Bindungskapazität des Plasmas für Kohlendioxid), als Ausdruck von Änderungen der Bilanz der Anionen (fälschlich Säuren genannt) oder Kationen (fälschlich Basen genannt) oder von Änderungen des Pufferwertes des Blutes betrachtet.

Die Säure-Basen-Terminologie hat in letzter Zeit spezielle Aufmerksamkeit gefunden (125, 126). Ein Festhalten an der chemischen

Definition des Säure-Basen-Gleichgewichts, wie sie oben erläutert wurde, sollte dazu beitragen, die Verwirrung auf diesem Gebiet zu beseitigen.

4. Die Bindung von Kohlendioxid im Blut

Die Löslichkeit von Gasen in Flüssigkeiten – Das Gesetz von Henry

Die Löslichkeit von Gasen in Flüssigkeiten ist begrenzt, und das Ausmaß, in dem sie sich lösen, hängt von einer Reihe von Faktoren ab, zu denen Druck, Temperatur, Art des Gases und Art der Flüssigkeit gehören. Kohlendioxid ist z. B. erheblich besser in Äthanol löslich als in Wasser. Stickstoffgas ist in organischen Lösungsmitteln besser löslich im Vergleich zu seiner Löslichkeit in Wasser. Andererseits ist Kohlendioxid nur wenig in Wasser löslich, wenn man mit der Löslichkeit von Ammoniak in Wasser vergleicht. Ein Anstieg der Temperatur senkt die Löslichkeit eines Gases in Wasser.

Das Henrysche Gesetz der Löslichkeit eines Gases befaßt sich mit dem Einfluß des Gasdrucks auf die Löslichkeit eines Gases in einer Flüssigkeit. Angenommen, es befindet sich Sauerstoffgas bei einer bestimmten Temperatur über Wasser in einem geschlossenen Gefäß. Sofort werden sich einige der Sauerstoffmoleküle im Wasser lösen und dort bleiben. Es folgen weitere Sauerstoffmoleküle. Einige der gelösten Sauerstoffmoleküle werden jedoch auch die Wasserphase verlassen und in die Gasphase zurückkehren. Bald wird ein Gleichgewicht erreicht sein, bei dem die Zahl der Sauerstoffmoleküle, die die Wassersphase verlassen und die in sie eintreten, gleich ist. (Diese Situation wird allgemein als „Gleichgewicht" bezeichnet). Wenn mit C_g bzw. mit C_W die Sauerstoffkonzentrationen in der Gas- bzw. der Wasserphase bezeichnet werden, gilt

$$\frac{C_g}{C_W} = K_1$$

Wenn nun der Druck auf die Gasphase bei konstanter Temperatur erhöht wird, steigt die Konzentration der Sauerstoffmoleküle in der Gasphase und es werden sich mehr in der Wasserphase lösen, bis ein neues Gleichgewicht erreicht ist:

$$\frac{C_g}{C_w} = \frac{C'_g}{C'_w} = K_1$$

Bei Gültigkeit des Boyleschen Gesetzes ist die Konzentration des Sauerstoffs in der Gasphase bei konstanter Temperatur direkt proportional dem Druck. Daher gilt:

$$\frac{p_g K_2}{C_w} = K_1 \qquad \text{und}$$

$$p_g = \frac{K_1}{K_2} C_w = KC_w$$

Diese wichtige Beziehung ist als das Henrysche Gesetz bekannt, und K ist die Henrysche Gaskonstante. Das Gesetz besagt, daß die in einer Flüssigkeit gelöste Gasmenge bei einer gegebenen Temperatur dem Partialdruck des Gases direkt proportional ist.

Der Wert von K wird durch die Einheiten von p_g und C_w bestimmt. In der Biologie wird das Henrysche Gesetz in der folgenden Form benutzt:

$$p_g = KC_w = \frac{1}{\alpha} C_w,$$

wobei α als sogenannter Bunsenscher Löslichkeits- (oder Absorptions-) koeffizient bezeichnet wird. Er ist definiert als die Zahl von Millilitern Gas (reduziert auf die Standardbedingungen von 0° C und 760 mm Hg), die in 1 ml einer Flüssigkeit (oder Lösung) im Gleichgewicht mit dem reinen Gas bei 760 mm Hg gelöst sind. Der Wert von α hängt von der Temperatur und der Salzkonzentration ab. Die Tabelle 22 gibt einige Beispiele für den Löslichkeitskoeffizienten von Kohlendioxid bei 38° C.

Tab. 22. Löslichkeitskoeffizienten für Kohlendioxid bei 38° C

Flüssigkeit	Löslichkeitskoeffizient
Wasser	0,545
$NaHCO_3$ (0,025 Mol/l)	0,535
Blutplasma	0,510
Vollblut	0,470

Die Löslichkeit eines Gases in einer Flüssigkeit nach dem Henryschen Gesetz (physikalisch gelöstes Gas) kann leicht aus dem Partialdruck des Gases und dem Löslichkeitskoeffizienten berechnet werden. In einer Mischung von Gasen ist die Löslichkeit der einzelnen Gase nach dem Henryschen Gesetz direkt proportional ihren entsprechenden Partialdrucken. Das heißt, die Löslichkeit jedes Gases in einer Mischung ist absolut unabhängig von der Anwesenheit des anderen Gases. Als Beispiel seien die Volumina von CO_2 und O_2 berechnet, die in 100 ml Wasser von 38° C gelöst sind, wenn die Gasmischung über dem Wasser 40% CO_2 und 60% O_2 enthält. Der Barometerdruck sei 750 mm Hg. Der Wasserdampfdruck bei 38° C ist 49,3 mm Hg. Die Bunsenschen Löslichkeitskoeffizienten für O_2 und CO_2 bei 38° C sind 0,023 bzw. 0,545. Da der gesamte Gasdruck der Summe der Partialdrucke gleich ist, steht die O_2/CO_2-Gasmischung unter einem Gesamtdruck von 750–49,3 mm Hg = 700,7 mm Hg. Die Partialdrucke für Sauerstoff und Kohlendioxid sind

$$pO_2 = 700{,}7 \times \frac{60}{100} = 420{,}4 \text{ mm Hg}$$

$$pCO_2 = 700{,}7 \times \frac{40}{100} = 280{,}3 \text{ mm Hg}$$

Die Löslichkeiten der Gase in 100 ml Wasser errechnen sich zu

$$\text{für } O_2 \quad \frac{p\alpha}{760} \times 100 = \frac{420{,}4 \times 0{,}023 \times 100}{760} = 1{,}3 \text{ ml}$$

$$\text{für } CO_2 \quad \frac{p\alpha}{760} \times 100 = \frac{280{,}3 \times 0{,}545 \times 100}{760} = 20{,}5 \text{ ml}$$

Entsprechend dem Henryschen Gasgesetz sollte man einen linearen Anstieg erhalten, wenn man die Milliliter gelöstes Gas pro 100 ml Lösung gegen den Partialdruck des Gases aufträgt. In vielen Fällen ist bei niedrigen Gasdrucken mehr Gas gelöst, als sich aus dem Gesetz ergibt, und in einigen Fällen folgt bei höheren Partialdrukken eine lineare Beziehung. Verschiedene Faktoren bewirken eine anscheinende Abweichung der Gaslöslichkeit von dem Henryschen Gesetz. Von unmittelbarem Interesse sind die Faktoren, die die Löslichkeit von Kohlendioxid und Sauerstoff in Körperflüssigkeiten beeinflussen. Diese Faktoren sind im folgenden besprochen.

Die Kohlendioxidaufnahme im oxygenierten Vollblut

Wie bereits oben klargelegt wurde, wird im Verlauf des Stoffabbaus eine große Menge H^+ vom Blut als H_2CO_3 (CO_2 + H_2O) von den Geweben zur Ausscheidung in die Lungen transportiert und eine kleinere Menge von H^+ wird in der Form von stärkeren Säuren als Kohlensäure (z. B. HCl, H_2SO_4 und Milchsäure) in den Nieren ausgeschieden. Jetzt soll die „Titration" von Blut mit Kohlensäure (eine Situation, die auftritt, wenn arterielles Blut venös wird) unter normalen Bedingungen und unter Bedingungen eines Überschusses oder eines Mangels an Pufferanionen im Blut untersucht werden.

Angenommen aliquote Mengen einer gegebenen Vollblutprobe sind in einer Serie von Tonometern. In jedes Tonometer wird jetzt Luft eingeführt (die einen p_{O_2} besitzt, der ausreicht, das Hämoglobin zu oxygenieren), die einen ständig zunehmenden pCO_2 hat. Z. B. soll die Luft im Tonometer 1 einen pCO_2 von 10 mm Hg und im Tonometer 2 einen pCO_2 von 20 mm Hg haben. Die Tonometer werden in einem Wasserbad von 38° C temperiert und vibriert, bis ein Gleichgewicht jeder Vollblutprobe mit der Gasphase eingetreten ist. Eine Analyse des Gehalts an Gesamt-CO_2 in jeder Vollblutprobe nach der Äquilibrierung liefert die Werte (s. Tab. 23) für die Kohlendioxidabsorption von oxygeniertem Vollblut. Trägt man die Volumenprozente des Gesamt-CO_2 als Ordinate und den pCO_2 (in mm Hg) auf der Abscisse auf, so ergibt sich die Adsorptionskurve für Kohlendioxid im oxygenierten Vollblut (Abb. 15).

Tab. 23. Kohlendioxidabsorption in normalem Humanblut*

			Oxygeniertes Vollblut		Reduziertes Vollblut		Oxygeniertes echtes Plasma			Reduziertes echtes Plasma		
pCO_2 (mm Hg)	Plasma H_2CO_3 (Vol %)	Vollblut H_2CO_3 (Vol %)	Gesamt CO_2 (Vol %)	HCO_3^- (Vol %)	Gesamt CO_2 (Vol %)	HCO_3^- (Vol %)	Gesamt CO_2 (Vol %)	HCO_3^- (Vol %)	pH	Gesamt CO_2 (Vol %)	HCO_3^- (Vol %)	pH
10	0,68	0,63	29,00	28,37	32,10	31,47	34,70	34,02	7,819	37,00	36,32	7,847
20	1,37	1,26	38,35	37,09	41,85	40,59	44,80	43,43	7,621	48,00	46,63	7,652
30	2,05	1,88	44,90	43,02	48,30	46,42	51,40	49,35	7,501	55,05	53,00	7,532
40	2,74	2,51	49,80	47,29	53,41	50,92	56,60	53,86	7,413	60,70	57,96	7,445
50	3,42	3,14	53,70	50,56	57,35	54,21	60,90	57,48	7,345	65,10	61,68	7,376
60	4,10	3,77	57,05	53,28	61,00	57,23	64,40	60,30	7,287	68,80	64,70	7,318
70	4,79	4,40	60,00	55,60	63,95	59,55	67,50	62,71	7,237	72,00	67,21	7,267
80	5,47	5,02	62,90	57,68	66,85	61,70	70,20	64,73	7,192	74,90	69,43	7,224
90	6,16	5,65	65,15	59,50	69,20	63,55	72,90	66,74	7,153	77,70	71,54	7,184
100	6,84	6,28	67,48	61,20	71,60	65,32	75,05	68,21	7,119	80,10	73,26	7,150

* Nach Werten von Henderson, L. J.: Blood. A study in general physiology, New Haven, 1928, Yale University Press, p. 127.

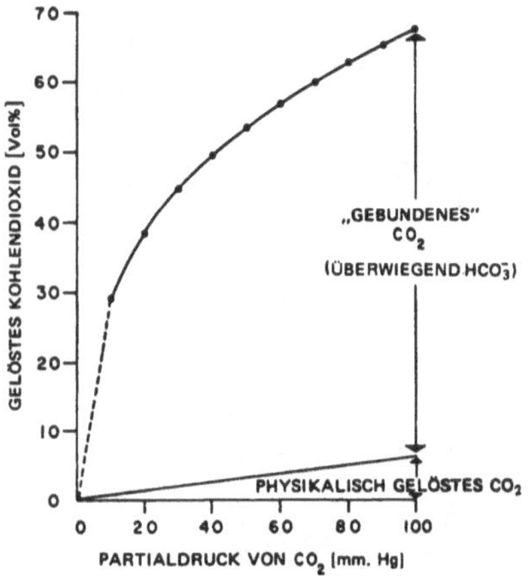

Abb. 15: Absorptionskurve für Kohlendioxid im oxygenierten Vollblut. Die dargestellten Werte sind in der Tab. 23 zu finden. Die Löslichkeit auf Grund des Henryschen Gesetzes ist nach ((p x *a*)/760) x 100 berechnet, wobei *a* für Vollblut 0,470 ist (Tab. 22).

Wenn die Blutproben, wie oben beschrieben, mit Kohlendioxid gesättigt werden, kommen die Reaktionen (Abb. 16) bei jedem definierten pCO_2 ins Gleichgewicht. In der Abbildung bedeutet B einwertige Kationen (Na^+ oder K^+) und Pr steht für Protein (hauptsächlich Oxyhämoglobin und Plasmaproteine). Wenn pCO_2 gesteigert wird, verlaufen die Reaktionen in Richtung einer vermehrten

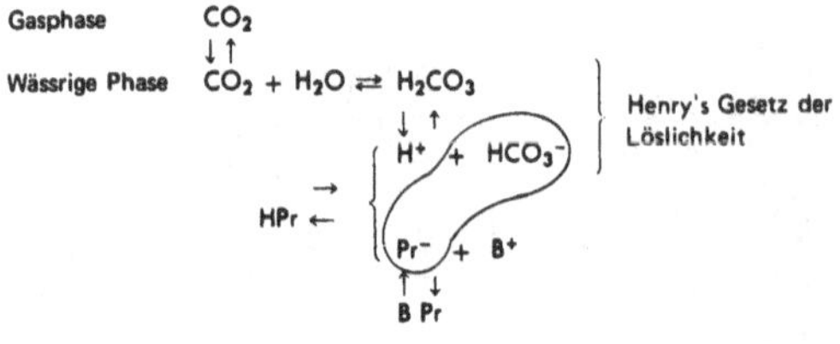

Abb. 16: Darstellung der Lösung von CO_2 im Blut.

Löslichkeit von Kohlendioxid, und das Henrysche Gesetz der Löslichkeit von Kohlendioxid (physikalisch gelöstes Kohlendioxid) wäre, wie oben gezeigt, erfüllt. Ein linearer Zusammenhang würde bei einer linearen Auftragung des Gesamt-CO_2 als Ordinate gegen den pCO_2 als Abscisse gefunden. Ein Überschuß der Kohlendioxid-Löslichkeit über die vom Henryschen Gesetz festgelegte würde beobachtet werden, wenn entweder H^+ oder HCO_3^- oder beide entfernt werden. Es ist das H^+, das tatsächlich entfernt wird, indem es von dem Pufferanion (oder der Base) Pr^- aufgenommen wird. Der Überschuß an gelöstem CO_2 über die nach dem Henryschen Gesetz berechnete Menge wird bei einem bestimmten pCO_2 von der Menge an vorhandenem Pr^- bestimmt. Verschiedene wichtige Einzelheiten sind festzuhalten: 1. für eine gegebene Vollblutprobe bleibt die gesamte Pufferanionenkonzentration konstant, d. h. das HCO_3^- tritt an die Stelle von Pr^-, wenn dieses die Protonen aufnimmt, um HPr zu bilden; 2. die Bewegung auf einer gegebenen Kurve hinauf und hinab hängt von dem pCO_2 ab; 3. die Höhe der Absorptionskurve für CO_2 hängt von der Pufferanionenkonzentration des Gesamtblutes ab und 4. die Absorptionskurve verläuft so, daß sie durch den Koordinatennullpunkt geht (Abb. 15).

Die Absorptionskurven für CO_2 im Vollblut und im Plasma

Die Absorptionskurven für Kohlendioxid, die in der Abb. 17 dargestellt sind, ergeben sich aus den Werten der Tab. 23 und 24. Als wahres oder echtes Plasma wird solches bezeichnet, das während der Phase der Äquilibrierung im Kontakt mit Erythrocyten geblieben ist. Bei abgetrenntem Plasma ist es während der Äquilibrierung mit CO_2 eines bestimmten Partialdrucks nicht in Kontakt mit den Erythrocyten. Die Werte für zwei Proben von abgetrenntem Plasma sind in der Tab. 24 wiedergegeben. In einem Falle wurde das Plasma von den Erythrocyten abgetrennt, als das oxygenierte Vollblut unter einem pCO_2 von 30 mm Hg stand, im zweiten Falle unter einem pCO_2 von 60 mm Hg.

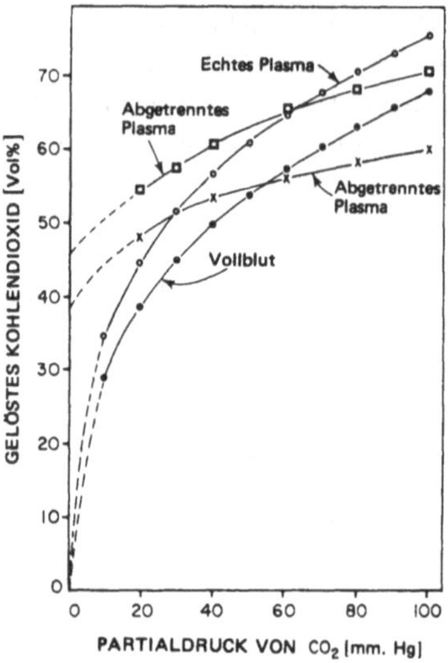

Abb. 17: Absorptionskurven für Kohlendioxid im oxygenierten Vollblut (●—●), oxygenierten echten Plasma (○—○) (Werte der Tab. 23) und im abgetrennten Plasma (Werte der Tab. 24). Für abgetrenntes Plasma (×—×) wurde das Plasma aus Vollblut bei einem pCO_2 von 30 mm Hg von den Erythrocyten abgetrennt, während für abgetrenntes Plasma (□—□) die Abtrennung aus dem Vollblut bei einem pCO_2 von 60 mm Hg erfolgte.

Tab. 24. Kohlendioxidabsorption von abgetrenntem Plasma aus oxygeniertem normalen Blut*

Abgetrennt bei pCO_2 = 30 mm Hg			Abgetrennt bei pCO_2 = 60 mm Hg		
pCO_2	Gesamt-CO_2		pCO_2	Gesamt-CO_2	
mm Hg	Vol %	mMol/l	mm Hg	Vol %	mMol/l
20	48,2	21,6	20	54,8	24,6
30	51,5	23,1	30	57,8	25,9
40	53,3	23,9	40	60,9	27,3
60	56,0	25,1	60	65,0	29,2
80	58,1	26,1	80	68,0	30,5
100	60,0	26,9	100	70,7	31,8

* Analysen-Ergebnisse von Studenten.

Bei einem gegebenen Blut folgt die Neigung der Absorptionskurve für wahres Plasma der des Vollbluts, nur verläuft sie auf einem höheren Niveau. Der Grund für das höhere Niveau der Kurve für wahres Plasma im Vergleich zum Vollblut bei einem gegebenen pCO_2 ist in der Tatsache zu suchen, daß der Gesamt-CO_2-Gehalt im Plasma größer ist als in den Erythrocyten, mit dem er im Gleichgewicht steht. So wird der Wert für den Gesamt-CO_2-Gehalt im Vollblut immer niedriger sein als im Plasma, und die Differenz hängt von dem Hämatokrit ab (127) (s. S. 18). Ist das Plasma während der Äquilibrierung mit Kohlendioxid im Kontakt mit den Erythrocyten, so kommt es mit ihnen durch einen Anionenaustausch ins Gleichgewicht (S. 70). Das ist in der Abb. 18 dargestellt. Wenn pCO_2 ansteigt, so werden die entstandenen H^+ von den Pufferanionen, die in den Erythrocyten vorliegen (hauptsächlich das Anion des oxygenierten Hämoglobin HbO^-), unter der Bildung von Bicarbonationen, HCO_3^-, aufgenommen. Der resultierende Anstieg des Bicarbonats in den Erythrocyten wird zwischen dem wahren Plasma und den Erythrocyten entsprechend dem Donnan-Gleichgewicht verteilt. Das schließt einen äquivalenten Austausch mit Chloridionen des Plasmas ein (Abb. 18).

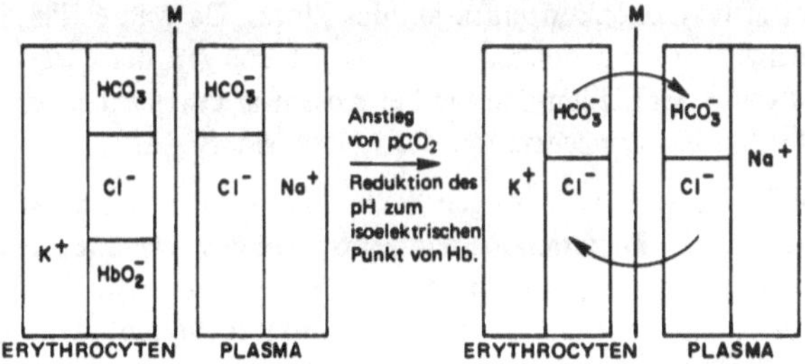

Abb. 18: Darstellung des Anionenaustausches, der beim Äquilibrieren von oxygeniertem Vollblut mit ansteigendem pCO_2 eintritt. Die folgende stöchiometrische Reaktion wird postuliert: $KHbO_2 + H_2CO_3 \rightleftharpoons HHbO_2 + KHCO_3$. Mit steigendem pCO_2 steigt der Bicarbonatgehalt der Erythrocyten. Durch Kontakt mit den Erythrocyten steigt auch der Bicarbonatgehalt des echten Plasmas durch einen äquivalenten Austausch mit den Chlorid-Anionen des Plasmas.

In Plasma, das zuerst von den Erythrocyten entfernt wird (abgetrenntes Plasma) und dann mit ansteigenden Partialdrucken von CO_2 äquilibriert wird, kann natürlich dieser Anionenaustausch nicht ablaufen. Daher wird die Kurve nicht durch den Nullpunkt gehen. Es zeigt eine Pufferwirkung, die hauptsächlich auf die Plasmaproteine zurückzuführen ist. Die Kurve des abgetrennten Plasmas wird die Kurve des wahren Plasmas bei dem Partialdruck von CO_2 kreuzen, der vorlag, als das Plasma von den Erythrocyten abgetrennt wurde. So kreuzen die Kurven für abgetrenntes Plasma die Kurve für wahres Plasma in der Abb. 17 sogar bei annähernd pCO_2 = 30 mm Hg und pCO_2 = 60 mm Hg. Das waren die zwei Partialdrucke des CO_2, denen das oxygenierte Vollblut ausgesetzt war, als die betreffenden Proben von den Erythrocyten abgetrennt wurden, obwohl die Daten von verschiedenen Proben normalen menschlichen Bluts stammen.

Die Bedeutung des Gesamt-CO_2-Gehalts von wahrem Plasma bei einem CO_2-Partialdruck von 40 mm Hg

Bei einem definierten CO_2-Gasdruck, im allgemeinen wird 40 mm Hg gewählt, ist die Bicarbonatkonzentration des Blutes ein Maß für die Pufferanionenkonzentration des Blutes. Da wahres Plasma im Gleichgewicht mit den Erythrocyten ist, spiegelt der Bicarbonatgehalt von wirklichem Plasma bei diesem pCO_2 gleichermaßen die Pufferanionenkonzentration des Blutes wider.*

Man muß sich jedoch vor Augen halten, daß es nicht als quantitatives Maß für die Pufferanionenkonzentration des Gesamtblutes dienen kann. Mit steigenden oder fallenden Hämatokritwerten (steigenden oder fallenden Hämoglobinkonzentrationen) steigt oder fällt die Pufferanionenkonzentration. Da jedoch wirkliches Plasma im Gleichgewicht mit den Erythrocyten steht, bietet der Bicarbo-

* Das entspricht dem Begriff der „Standard-Bicarbonat-Konzentration" (126). Erwähnt soll werden, daß andere Bedingungen empfohlen worden sind, um ähnliche Ergebnisse zu erhalten (125–129).

natgehalt des wahren Plasmas bei einem pCO_2 von 40 mm Hg ein Maß für die Pufferanionen, die unmittelbar zur Aufnahme von Wasserstoffionen zur Verfügung stehen.

Werte für oxygeniertes normales menschliches Blut und das entsprechende wahre Plasma sind in der Tab. 23 zu finden und in der Abb. 19 grafisch dargestellt.

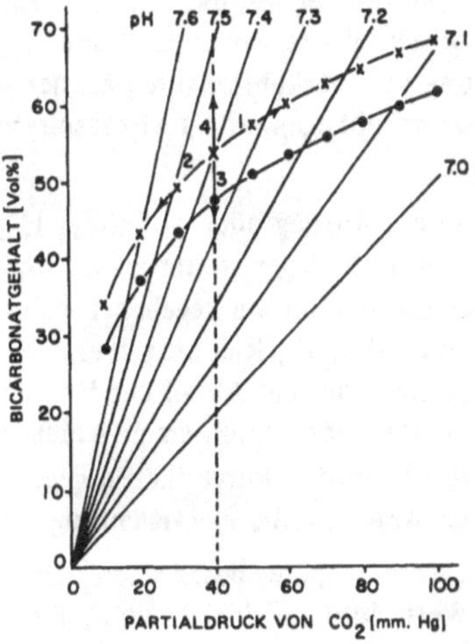

Abb. 19: Absorption von Kohlendioxid durch oxygeniertes Vollblut und oxygeniertes echtes Plasma. Die Kurve ●——● stellt die Änderung des Bicarbonatgehalts für Vollblut und ×——× die für echtes Plasma dar. Die pH-Linien wurden folgendermaßen konstruiert:

	pH	7,0	7,1	7,2	7,3	7,4	7,5	7,6	7,7	7,8
Verhältnis	$\frac{[HCO_3^-]}{[H_2CO_3]}$	$\frac{8}{1}$	$\frac{10}{1}$	$\frac{12.5}{1}$	$\frac{16}{1}$	$\frac{20}{1}$	$\frac{25}{1}$	$\frac{32}{1}$	$\frac{40}{1}$	$\frac{50}{1}$

und H_2CO_3 [Vol%] = 0,1316 α pCO_2, wobei α für Plasma von 38° C 0,510 ist. Die Richtungen 1 und 2 stellen die respiratorische H^+-Regulation und die Richtungen 3 und 4 die renale H^+-Regulation dar.

Wie schon ausgeführt wurde, kann man die im Stoffwechsel entstehenden Wasserstoffionen in 2 Kategorien einteilen. Wasserstoffionen, die mit der vollständigen Oxydation von kohlenstoffhaltigen Substanzen zu $CO_2 + H_2O$ zusammenhängen, werden durch die Lungen ausgeschieden und unterliegen der Atemregulation. Andererseits müssen die Wasserstoffionen, die mit der Entstehung stärkerer Säuren als der Kohlensäure im Stoffwechsel zusammenhängen, durch die Nieren ausgeschieden werden. Einige Autoren bezeichnen die Wasserstoffionen, die der respiratorischen Regulation unterliegen als „respiratorische Wasserstoffionen" und Wasserstoffionen, die mit der Bildung von stärkeren Säuren als der Kohlensäure im Stoffwechsel zusammenhängen, als „nicht-respiratorische Wasserstoffionen" (130).

Theoretisch müßte ein Anstieg oder Abfall der H^+, die der respiratorischen Regulation unterliegen, durch einen Anstieg oder Abfall der CO_2-Absorptionskurve für ein gegebenes wahres Plasma gekennzeichnet sein (Abb. 19, Richtung 1 und 2). Im Gegensatz dazu sollte ein Anstieg oder ein Abfall der H^+, die der renalen Regulation unterworfen sind, durch einen Abfall oder einen Anstieg der Höhe der CO_2-Absorptionskurve für ein gegebenes wahres Plasma beschrieben werden (Abb. 19, Richtung 3 bzw. 4).

Diese Situationen werden später besprochen. Hier muß betont werden, daß die Werte in der Tab. 23, die in der Abb. 19 grafisch dargestellt sind, für in vitro-Bedingungen, d. h. für ein feststehendes oder geschlossenes System, gelten. In vivo treten kompensierende Vorgänge ein, die die vereinfachte Darstellung modifizieren und später abgehandelt werden.

5. Der Kohlendioxidtransport durch das Blut

Kohlendioxid wird ständig als Ergebnis des Stoffwechsels gebildet, und eine der Funktionen des Blutes ist der Transport dieses CO_2 von den Geweben in die Lungen zur Ausscheidung. Die entsprechenden Wasserstoffionen werden zwischen dem Bicarbonatpuffer und anderen Puffern, hauptsächlich Hämoglobin, hin und her bewegt.

Die Puffersysteme des Blutes

Ein Puffer ist eine Mischung einer schwachen Säure und ihres Alkalisalzes oder einer schwachen Base und ihrem Salz mit einer starken Säure, die in Lösung einer Änderung des pH nach Zusatz von entweder einer starken Säure oder einer starken Base entgegenwirken. Die Puffer mit physiologischer Bedeutung im Blut sind schwache Säuren (Tab. 21) und ihre Alkalisalze. Zu ihnen gehören

$$\frac{HCO_3^-}{H_2CO_3}, \quad \frac{HPO_4^=}{H_2PO_4^-}, \quad \frac{Pr^-}{HPr}, \quad \frac{HbO_2^-}{HHbO_2}, \quad \frac{Hb^-}{HHb},$$

wobei Pr^- für Proteinat und HbO_2^- und Hb^- für die Anionen von Oxyhämoglobin bzw. reduziertem Hämoglobin stehen.

Der chemische Mechanismus, durch den Puffer in der Lage sind, pH-Änderungen entgegenzuwirken, kann veranschaulicht werden, in dem man sich überlegt, was passiert, wenn Säure oder Lauge einem typischen Puffer, z. B. Essigsäure-Natriumacetat, zugesetzt werden. Nach Zugabe von NaOH, die stark ionisiert ist, verbinden sich die OH^- mit den H^+ der Essigsäurekomponente des Puffers und bilden wenig dissoziiertes Wasser und stark dissoziiertes Natriumacetat. Wenn HCl dem Puffer zugesetzt wird, verbinden sich die H^+ der HCl mit dem Anion CH_3COO^- (von der Natriumacetatkomponente des Puffers) und bilden schwach dissoziierte CH_3COOH und stark dissoziiertes NaCl.
Also:

$$HOOCCH_3 + Na^+ + OH^- \rightleftharpoons Na^+ + {}^-OOCCH_3 + H_2O$$

und

$$Na^+ + {}^-OOCCH_3 + H^+ + Cl^- \rightleftharpoons Na^+ + Cl^- + HOOCCH_3$$

Der Zusatz von NaOH senkt die CH_3COOH im Puffer und steigert die CH_3COONa. Der pH der Lösung steigt im Verhältnis zu der

Änderung des Logarithmus des Verhältnisses von Salz zu Säure in der Pufferlösung. Wenn HCl zugesetzt wird, steigt die CH_3COOH und die CH_3COONa sinkt. Der pH fällt ebenfalls im Verhältnis zur Änderung des Logarithmus des Verhältnisses von Salz zu Säure in der Pufferlösung.

Der pH-Wert einer Pufferlösung aus einer schwachen Säure und ihrem Alkalisalz kann ziemlich genau mit Hilfe der Henderson-Hasselbalchschen Gleichung berechnet werden.

$$pH = pK' + \log \frac{[\text{Salz}]}{[\text{Säure}]},$$

worin pK′ eine Konstante für den Puffer bei einer gegebenen Konzentration und Temperatur ist und dem pH entspricht, wenn die molaren Konzentrationen des Salzes und der Säure gleich sind. Der Wert von pK′ für einen Puffer hat nicht den gleichen numerischen Wert wie der pKa der Puffersäure. Der pK′ eines Puffers hängt zwar mit dem pKa der Puffersäure zusammen, aber sein Wert ist von der Temperatur und der Konzentration des Salzes der Puffersäure abhängig. Das wird im folgenden klargelegt.

Eine schwache Säure, Ha dissoziiert nach

$$\text{Ha} \underset{K_2}{\overset{K_1}{\rightleftharpoons}} H^+ + a^-$$

$$K_1\,[\text{Ha}] = K_2\,[H^+]\,[a^-]$$

oder

$$Ka = \frac{K_1}{K_2} = \frac{[H^+]\,[a^-]}{[\text{Ha}]}$$

Ka ist die Dissoziationskonstante der schwachen Säure, Ha. Die letzte Gleichung kann in die Form gebracht werden:

$$\frac{1}{[H^+]} = \frac{1}{Ka}\,\frac{[a^-]}{[\text{Ha}]}$$

Werden beide Seiten logarithmiert

$$\log \frac{1}{[H^+]} = \log \frac{1}{Ka} + \log \frac{[a^-]}{[Ha]}$$

Dieser Ausdruck ist gleichbedeutend mit

$$pH = pKa + \log \frac{[a^-]}{[Ha]}$$

Er gilt nur, wenn die schwache Säure in reiner Lösung vorliegt. In Körperflüssigkeiten sind die schwachen Säuren zusammen mit ihren Salzen. Unter diesen Bedingungen nimmt das Massenwirkungsgesetz eine andere Form an:

$$\begin{array}{l} Ha \rightleftharpoons H^+ + a^- \\ \qquad\qquad\quad \updownarrow \\ \qquad\qquad\quad a^- + B^+ \rightleftharpoons Ba \end{array}$$

B stellt darin ein einwertiges Kation (Na^+ oder K^+) dar und Ba ist das Salz der schwachen Säure. Salze sind als vollständig dissoziiert anzusehen. Die Aktivität von a^- (αa^-) ist jedoch etwas kleiner als 1, wie aus der Definition $\alpha a^- = \gamma$ [Ba], worin γ der Aktivitätskoeffizient und [Ba] die vorliegende Salzkonzentration (molale Konzentrationsangaben sind zu bevorzugen) ist, hervorgeht.

In Gegenwart ihres Salzes ist die schwach dissoziierte Säure, Ha, noch weniger dissoziiert, weil der gemeinsame Ioneneffekt die obige Gleichung nach links verschiebt. Daher stammen die meisten der a^--Ionen aus dem Salz, wie sich aus $\alpha a^- = \gamma$ [Ba] ergibt. Wenn die Konzentration des Salzes [Ba] mehr als 0,1 der schwachen Säure (Ha) beträgt, ist der Anteil der a^--Ionen, die aus der Dissoziation der schwachen Säure stammen, zu vernachlässigen. Wenn man dann [Ba] für $[a^-]$ in die entsprechende obige Gleichung einsetzt, erhält man das folgende:

$$\frac{1}{[H^+]} = \frac{1}{Ka} \; \frac{\gamma\,[Ba]}{[Ha]}$$

oder

$$\frac{1}{[H^+]} = \frac{\gamma}{Ka} \frac{[Ba]}{[Ha]}$$

und

$$\frac{1}{[H^+]} = \frac{1}{K'} \frac{[Ba]}{[Ha]}$$

wobei

$$K' = \frac{Ka}{\gamma}$$

K' wird als „scheinbare Dissoziationskonstante" bezeichnet. Nimmt man den Logarithmus der obigen Gleichung, so ergibt sich

$$\log \frac{1}{[H^+]} = \log \frac{1}{K'} + \log \frac{[Ba]}{[Ha]}$$

und

$$pH = pK' + \log \frac{[Ba]}{[Ha]}$$

Das ist die Henderson-Hasselbalchsche Gleichung. Der experimentell bestimmte Wert für den pK' des Systems Kohlensäure-Bicarbonat für Blutplasma bei 38° C ist 6,10 und für Vollblut 6,13.

Ein Puffer ist am wirksamsten, wenn der pH-Wert der Lösung gleich dem pK' des Puffers ist, da bei diesem Punkt Veränderungen im Logarithmus des Quotienten von Salz zu Säure den geringsten Effekt auf den pH-Wert haben. Die Pufferkapazität (oder der Pufferwert) β wird so definiert

$$\beta = \frac{\Delta B}{\Delta pH}$$

wobei ΔB eine Zunahme an starker Base in Äquivalenten ist. Danach hat eine Lösung den Pufferwert 1, wenn 1 l der Lösung 1 Äquivalent starke Base pro Einheit pH-Anstieg bei unverändertem

Volumen aufnimmt. Eine Zunahme an starker Säure ist $-\Delta B$, einer Abnahme an starker Base, gleichzusetzen und ruft einen Abfall des pH, $-\Delta pH$ hervor. Danach hat die Pufferkapazität β immer einen positiven Wert. Sie hängt von der Entfernung des pH der Lösung vom pK' des Puffers und von der molaren Konzentration des Puffers ab.

Man sollte sich klar darüber sein, daß die treibende Kraft für die Pufferwirkung eine Änderung der Wasserstoffionenkonzentration ist.

Änderungen des pH und des Gesamt-CO_2 des Blutes beim Übergang arteriell→venös

Die Formen, in denen Kohlendioxid im Blut bei dem physiologisch vorkommenden Kohlendioxiddruck vorkommt, sind physikalisch gelöstes CO_2 (CO_2 + H_2CO_3), bicarbonat-gebundenes CO_2 (HCO_3^-) und carbamino-gebundenes CO_2 ($HbNHCOO^-$) (Tab. 25). Während des Kohlendioxidtransports steigt der Gesamt-CO_2-Gehalt des arteriellen Blutes beim Übergang in venöses Blut um etwa 5 bis 6 Vol %. Diesem Einstrom von Kohlendioxid wird sehr wirksam begegnet, wie aus der Tatsache hervorgeht, daß er nur von einem kleinen Abfall des Blutplasma-pH begleitet ist. Diese Stabilität des Blutplasma-pH bei steigender Kohlendioxidkonzentration kann nicht auf das Bicarbonat-Kohlensäure-Puffer-System zurückgeführt werden. Dieses hat einen pK' von 6,10 und bei dem normalen Plasma-pH von 7,4 ist das Verhältnis $[HCO_3^-]/[H_2CO_3] = 20/1$*. So ist das System weit vom pH mit maximaler Pufferkapazität, bei der das Verhältnis $[HCO_3^-]/[H_2CO_3] = 1$ wäre, entfernt. Auch ist das Bicarbonat-Kohlensäure-Puffersystem in einer vergleichsweise

*Anmerkung des Übersetzers: Es ist zu bedenken, daß in wäßriger Lösung tatsächlich etwa 800mal mehr CO_2 als H_2CO_3 vorliegt. Statt $[H_2CO_3]$ ist daher eigentlich $[CO_2 + H_2CO_3]$ zu setzen. Diese Tatsache ist jedoch nur von theoretischem Interesse. (vgl. z. B. WINTERS, R. W., K. ENGEL und R. B. DELL, Acid base physiology in medicine, London Company of Cleveland, Westlake, Ohio, 1967).

niedrigen Konzentration vorhanden. Man kann daher folgern, daß die Stabilität des Blut-pH, die man beobachtet, wenn arterielles Blut venös wird, von der Gegenwart des Bluthämoglobins abhängt. Die Tab. 25 zeigt, daß ein großer Teil des CO_2-Transports in Form

Tab. 25. Kohlendioxid im arteriellen und venösen Blut

Substanz	Arteriell	Venös	Differenz	Transportiertes Gesamt-CO_2 %
Gesamt-CO_2				
[mMol/l]	22,0	24,2	2,2	100
[Vol. %]	49	54	5	
$CO_2 + H_2CO_3$ (physikalisch gelöst)				
[mMol/l]	1,3	1,5	0,2	9
HCO_3^- [mval/l]	19,6	21,0	1,4	64
$HbNHCOO^-$ [mval/l]	1,1	1,7	0,6	27
pCO_2 [mm Hg]	40	46	6	
pH	7,4	7,4–7,37	0–0,03	

* Einige Werte wurden entnommen aus: Christensen, H. N.: Diagnostic biochemistry, New York, 1959, Oxford University Press, p. 85.

eines isohydrischen Transports verbunden mit dem gleichzeitigen Übergang von oxygeniertem zu reduziertem Hämoglobin vor sich geht. Dazu kommt die puffernde Wirkung des Hämoglobins an sich.

Die Puffer für in arterielles Blut einströmende Protonen

Die Bedeutung des HCO_3^--Cl^--Austausches zwischen Blutplasma und Erythrocyten

In der Abb. 17 sind die Kohlendioxid-Absorptionskurven für oxygeniertes Blut, echtes Plasma aus oxygeniertem Blut und abgetrenntes Plasma gezeigt. Bei einem gegebenen Anstieg von pCO_2 nimmt

Vollblut und Plasma, das im Kontakt mit Erythrocyten verblieb (echtes Plasma), mehr CO_2 auf als Plasma, das von den Erythrocyten abgetrennt wurde. Es ist evident, daß die roten Blutkörperchen reicher mit Pufferanionen ausgestattet sind als abgetrenntes Plasma und daß ferner Pufferanionen der Erythrocyten für das Plasma, das Kontakt mit ihnen hat, zugängig sind. Da die Erythrocytenmembran für Chlorid und Bicarbonat und für Kohlendioxid durchlässig ist, kann das Phänomen einfach auf der Grundlage eines Austauschs von Bicarbonat- und Chlorid-Anionen zwischen Erythrocyten und Blutplasma (S. 125) erklärt werden.

Die Zunahme der Pufferkapazität beim Übergang von oxygeniertem zu reduziertem Hämoglobin

Die Absorptionskurven für Kohlendioxid in oxygeniertem und reduziertem Vollblut sind in der Abb. 20 dargestellt. Sie sind nach den Daten der Tab. 23 aufgezeichnet. Der Punkt A soll arterielles Blut bei einem pCO_2 von 40 mm Hg darstellen. Angenommen, der Gehalt des Blutes an Gesamt-CO_2 steigt jetzt um etwa 6 Vol % und die Absorption des CO_2 folgt der Kurve für oxygeniertes Vollblut. Man sieht, daß unter diesen Bedingungen der pCO_2 stark ansteigen und der pH-Wert um etwa 0,1 Einheit abnehmen würde.

Wie vorhin festgestellt wurde, treten solche Veränderungen in vivo nicht auf, wenn bei normalen Personen in Ruhe arterielles Blut beim Fließen durch die Kapillaren 5 bis 6 Vol% Gesamt-CO_2 mit einem nur geringen Abfall des pH aufnimmt. Es ist klar, daß in vivo eine Veränderung eintritt, die es dem Blut erlaubt, Protonen bei nur geringem oder fehlendem Abfall des pH aufzunehmen. Wenn arterielles Blut venös wird, diffundiert Sauerstoff aus dem Blut in die Gewebe und gleichzeitig Kohlendioxid aus den Geweben ins Blut. So wird bei der Abgabe des Sauerstoffs ein Teil des oxygenierten Hämoglobins in reduziertes umgewandelt.

Es entstehen zusätzliche Pufferanionen, wenn oxygeniertes Hämoglobin den Sauerstoff abgibt und zu reduziertem Hämoglobin

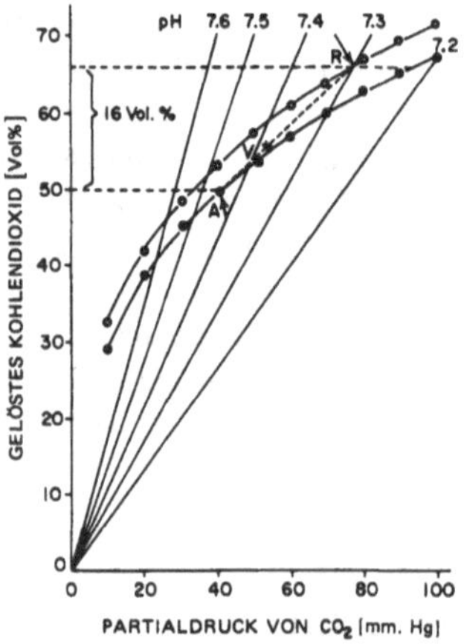

Abb. 20: Absorption von Kohlendioxid durch oxygeniertes und reduziertes Vollblut. ●——● = oxygeniert, ○——○ = reduziert. Werte der Tab. 23. Die pH-Linien wurden nach der folgenden Formel konstruiert:

$$pH = 6{,}13 + \log \frac{CO_2\ [Vol\%] - 0{,}1316\ a\,pCO_2}{0{,}1316\ a\,pCO_2}$$

wobei a für Vollblut 0,470 ist und 0,1316 $a\,pCO_2 = H_2CO_3$ [Vol%]. Das heißt

$$H_2CO_3[Vol\%] = \frac{0{,}470\ pCO_2 \times 100}{760},$$

wobei 0,1316 = 100/760. Der Punkt A stellt arterielles Blut, 50 Vol% Gesamt-CO_2 und pCO_2 = 40 mm Hg dar. Es wird angenommen, daß die Sauerstoffkapazität des Blutes bei völliger Oxygenierung des Hämoglobins 20 Vol% Sauerstoff und der R.Q. = CO_2/O_2 = 0,8 ist. Nach völliger Reduktion des Hämoglobins würden 16 Vol% CO_2 dem Blut hinzugefügt werden. Das stellt den Übergang von Punkt A zu Punkt R dar. Gewöhnlich gibt das Oxyhämoglobin des arteriellen Blutes nur etwa 1/3 seines Sauerstoffs beim Übergang arteriell → venös ab. Das entspricht dann dem Punkt V.

wird. Wenn Sauerstoff an Hämoglobin gebunden ist, ist die Dissoziation eines H^+ aus einer Imidazolgruppe in einem Histidinrest in dem Globinanteil des Moleküls erleichtert. Das umgekehrte trifft zu, wenn Hämoglobin Sauerstoff abgibt. Untersuchungen der Vorgänge haben ergeben, daß die Abgabe des Sauerstoffs aus dem Hämoglobin die Aufnahme von Wasserstoffionen erleichtert und daß eine Zunahme der Wasserstoffionen die Abgabe des Sauerstoffs aus oxygeniertem Hämoglobin begünstigt. So erleichtert die Diffusion des Sauerstoffs aus dem Blut in die Gewebe die Aufnahme von Kohlendioxid durch das Blut, und die Aufnahme von Kohlendioxid durch das Blut fördert die Abgabe von Blutsauerstoff an das Gewebe. Die erhöhte Konzentration der Pufferanionen, die beim Wechsel von Oxyhämoglobin zu reduziertem Hämoglobin auftritt, spiegelt sich in dem höheren Verlauf der Absorptionskurve des Kohlendioxids für reduziertes Blut wider (Abb. 20).

So können H^+ hin und her transportiert werden, ohne daß sich das pH ändert (isohydrische Verschiebung). Die Abnahme der Säurestärke des Hämoglobins beim Übergang von der oxygenierten zu der reduzierten Form ist quantitativ bestimmt worden. Der isohydrische Austausch ermöglicht die Bildung von 0,7 mval Bicarbonat für jedes mMol Sauerstoff, das aus oxygeniertem Hämoglobin freigesetzt wird, und umgekehrt. Die stöchiometrische Gleichung kann folgendermaßen formuliert werden:

$$K_2HbO_2 + 0{,}7\ H_2CO_3 \rightarrow K_{1,3}Hb + 0{,}7\ KHCO_3 + O_2$$

Wichtig ist festzuhalten, daß für jedes Mol O_2, das in die Gewebe diffundiert, 0,7 Val H^+ von dem reduzierten Hämoglobinmolekül aufgenommen werden und daß 0,7 Val HCO_3^- gebildet werden. Das geht alles ohne pH-Änderung vor sich. Theoretisch sollte daher wenn der R.Q. 0,7 ist, keine Änderung des pH auftreten. Bei einem R.Q. größer als 0,7 werden Blutpuffer benötigt, um die pH-Änderung, die durch den Überschuß der H^+ über 0,7 val pro Mol O_2 auftreten, möglichst klein zu halten. Bei dieser Pufferwirkung spielt das Bluthämoglobin die Hauptrolle.

Die Carboanhydrase und das carbamingebundene CO_2

Beim Transport des Kohlendioxids mit dem Blut sind die Konzentrationsänderungen des physikalisch gelösten Kohlendioxids im Vergleich zu denen des Bicarbonats klein (Tab. 25). Wenn Kohlendioxid zum großen Teil als Bicarbonat transportiert werden soll, hängt die Geschwindigkeit seiner Aufnahme und Abgabe von der Geschwindigkeit der folgenden primären Reaktion ab:

$$CO_2 + H_2O \rightleftharpoons H_2CO_3$$

Untersuchungen der Reaktionsgeschwindigkeiten haben ergeben, daß, während die Reaktion zwischen Sauerstoff und Hämoglobin und die umgedrehte Reaktion der Sauerstoffdissoziation vom Hämoglobin mit großer Geschwindigkeit ablaufen, die Hydratation von CO_2 und die Dehydratation von Kohlensäure bei Fehlen von Katalysatoren relativ langsame Prozesse sind. Es ist daher klar, daß die kurze Zeitspanne, die für den Gasaustausch in den Lungen (und in den Geweben) zur Verfügung steht, nicht ausreicht, um die Abgabe von CO_2 (oder seine Aufnahme in den Geweben) zu erlauben, wenn nicht die Reaktion $CO_2 + H_2O \rightleftharpoons H_2CO_3$ in Blut viel schneller vonstatten geht als im Wasser.

Experimente ergaben, daß die Reaktion im Blut mit viel größerer Geschwindigkeit als in rein wäßriger Lösung abläuft und durch ein Enzym, genannt Carboanhydrase, katalysiert wird (neuere Übersicht über das Enzym (132)). Dieses Enzym kommt nicht im Blutplasma vor. Die Anwesenheit im Blut ist auf die Erythrocyten beschränkt.

Bei dieser Lage muß das Kohlendioxid, das aus den Geweben in das Blut eindringt, zuerst durch das Plasma und die Erythrocytenmembran diffundieren, um an die Carboanhydrase zu gelangen, die notwendig ist, um die Reaktion mit der Kohlensäure zu katalysieren.

Kohlendioxid ist im Blut noch in einer anderen Form als im Bicarbonat gebunden, und zwar als carbamingebundenes CO_2 (133).

Die Reaktion kann folgendermaßen formuliert werden:

$$CO_2 + P\text{-}NH_2 \rightleftharpoons P\text{-}NHCOOH \rightleftharpoons PNHCOO^- + H^+$$

Obwohl die Reaktion in geringem Maße auch im Blutplasma abläuft, ist hauptsächlich Hämoglobin daran beteiligt. Reduziertes Hämoglobin bildet eindeutig mehr carbaminogebundenes CO_2 unter den gleichen Bedingungen als oxygeniertes Hämoglobin. Ebenso fällt auf, daß die Dissoziationskurven für carbamin-gebundenes CO_2 sowohl für Oxyhämoglobin als auch für reduziertes Hämoglobin im gesamten Bereich der physiologisch vorkommenden Kohlendioxidgasdrücke flach verläuft. Folglich hängen die Änderungen des carbamingebundenen CO_2 in einem gegebenen Blut praktisch nur von den Änderungen des Oxygenierungsgrades des Hämoglobins und nicht von den Änderungen des pCO_2 ab.

Das carbamingebundene CO_2 ist zu einem Teil an der Differenz zwischen den Spiegeln der Absorptionskurven des Kohlendioxid im oxygenierten und reduzierten Blut beteiligt und nimmt in einem bedeutenden Maße am Kohlendioxidtransport durch das Blut teil (Tab. 25). Die Bildung von carbamingebundenem CO_2 beeinflußt die physiologisch wichtige Änderung der Säurestärke des Hämoglobins, die mit der reversiblen Bindung von Sauerstoff verknüpft ist, nicht. Das carbamingebundene Kohlendioxid stellt eine Säure dar (P-NHCOOH), und seine Reaktionen innerhalb des Erythrocyten können als vergleichbar mit denen der Kohlensäure (H_2CO_3) betrachtet werden.

Schematische Darstellung der am Kohlendioxidtransport im Blut beteiligten Prozesse

In der Abb. 21 sind in Diagrammform die wichtigsten Prozesse dargestellt, die im Blut ablaufen, wenn Kohlendioxid aufgenommen und das arterielle Blut venös wird. Eine Umkehr der Pfeile

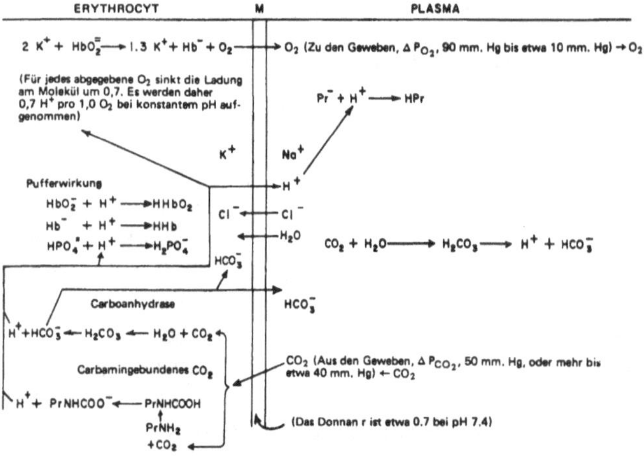

Abb. 21: Schematische Darstellung der wichtigsten Prozesse, die im Blut beim Übergang vom arteriellen in den venösen Zustand ablaufen. Durch Umkehr der Pfeile ergeben sich die Prozesse, die auftreten, wenn venöses Blut arterialisiert wird (in der Lunge).

ergibt die Vorgänge, die beobachtet werden, wenn venöses Blut Kohlendioxid abgibt und während der Lungenpassage zu arteriellem Blut wird. Man sieht, daß am Kohlendioxidtransport durch das Blut physikalisch gelöstes CO_2, carbamingebundenes und bicarbonatgebundenes CO_2 beteiligt sind. Der annähernde prozentuale Anteil dieser Formen am normalen Kohlendioxidtransport ist in der Tab. 25 aufgeführt. Physikalisch gelöstes CO_2 kann sowohl vom Plasma als auch von den Erythrocyten direkt aufgenommen werden. Für die Aufnahme als Bicarbonat in das Blutplasma wird der Hauptteil zuerst im Erythrocyten gebildet und wandert dann als HCO_3^- in das Plasma. Das kann nur unter gleichzeitigem Übertritt einer äquivalenten Menge von Chloridanionen aus dem Plasma in die Erythrocyten (sogenannter „chlorid-shift") erfolgen.

6. Die Vorgänge im Blut beim Einstrom starker Säuren und Basen

Die Wirkung starker Säuren

Strömen in vivo ins Blut Wasserstoffionen ein, die aus einer stärkeren Säure als der Kohlensäure stammen (wie z. B. aus Acetessigsäure und Milchsäure), so laufen folgende Reaktionen ab:

$$H^+ + A^- + B^+ + HCO_3^- \rightarrow B^+ + A^- + H_2CO_3$$

$$H_2CO_3 \rightarrow CO_2 + H_2O$$

Die stark dissoziierte Säure (HA) reagiert mit dem weitgehend dissoziierten Salz ($NaHCO_3$) unter Bildung des Salzes der starken Säure und der schwach dissoziierten Kohlensäure. Die Wasserstoffionenkonzentration steigt (der pH fällt), aber die Veränderung ist vergleichsweise gering, weil die H^+ der stark dissoziierten starken Säure, HA, wirkungsvoll dadurch entfernt werden, daß sie sich mit HCO_3^- verbinden und die schwache Kohlensäure bilden (Pufferwirkung). Das aus der Kohlensäure freigesetzte Kohlendioxid kann über die Lungen aus dem Körper entfernt werden. Deshalb ist das Bicarbonatanion besonders geeignet, eine Änderung des pH in diesem Falle so gering wie möglich zu halten.

Das Endergebnis des Einstroms der starken Säure in das Blut ist eine Abnahme der Pufferanionenkonzentration. Das kann man an dem niedrigeren Verlauf der Absorptionskurve des Vollblutes und des entsprechenden echten Plasmas für CO_2 feststellen. Das Ausmaß des Abfalls des Gesamt-CO_2-Gehaltes des wahren Plasmas bei 40 mm Hg CO_2-Druck ist ein Maß für das Pufferdefizit.

Es muß betont werden, daß, während die Entfernung des CO_2 mit der Atmung den Anstieg der H^+-Konzentration möglichst gering hält, der Ausgleich der vermehrten H^+ letztlich den Nieren übertragen wird. Diese vermehrte renale H^+-Ausscheidung geht mit der Ausscheidung des starken Säureanions (A^-) oder seiner Oxydation und der Wiederherstellung eines normalen Anionen-Kationen-Musters im Plasma einher.

Die Wirkung starker Basen

Der Entzug von H^+ aus dem Blut kann durch orale Aufnahme von Puffersalzen (z. B. Zufuhr der Natriumsalze der Milchsäure, Zitronensäure oder Kohlensäure) oder durch den Verlust von HCl durch Erbrechen erfolgen. Bei der Zufuhr von Natriumlactat geschieht z. B. folgendes:

$$Na^+ + Lactat^- + O_2 + H^+ \rightarrow CO_2 + H_2O$$

$$CO_2 + H_2O \rightarrow H_2CO_3 \rightarrow H^+ + HCO_3^-$$

Wasserstoffionen werden so entfernt, und Na^+ und HCO_3^- bleiben übrig. Das Endergebnis ist ein Anstieg der Pufferanionenkonzentration. Das erkennt man an dem höheren Verlauf der Absorptionskurve des Gesamtblutes für CO_2 und der entsprechenden Kurve im wahren Plasma. Der Grad des Anstiegs des Gesamt-CO_2-Gehalts des wahren Plasmas bei 40 mm Hg CO_2-Druck ist ein Maß für den Pufferanionenüberschuß.

Bei der beschriebenen Entfernung der Wasserstoffionen werden einige H^+ retiniert, indem die CO_2-Ausscheidung durch die Lungen vermindert wird. So entsteht die Tendenz, das erhöhte Plasma-pH zu normalisieren. Es muß jedoch wieder betont werden, daß die Wiederherstellung der Pufferanionenkonzentration und der Wasserstoffionenkonzentration letztlich von der Retention der H^+ durch die Nieren abhängt. Das geschieht in Verbindung mit der Ausscheidung des Überschusses an Puffersalz ($NaHCO_3$) und führt zur Wiederherstellung der normalen Anionen-Kationen-Verhältnisse im Plasma.

Aus dem Vorangegangenen ist klar, daß die Auswirkungen der Zufuhr von H^+ ins Blut in Form einer stärkeren Säure als Kohlensäure und des Entzugs von H^+ aus dem Blut durch Zufuhr von Basen einfach dadurch gedeutet werden können, daß man den Spiegel des Gesamt-CO_2 im wahren Plasma bei 40 mm Hg pCO_2 untersucht. Das ist unnütz, wenn die Änderung der Wasserstoffionenkonzentration im Blut durch einen primären Anstieg oder Abfall des arteriellen Kohlendioxid-Drucks bedingt ist. Ein Anstieg des Kohlendioxiddrucks im arteriellen Blut, der durch einen angestiegenen CO_2-Druck in der Alveolarluft oder durch jede Situation, bei der es zu einer verzögerten CO_2-Abgabe in den Lungen kommt, hervorgerufen wird, führt zu einem Anstieg der Wasserstoffionenkonzentration im Blut. Anfänglich reagiert das Blut ebenso, wie oben für die Äquilibrierung von Blut mit ansteigenden Partialdrücken von CO_2 beschrieben wurde. Mit anderen Worten, der Gesamtgehalt an CO_2 im Vollblut und im entsprechenden wirklichen Plasma steigt so an, wie es die Absorptionskurven für CO_2 zeigen. Die aktuelle Situation in vivo kann für solches Blut nur dadurch bestimmt werden, indem man die Analysen mit Blut durchführt, das unter Ausschluß von Kohlendioxidverlusten (anaerobe Entnahme) gewonnen wurde. Eine Äquilibrierung der Blutprobe beim Standard-pCO_2 von 40 mm Hg würde irreführende Ergebnisse ergeben, da die Absorptionskurve für CO_2 einfach auf den Punkt abfallen würde, der diesem Partialdruck entspricht.

Umgekehrt führt ein Abfall des arteriellen Kohlendioxiddruckes, der durch willkürliche Hyperventilation oder durch irgendeine andere Art von vermehrter CO_2-Abgabe durch die Lungen herbeigeführt sein kann, zu einem Abfall der Wasserstoffionenkonzentration des Blutes. Wie oben ausgeführt wurde, kann man die initiale Veränderung so ansehen, als ob Blut mit verringerten Partialdrükken von CO_2 äquilibriert würde. Das heißt, daß der Gesamt-CO_2-Gehalt des Vollblutes oder des entsprechenden wirklichen Plasmas abfällt, wie es durch die Absorptionskurven für CO_2 beschrieben ist. Äquilibriert man solche Blutproben mit dem Standard-Partialdruck für CO_2 von 40 mm Hg, so erhielte man ein irreführendes Ergebnis, das sich aus den Gesamt-CO_2-Werten für den letzteren CO_2-Druck ergibt.

Wie später beschrieben wird, muß man zur Klärung dieser Arten von Störungen des Säure-Basen-Gleichgewichtes das pH oder den pCO_2 im Zusammenhang mit dem Gesamt-Kohlendioxid-Gehalt bestimmen. Auch treten, wenn die Störung länger besteht, kompensatorische Vorgänge auf, um die Abweichung des pH möglichst gering zu halten. Diese Faktoren werden ebenfalls später besprochen.

7. Der Bicarbonat/Kohlensäure-Quotient und das pH im Plasma

Die Anwendung der Henderson-Hasselbalchschen-Gleichung

In den Körperflüssigkeiten stellt das Bicarbonat-Kohlensäure-System ein grundlegendes Puffersystem dar und die Henderson-Hasselbalchsche Gleichung für dieses lautet

$$pH = pK' + \log \frac{[HCO_3^-]}{[H_2CO_3]},$$

wobei pK′ im Blutplasma bei 38° C den Wert 6,10 hat.* Dieses Puffersystem ist in Wirklichkeit ein Fließgleichgewicht. Es wird bei einer starken und fortlaufenden Neubildung von CO_2 im Stoffwechsel, seinem Transport und seiner respiratorischen Ausscheidung aufrechterhalten. Das Verhältnis $[HCO_3^-]/[H_2CO_3]$ beim pH 7,4 ist etwa 20 : 1. Die Konstanz dieses Wertes wird durch die Kapazität der Nieren bestimmt, die normalen Konzentrationen der Anionen und Kationen (hauptsächlich Cl^- und Na^+) in den extrazellulären Flüssigkeiten zu regulieren und damit die richtige Bicarbonat-Konzentration aufrecht zu erhalten, und durch die Ausscheidung von CO_2 durch die Lungen zur Erhaltung der richtigen Kohlensäure-Konzentration. Bei Erkrankungen kann der Quotient $[HCO_3^-]/[H_2CO_3]$ von dem normalen Wert von 20 : 1 abweichen, was sich in einer Änderung des pH ausdrückt. Unverkennbar ist, daß der Quotient geändert werden kann, indem das $[HCO_3^-]$ beim Ausbleiben äquivalenter Änderungen des $[H_2CO_3]$ steigt oder fällt und

*Anmerkung des Übersetzers: Nach M. R. WILLS und P. A. LAITE (Clin. chim. Acta, **35** (1971), 514) ist der Wert von pK′ nicht konstant, sondern deutlich von der Stoffwechselsituation abhängig. Damit wird die in der Praxis übliche Arbeitsweise der Bestimmung von 2 Variablen der Henderson-Hasselbalchschen-Gleichung in Frage gestellt.

indem das H_2CO_3 beim Fehlen äquivalenter Änderungen des Bicarbonats steigt oder fällt. Es muß hervorgehoben werden, daß eine primäre Störung entweder des $[HCO_3^-]$ oder des $[H_2CO_3]$ von dem physiologischen Ausgleich des $[H_2CO_3]$ bzw. des $[HCO_3^-]$ begleitet sein kann. Wenn das eintritt, stellt sich der normale pH-Wert wieder ein und man bezeichnet diese Situation als „kompensiert". Diese sogenannte Kompensation wird bei der Betrachtung der theoretischen Daten der Tab. 26 klar.

Tab. 26. Darstellung der „Kompensation" bei Störungen des Säure-Basen-Gleichgewichts

pCO_2 [mm Hg]	HCO_3^- [mval/l]	pH	pCO_2 [mm Hg]	HCO_3^- [mval/l]	pH	pCO_2 [mm Hg]	HCO_3^- [mval/l]	pH
			Normalwerte					
Abweichung v. d. Norm			40	24	7,4	Abweichung v. d. Norm		
			„Kompensiert"					
80*	24	7,1	80	48	7,4			
40	12*	7,1	20	12	7,4			
			20	12	7,4	20*	24	7,7
			80	48	7,4	40	48*	7,7

$$H_2CO_3\,[\text{m Mol}] = \frac{a\,pCO_2}{760 \times 0{,}02226}$$

Bei einem $pCO_2 = 40$ mm Hg und a (für Blutplasma) = 0,510 ist $[H_2CO_3]$ = = 1,2 mMol/l. Daher ist der Quotient $[HCO_3^-]/[H_2CO_3] = 20/1$

* Stellt die primäre Abweichung dar.

Normalbereiche des pH und des Bicarbonats im Plasma sowie des Kohlendioxid-Partialdruckes

Die zuverlässigsten Angaben über den Säure-Basen-Status werden mit arteriellem Blut erhalten. Kapillarblut ist praktisch arterielles Blut. Venöses Blut, das bei minimaler Stase aus einem vorher erwärmten Arm gewonnen wurde, kommt arteriellem Blut nahe. Werte für arterielle Seren normaler Männer und Frauen sind in der Tab. 27 aufgeführt (134). Im allgemeinen ist der große Bereich der

Tab. 27. Plasma-pH, Bicarbonat-Gehalt und pCO_2 des arteriellen Serums normaler Männer und Frauen (134).

Parameter	Männer	Frauen
pH	7,35 – 7,45	7,37 – 7,47
HCO_3^- [mval/l]	23,0 – 30,0	22,0 – 28,0
pCO_2 [mm Hg]	40,0 – 50,0	36,5 – 46,0

normalen Schwankungen für venöses Plasma folgender: pH 7,30 bis 7,52; Gesamt-CO_2 24 bis 33 mMol/l und pCO_2 34 bis 62 mm Hg. Das Gesamt-CO_2 im venösen Plasma schwankt daher normalerweise zwischen 54 und 74 Vol %.

Die Einteilung der Störungen des Säure-Basen-Gleichgewichts

Störungen des Säure-Basen-Gleichgewichts sind auf verschiedene Weise beschrieben worden (3, 125, 126, 130). Einige Autoren (130) wenden sich gegen den Gebrauch der Ausdrücke Acidose und Alkalose zur Beschreibung des Säure-Basen-Status im Blut. Die primären Änderungen der Homöostase der Wasserstoffionen, wie sie sich im Blut äußern, werden von diesen Autoren (1) als Anstieg der respiratorischen Wasserstoffionen, (2) als Abfall der respiratorischen Wasserstoffionen, (3) als Anstieg der nicht-respiratorischen Wasserstoffionen und (4) als Abfall der nicht-respiratorischen Wasserstoffionen bezeichnet (vgl. auch S. 128). Jedoch sollte, wie unten dargelegt wird, keine Verwirrung bei der Anwendung der Ausdrücke Acidose und Alkalose auftreten. Weiterhin sollte es nicht schwierig sein, den Zusammenhang zwischen den oben beschriebenen primären Störungen der Wasserstoffionen-Homöostase und der Konzeption der zwei Hauptwege der Störungen des Säure-Basen-Gleichgewichts herzustellen, das im folgenden entwickelt wird.

Es ist betont worden (135), daß vom physiologischen Standpunkt aus die zwei Faktoren, die primär und direkt der Einwirkung der regulatorischen und metabolischen Aktivitäten des Körpers unterworfen sind, die gesamte Pufferanionenkonzentration und der arterielle oder alveoläre Kohlendioxid-Druck sind. Betrachtet man die Henderson-Hasselbalchsche Gleichung, so beeinflussen die metabolischen Störungen primär die Bicarbonatkonzentration des Plasmas und die respiratorischen Störungen primär die Kohlensäurekonzentration des Plasmas. So sind zwei Hauptstörungen des Säure-Basen-Gleichgewichts vorhanden: metabolische und respiratorische. Es treten jedoch Situationen auf, in denen beide Arten beteiligt sind (gemischte Störungen). Die Acidose ist als ein pathologischer Zustand zu bezeichnen, bei dem die H^+-Konzentration im Blut vermehrt ist (Blut-pH niedriger als normal). Analog wird die Alkalose als ein pathologischer Zustand definiert, bei dem die H^+-Konzentration unter den normalen Spiegel gesenkt ist (pH höher als normal). So kann man die folgenden Formen unterscheiden.

1. Metabolische Störungen
   a) Metabolische Acidose–primäres Bicarbonat-Defizit
   b) Metabolische Alkalose–primärer Bicarbonat-Überschuß
2. Respiratorische Störungen
   a) Respiratorische Acidose–primärer Kohlendioxid-Überschuß
   b) Respiratorische Alkalose–primäres Kohlendioxid-Defizit
3. Gemischte Störungen

Die Hauptveränderungen kann man auch in Beziehung zur Henderson-Hasselbalchschen Gleichung darstellen, wie es in der Abb. 22

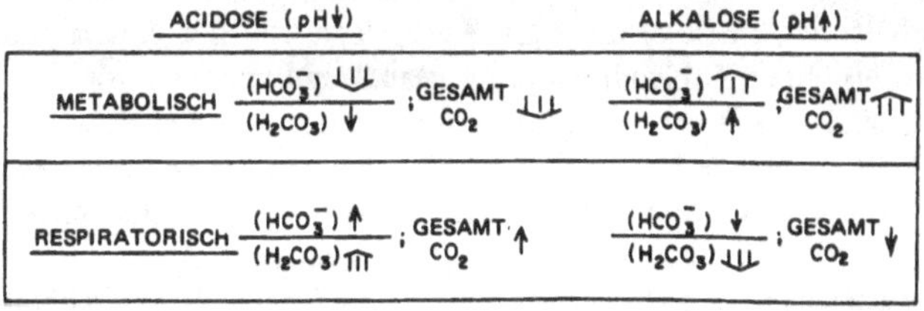

Abb. 22: Schematische Darstellung der verschiedenen Störungen des Säure-Basen-Gleichgewichts des Blutes an Hand der Henderson-Hasselbalchschen Gleichung (Aus Christensen, H. N.: Diagnostic biochemistry, Oxford University Press, New York 1959).

gezeigt ist. Es muß bemerkt werden, daß der Gesamt-CO_2-Gehalt im Blut (oder im Plasma) bei der Acidose nicht immer erniedrigt und bei der Alkalose nicht immer erhöht ist. Ebenso wird die Bestimmung der Kohlendioxid-Bindungskapazität, wie oben klargelegt wurde, irreführende Ergebnisse bei respiratorischen Störungen des Säure-Basen-Gleichgewichts geben. Diese Bestimmung wurde 1917 als eine geeignete klinische Labormethode eingeführt (136), um den ausgeprägten Abfall des Bicarbonatgehalts im Plasma zu messen, der besonders bei der Acidose des Diabetes und der Nephritis auftritt. Bei der Methode wird Blut unter beschränktem Luftzutritt entnommen und sofort zentrifugiert. Vor der Gasanalyse wird das Plasma bei Zimmertemperatur mit Luft, die 5,5% CO_2 enthält (auch Alveolarluft wurde benutzt), äquilibriert. Bei der Berechnung der Ergebnisse wird das physikalisch gelöste CO_2 abgezogen, so daß der erhaltene Wert das CO_2 in Form des Bicarbonats darstellt. Es ist zu betonen (136, S. 251), daß die Methode den Zustand des Säure-Basen-Gleichgewichts nicht so exakt anzeigt wie die direkte Bestimmung des Gesamt-CO_2-Gehalts in Plasma, das unter streng anaeroben Bedingungen erhalten und nicht mit 5,5% CO_2 äquilibriert wurde.

Bei respiratorischen Störungen des Säure-Basen-Gleichgewichts betrifft die Störung primär den CO_2-Gasdruck, der teils höher teils niedriger ist als der, der durch 5,5% CO_2 in Luft (pCO_2 etwa 40 mm Hg) erzeugt wird. Äquilibriert man Plasma bei 40 mm pCO_2 so erhält man einen zu niedrigen Wert, wenn das Blut vorher unter einem erhöhten Kohlendioxiddruck stand, und einen zu hohen Wert, wenn das Blut im Organismus unter einem erniedrigten Kohlendioxiddruck stand (s. Abb. 17). Nehmen wir weiterhin einmal an, daß das entnommene Blut, das unter einem Kohlendioxiddruck von 40 mm Hg stand, nicht sofort zentrifugiert wird, wie vorgeschrieben ist. Nehmen wir auch an, daß beim Stehen Kohlendioxid aus dem Blut entwichen ist und der pCO_2 vor der Zentrifugation auf 10 mm Hg abgefallen ist. Eine Äquilibrierung des abzentrifugierten Plasmas bei pCO_2 = 40 mm Hg würde zwar den Wert für das bicarbonat-gebundene CO_2 etwas erhöhen, aber nach einer Betrachtung der Abb. 17 ist klar, daß ein großer Fehler (zu niedriger Wert) erwartet werden kann.

8. Die Rolle der Nieren bei der Aufrechterhaltung der Isohydrie

Die Wasserstoffionenausscheidung durch die Nieren

Im Durchschnitt hat der 24-Stunden-Urin normaler Erwachsener, die die übliche amerikanische Kost zu sich nehmen, ein pH von etwa 6,0. Das heißt, daß die Kost leicht säuernd ist und daß die Nieren dazu dienen, den Überschuß an Wasserstoffionen auszuscheiden, um die konstante Wasserstoffionenkonzentration in den Körperflüssigkeiten aufrechtzuerhalten. Unter bestimmten Umständen kann der pH des 24-Stunden-Urins bis 4,5 abfallen oder bis pH 7,8 ansteigen. Da der Blut-pH-Wert normalerweise nahe 7,4 liegt, bedeutet die Ausscheidung eines Urins mit einem pH von weniger als 7,4 eine renale Ausscheidung von H^+ aus dem Organismus, während ein pH größer als pH 7,4 eine renale H^+-Retention anzeigt. Es gibt ein Minimum, bis zu dem der Urin-pH gesenkt werden kann. Das ist um pH 4,5 und die H^+-Ausscheidung bei diesem Wert stellt einen 900fachen Konzentrationsgradienten gegenüber dem Serum dar.* Die renale Netto-Ausscheidung an Wasserstoffionen kann nach dem folgenden Ausdruck bestimmt werden:

$$H^+ = \text{Titrierbare Acidität} + \text{Ammonium} - HCO_3^-$$

Dabei werden die Werte in val angegeben und die titrierbare Acidität bezieht sich auf den pH 7,4 (die titrierbare Acidität ist negativ, wenn der Urin-pH größer als pH 7,4 ist). Das Urin-pH zeigt eine inverse Beziehung zu der titrierbaren Acidität im Urin und dem Urinammonium. Der Bicarbonatgehalt der stärker sauren Urine ist gering und kann in diesen Fällen vernachlässigt werden. Die Aus-

*Denn pH 7,4 entspricht $3{,}98 \times 10^{-8}$ N H^+ und pH 4,5 entspricht $2{,}82 \times 10^{-5}$ N H^+.

scheidung von Wasserstoffionen mit dem Urin geht mit einer Einsparung der äquivalenten Menge an Körperkationen (Na und/oder K) einher. Unter Berücksichtigung der Tatsache, daß der Urin-pH-Wert eine untere Grenze hat, hängt die Menge der Wasserstoffionen, die ausgeschieden werden kann von der vorhandenen Puffermenge* (hauptsächlich Phosphatpuffer [HPO_4^{--}]/[$H_2PO_4^-$]) und der Fähigkeit der Nieren zur Ammoniakbildung ab. (Tatsächlich ist das System NH_3/NH_4^+ auch ein Urinpuffer).

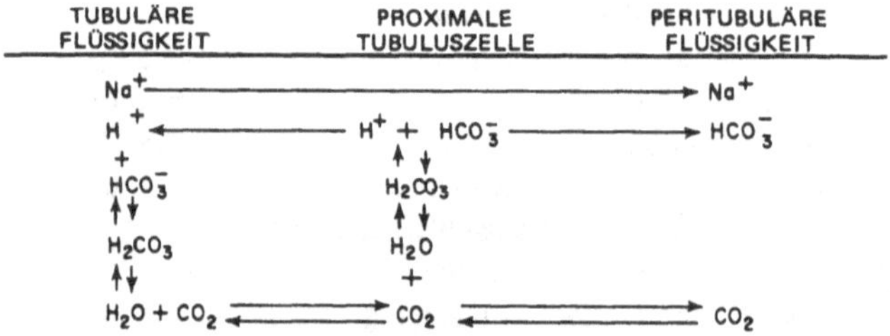

Abb. 23: Schematische Darstellung der Mechanismen, die bei der Säuerung des Urins im proximalen Tubulus ablaufen.

Die renale Elektrolytausscheidung wurde kurz im Abschnitt I behandelt, und Angaben neuerer Mikropunktionen des tubulären Transfers im Säugernephron sind in der Tab. 14 zu finden. Diese Daten bestätigen frühere Schlußfolgerungen, daß der Hauptteil des filtrierten Natriums, Chlorids und Wassers isoosmotisch aus dem proximalen Konvolut rückresorbiert wird und weitere Mengen an Natrium, Chlorid und Wasser in der Henleschen Schleife, dem distalen Tubulus und den Sammelröhren reabsorbiert werden. Bei

*Beim Absinken des Urin-pH auf 4,5 werden die organischen Säuren (Acetessigsäure, β-Hydroxybuttersäure und Milchsäure), die bei pH 7,4 als Salze vorliegen, hauptsächlich als Säuren ausgeschieden. Diese Säuren tragen normalerweise zu der titrierbaren Acidität des Urins bei und unter bestimmten Umständen, z.B. bei der diabetischen Acidose und im Hunger, werden große Mengen organischer Säuren im Urin ausgeschieden.

der Rückresorption im proximalen Tubulus bleibt die Natriumkonzentration in der tubulären Flüssigkeit gleich der im Plasma. Die Konzentration des Chlorids in der Flüssigkeit kann jedoch die des Plasmas erheblich übersteigen, was auf eine Säuerung im proximalen Tubulus hinweist. So zeigen die Daten der Tab. 14 für den letzten Abschnitt des proximalen Tubulus für HCO_3^- ein F/P-Verhältnis von 0,4 und für Cl^- von 1,3. Es häufen sich die Hinweise dafür, daß bei Säugern die Urinsäuerung im proximalen und distalen Tubulus sowie in den Sammelröhren erfolgt. Die gegenwärtig akzeptierte Theorie (42, 137)* der Urinsäuerung schließt die Reaktion des sezernierten Wasserstoffions mit dem Urinbicarbonat unter Bildung von H_2CO_3 ein, das wiederum in CO_2 und H_2O dissoziiert. Das CO_2 entweicht dann durch Diffusion aus der tubulären Flüssigkeit in das peritubuläre Blut. Der Prozeß der Wasserstoffionen-Sekretion beinhaltet einen Austausch gegen Natriumionen, die rückresorbiert werden (Abb. 23). Es ist festzustellen, daß der Austauschprozeß, der die Sekretion von Wasserstoffionen und die Rückresorption der Natriumionen darstellt, keine Konkurrenz zwischen der Sekretion der Wasserstoffionen und der der Kaliumionen erkennen läßt, was im distalen System der Fall sein soll (Abb. 25).

Der derzeitige Wissensstand (13, 139–141) stützt die Hypothese daß die Rückresorption des filtrierten Bicarbonats durch die Nieren sowohl im proximalen wie im distalen Anteil des Nephrons mit einer Sekretion von zellulären H^+ im Austausch gegen Na^+ aus dem Lumen einhergeht. Die grundlegenden Reaktionen laufen ab, wie es die Abb. 23 zeigt. Es ist bekannt, daß die nichtkatalysierte Dehydratation der H_2CO_3 ein relativ langsamer Prozeß ist und daß ein Überschuß von H_2CO_3 in der tubulären Flüssigkeit auftreten könnte, der nicht im Gleichgewicht mit dem Blut-CO_2 sein würde. Folglich war anzunehmen, daß das pH in der proximalen Tubulusflüssigkeit stärker verringert sein würde, als nach der

*Es sind auch andere Ansichten zur Urinsäuerung diskutiert worden (138).

Henderson-Hasselbalchschen Gleichung unter Benutzung der Werte des pCO_2 im Blutplasma und der Bicarbonatkonzentration in der Tubulusflüssigkeit berechnet werden kann. Der Mechanismus der Bicarbonatrückresorption wurde jüngst an Ratten mit einer Bicarbonat-Diurese untersucht (142). Es wurden Beweise erhalten, daß die Bicarbonatrückresorption im proximalen Tubulus durch die H^+-Sekretion vermittelt wird und daß die in der Zellmembran der Lumenseite lokalisierte Carboanhydrase verhindert, daß H_2CO_3 sich in der Tubulusflüssigkeit anhäuft. Folglich war das pH in der proximalen Tubulusflüssigkeit nicht niedriger als nach dem pCO_2-Gleichgewicht anzunehmen war. Es wurde geschlossen, daß die Bicarbonatrückresorption im distalen Tubulus auch durch die H^+-Sekretion vermittelt wird. Das Enzym Carboanhydrase ist jedoch offenbar nicht an der Lumenseite der Membranen der distalen Tubuluszellen lokalisiert. Folglich war der pH-Wert im Tubulus wegen des angehäuften H_2CO_3 niedriger als nach dem pCO_2-Gleichgewicht anzunehmen war.

Die Ausscheidung von Ammoniak durch die Nieren

Die Bildung von Ammoniak durch die Nierenzellen stellt einen wichtigen Mechanismus für die renale Ausscheidung von Wasserstoffionen dar. Der gegenwärtige Wissensstand (143–145) zeigt, daß die Ammoniaksekretion längs des gesamten Nephron (der Ratte) vor sich geht und daß die Hälfte und mehr des im Urin ausgeschiedenen Ammoniaks im proximalen Segment in die Tubulusflüssigkeit abgegeben wird. Die Daten der Mikropunktionen zeigen (Tab. 14) ein F/P-Verhältnis für NH_4 von 20 für die proximale Flüssigkeit. Ammoniak ist eine starke Base, die mit Wasserstoffionen unter Bildung von Ammonium, einer sehr schwachen Säure, reagiert. So ergibt sich

$$NH_3 + H^+ \rightleftharpoons NH_4^+$$

und die Henderson-Hasselbalchsche Gleichung kann in der Form

$$pH = pK' + \log \frac{[NH_3]}{[NH_4^+]}$$

angewendet werden, wobei der Wert für pK' bei 38° C etwa 9,4 ist.

Es gibt reichlich Hinweise dafür (143, 146–150), daß die Verteilung des Ammoniak zwischen den drei Phasen: tubuläre Nierenzellen, tubulärer Urin und peritubuläres Blut grundlegend von der passiven Diffusion der nichtionogenen Ammoniakmolekeln (NH_3) bestimmt wird. Weil das leicht diffusible NH_3 eine Base ist, verbindet es sich mit H^+ zu dem schlecht diffusiblen Ammonium (NH_4^+) und wird im Tubulus zurückgehalten. Die Theorie der

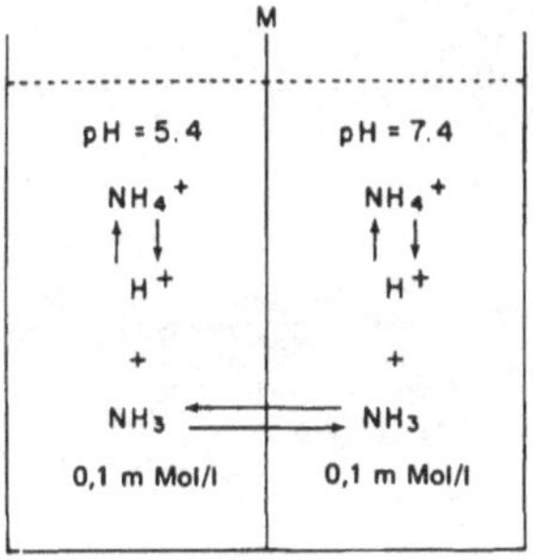

Abb. 24: Darstellung der Diffusion nicht-ionisierter Moleküle. Das ionisierte Molekül NH_4^+, das aus NH_3 und H^+ gebildet wird, diffundiert nicht durch die Membran. Ammonium wird auf der Seite mit dem niedrigeren pH in höherer Konzentration vorliegen. Zur Verdeutlichung diene die folgende Zusammenstellung:

pH	Quotient NH_3/NH_4^+ pK' = 9,4	Gesamtkonzentration $NH_3 + NH_4^+$ (NH_3 = 0,1 mMol/l)
9,4	1/1	0,2 mMol/l
8,4	1/10	1,1 mMol/l
7,4	1/100	10,1 mMol/l
6,4	1/1000	100,1 mMol/l
5,4	1/10 000	1000,1 mMol/l

nichtionogenen Diffusion, die das NH_3 betrifft, ist in der Abb. 24 dargestellt. Die Base NH_3 nimmt Wasserstoffionen unter Bildung des nichtdiffusiblen Ions NH_4^+ auf und wird durch die Membran auf der Seite konzentriert, die die größere Wasserstoffionenkonzentration (niedrigeren pH) aufweist.

Verschiedene Faktoren spielen bei der Kontrolle der Ausscheidungsrate des Ammoniak eine Rolle (143). Dazu gehören die Substratkonzentration im Plasma, die Aktivität der Transportmechanismen

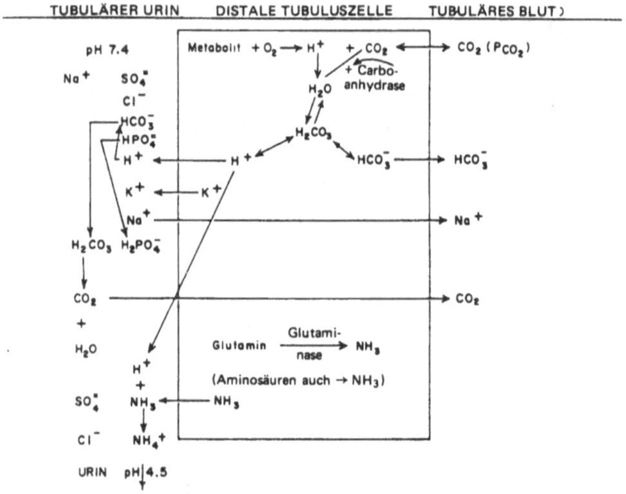

Abb. 25: Schematische Darstellung der Ionenaustauschprozesse, die im distalen Teil des Nephrons ablaufen dürften. Mit der Wasserstoffionen-Ausscheidung steigen die titrierbare Acidität (bis pH 7,4) und die Ammoniumausscheidung des Urins an. Beide Prozesse ermöglichen der Niere, Protonen aus dem Körper zu eliminieren, während gleichzeitig Körperkationen (Na^+) eingespart werden. Ein erhöhtes Blut-pCO_2 führt zu einer vermehrten H^+-Ausscheidung im Urin, während ein vermindertes Blut-pCO_2 zu einer verminderten H^+-Ausscheidung führt. Wasserstoffionen und Kaliumionen konkurrieren im Austauschprozeß mit Na^+. Die K^+-Ausscheidung hängt von der Na^+-Rückresorption im distalen Tubulus ab. Es tritt z. B. eine Neigung zur Kaliumretention bei Nebenniereninsuffizienz auf, bei der eine mangelhafte Na^+-Rückresorption in den Nierentubuli vorliegt.

für das Substrat in die Tubuluszellen, die Aktivität der Enzyme, die für die Ammoniakbildung in den Zellen verantwortlich sind, und die Aktivität der Mechanismen, die die Säuerung des Urins und die Geschwindigkeit des Urinflusses beeinflussen. Die wichtigste Ausgangssubstanz für das Ammoniak ist das Glutamin, während verschiedene zirkulierende freie Aminosäuren weniger bedeutsam sind (147, 149). Zu den beteiligten Reaktionen gehören die Desaminierung des Glutamins und die oxydative Desaminierung von Aminosäuren:

$$\underset{\text{Glutamin}}{COOH \cdot CHNH_2 \cdot CH_2 \cdot CH_2 \cdot CONH_2} \xrightarrow[H_2O]{\text{Glutaminase}} \underset{\text{Glutaminsäure}}{COOH \cdot CHNH_2 \cdot (CH_2)_2COOH} + NH_3$$

$$\underset{\text{Aminosäure}}{R \cdot CHNH_2 \cdot COOH} \xrightarrow[+ ^1/_2\, O_2]{\text{Aminosäureoxydase}} \underset{\text{Ketosäure}}{R \cdot CO \cdot COOH} + NH_3$$

Als eine Art von Zusammenfassung sind in der Abb. 25 die Ionenaustauschprozesse dargestellt, die in dem distalen Teil des Nephrons vor sich gehen. Man glaubt heute, daß in diesem Teil des Nephrons eine Konkurrenz zwischen H^+ und K^+ für den Natriumaustausch vorliegt. Bei einem Überschuß von H^+ besteht die Neigung zu einer verminderten K^+-Ausscheidung und bei einem Überschuß an K^+ die Neigung zu einer verminderten H^+-Ausscheidung. Es muß festgehalten werden, daß als Maß für die Einsparung an Körpernatrium die in den Urin ausgeschiedene Menge an H^+ dient, die durch die Summe der titrierbaren Gesamtacidität (bis pH 7,4) und die Ammoniumausscheidung minus die Bicarbonatausscheidung (ausgedrückt in Val) bestimmt wird.

Die Reaktion der Niere auf die Zufuhr von H^+ in Form von starken Säuren

Die Zufuhr einer starken Säure ins Blut macht die Ausscheidung einer größeren Menge von H^+ und die Einsparung von Körperkationen notwendig. Die erhöhte H^+-Ausscheidung führt zu einem Abfall des Urin-pH bis zu einem Minimum von etwa 4,5. Durch die erhöhte titrierbare Acidität und Ammoniumausscheidung wird die Einsparung einer äquivalenten Menge an Kationen möglich. Die vorhandenen Puffermengen, hauptsächlich im Glomerulusfiltrat enthaltenes Phosphat und durch die Nierentubuli gebildetes Ammoniak, sind für die Höhe der H^+-Ausscheidung wichtig. Wenn die Phosphatausscheidung klein und die Ammoniakbildung unzureichend ist, führen die ausgeschiedenen H^+ bald dazu, daß das Urin-pH auf ein Minimum fällt (auf etwa pH 4,5 bei normalen Erwachsenen). Wenn andererseits die Phosphatausscheidung groß und die Ammoniakbildung beschleunigt sind, dann kann eine größere Menge an H^+ ausgeschieden werden, bevor das minimale pH im Urin erreicht ist. Damit ist eine größere Einsparung an Kationen verbunden. Bei einer ausreichenden renalen Regulation wird das normale Elektrolytprofil und das normale pH des Plasmas wiederhergestellt. Reicht die Kapazität nicht aus, so kommt es zu einem Verlust an Körperkationen, hauptsächlich Natrium (aber auch Kalium, Calcium und Magnesium), zu einem Verlust an Körperwasser und zu einer Acidose.

Die Reaktion der Niere auf den Entzug von H^+ durch Basenzufuhr

Beim Entzug von H^+ aus dem Blut durch Zugabe eines Puffersalzes oder echten H^+-Verlust durch Magensalzsäureverlust fällt die Wasserstoffionenkonzentration im Plasma und die Ausscheidung von H^+ wird gesenkt. Folglich steigt das Urin-pH und die titrierbare Acidität im Urin und die Ammoniumausscheidung fallen. Das Natrium wird als Bicarbonat, Dinatriumphosphat und als Natriumsalze der organischen Säuren ausgeschieden. Die Ausscheidung von Natrium in dieser Form erlaubt die renale Retention von H^+. Sind weniger H^+ für die Ausscheidung vorhanden, so wird bei der Konkurrenz zwischen K^+ und H^+ das erstere bevorzugt, und es besteht die Neigung zu einer überschießenden K^+-Ausscheidung.

Bei ausreichender Nierenkapazität kehren das Plasmaelektrolyt-Profil und das Plasma-pH zum Normalwert zurück. Wird die Kapazität überschritten, kommt es zu einer Retention von Natrium, einer Neigung zur Vermehrung des Körperwassers, einer erhöhten Bicarbonatkonzentration im Plasma und zu einer Alkalose, die mit einer erniedrigten Kalium- und Chloridkonzentration im Plasma verbunden ist.

Die Reaktion der Niere auf einen primären Anstieg des arteriellen oder alveolären pCO_2

Der primäre Anstieg des arteriellen oder alveolären Kohlendioxiddruckes führt zu einer vermehrten Wasserstoffionenkonzentration im Blut. Auch in den Zellen der Nierentubuli ist die Wasserstoffionenkonzentration erhöht. Das führt zu einer Ausscheidung eines sauren Urins mit einer erhöhten titrierbaren Acidität und einer erhöhten Ammoniakausscheidung. Es besteht die Tendenz zu einer verringerten Kaliumausscheidung und zu einem erhöhten Kaliumspiegel im Plasma. Das Plasma-pH fällt, und die Bicarbonatkonzentration im Plasma nimmt auf Kosten eines Abfalls der Chloridkonzentration im Plasma zu. Über den Mechanismus der erhöhten Rückresorption von Bicarbonat in den Nierentubuli bei erhöhtem Kohlendioxiddruck im Blut gehen die Ansichten auseinander (151–160). Die verminderte Rückresorption von Chlorid in den Nierentubuli kann auf eine Konkurrenz zwischen der renalen Rückresorption von Chlorid und Bicarbonat zurückgeführt werden. Die vermehrte H^+-Ausscheidung führt zu einer stärkeren Natriumrückresorption mit der Folge eines Anstiegs des Körpernatriums.

Die Reaktion der Niere auf einen respiratorisch bedingten Abfall der Wasserstoffionen im Blut

Ein primärer Abfall des arteriellen oder alveolären Kohlendioxiddrucks führt zu einem Anstieg des Blut-pH. Die Wasserstoffionenkonzentration der Nierentubuluszelle ist erniedrigt. Das führt zu einer verminderten Wasserstoffionenausscheidung und einem alkalischen Urin. Verbunden damit ist ein Abfall der titrierbaren Acidität und der Ammoniakausscheidung und ein Anstieg in der Bicarbonatausscheidung im Urin. Die Kaliumausscheidung zeigt eine Tendenz erhöht zu sein und die Kaliumkonzentration im Plasma tendiert zu einer Senkung (161, 162). Der Grund für die verminderte Rückresorption von Bicarbonat in den Nierentubuli bei einem erniedrigten Kohlendioxiddruck im Blut ist nicht geklärt (163). Jedoch scheint die Reabsorption von Bicarbonat in der Niere durch den Kohlendioxidpartialdruck im Blut beeinflußt zu werden. Sie ist bei erniedrigtem pCO_2 vermindert und bei erhöhtem pCO_2 vermehrt (153–156, 158, 160, 163).

Der Plasma-pH-Wert ist erhöht und die Bicarbonatkonzentration im Plasma sinkt ab, wenn die Plasmachlorid-Konzentration ansteigt. Die erhöhte Rückresorption des Chlorids in der Niere kann auf die Konkurrenz zwischen Cl^- und HCO_3^- bei der Reabsorption zurückgeführt werden. Bei einer verringerten H^+-Ausscheidung besteht eine Tendenz zu Natriumverlusten.

Die Rolle der Gewebspuffer im Säure-Basen-Gleichgewicht
Die Stabilisierung des extrazellulären pH durch Zellpuffer

Die bisherige Diskussion hat sich auf Veränderungen des Elektrolytgehalts und des pH des Blutplasmas und der extrazellulären Flüssigkeiten, die durch Zufluß oder Abfluß von Wasserstoffionen hervorgerufen worden sind, beschränkt. Jetzt sollen die Reaktionen zwischen den extra- und intrazellulären Flüssigkeiten betrachtet werden.

Es ist seit langem bekannt, daß die Veränderungen des Plasma-pH und des Plasma-Bicarbonats als Folge einer Infusion einer starken Säure, wie HCl oder H_2SO_4, oder eines Puffers (Infusion von $NaHCO_3$) nicht auf der Basis erklärt werden können, daß die extrazelluläre Flüssigkeit ein geschlossenes System ist. So wurde in Experimenten vor Jahren (164) gefunden, daß wenn einem Hund mehr verdünnte Schwefelsäure intravenös injiziert wurde, als zur Neutralisation der gesamten Pufferanionen im Blut notwendig waren, etwa 4/5 der Säure durch Basen aus anderen Quellen als dem Blut neutralisiert wurden. Es wurde errechnet, daß wenn die gesamte Pufferkapazität des erwachsenen menschlichen Organismus, die für die Neutralisation von Säuren verfügbar ist, bevor ein tödliches pH erreicht wird, sechsmal so groß ist wie die des Blutes. Sie beträgt etwa 900 ml einer 1 N Säure (oder 900 mVal).

Zellpuffer und Ionenaustauschreaktionen zwischen den extra- und intrazellulären Flüssigkeiten sind bei der Stabilisierung des Blut-pH beteiligt. Die Ergebnisse verschiedener akuter Experimente (165 bis 174), wie die Infusion von Mineralsäuren oder Basen, zeigen, daß der Skeletmuskel und der Knochen die wichtigsten Organe für die Stabilisierung des pH sind. Im allgemeinen ist der Abfall des Plasma-pH und des Bicarbonatgehalts im Plasma nach einer HCl-Infusion von einer Zunahme an Na^+ und K^+ in der extrazellulären Flüssigkeit begleitet. Dazu kommt vermutlich eine Verschiebung von H^+ von der extra- in die intrazelluläre Flüssigkeit. Bei langdauernden Säurebelastungen gewinnt der Knochen immer größere Bedeutung, wahrscheinlich durch die Lieferung von Knochenmineralien (hauptsächlich Calcium) (175, 176). Die Infusion von NaOH oder $NaHCO_3$ und der damit verbundene Anstieg des Plasma-pH und des Bicarbonatgehalts im Plasma sind von einem Natriumverlust aus der extrazellulären Flüssigkeit (mit geringer oder fehlender Veränderung im extrazellulären K^+) und vermutlich mit einer gleichzeitigen Verschiebung von H^+ aus dem intra- in den extrazellulären Raum verbunden.

Die Infusion von Mineralsäuren oder Basen hat keine ausgesprochene Wirkung auf den intrazellulären pH und auf den intrazellulären Bicarbonatgehalt des Skeletmuskels. Das steht im Gegensatz zu den Ergebnissen, die man beobachtet, wenn Veränderungen der extrazellulären Wasserstoffionenkonzentration durch akute Veränderungen des arteriellen Kohlendioxidpartialdrucks hervorgerufen werden. Bei einem akuten Anstieg des arteriellen pCO_2 (akute Hyperkapnie) wird das Plasma-pH gesenkt und der Bicarbonatgehalt im Plasma erhöht. Gleichzeitig zeigt die intrazelluläre Flüssigkeit des Muskels einen Abfall des pH und einen Anstieg des Bicarbonatgehalts. Ähnlich zusammenhängende Veränderungen treten bei einem akuten Abfall des arteriellen pCO_2 auf. Das heißt, das Plasma-pH ist erhöht und der Bicarbonatgehalt im Plasma ist erniedrigt, während die intrazelluläre Flüssigkeit einen Anstieg des pH und einen erniedrigten Bicarbonatgehalt erkennen läßt.

Es ist bekannt, daß in vivo die Veränderungen der Bicarbonatkonzentration im Plasma, die bei akuten Veränderungen des arteriellen pCO_2 auftreten, nicht mit denen übereinstimmen, die auf Grund von Untersuchungen in vitro an wahrem Plasma aus Blut, das mit Kohlendioxidgas äquilibriert wurde, zu erwarten wären (177–180). Zum Beispiel ist in vivo der Anstieg der Bicarbonatkonzentration als Antwort auf eine Zunahme des pCO_2 pro Einheit pH-Abfall im Plasma wesentlich geringer als der in vitro zu erwartende Anstieg der Bicarbonatkonzentration im wirklichen Plasma für einen gleich großen Abfall des Plasma-pH. Es ist so, als ob in vivo eine metabolische Acidose der respiratorischen Acidose überlagert ist. Die Diskrepanz zwischen den Titrationskurven für Kohlendioxid in vivo und in vitro kann folgendermaßen erklärt werden (178).

Die erhöhte Bicarbonatkonzentration im Blut, die bei erhöhten pCO_2-Werten im Blut auftritt und hauptsächlich durch Reaktionen mit Beteiligung des Hämoglobins gebildet wird, verteilt sich nicht nur zwischen dem Blutplasma und den Erythrocyten (wie in vitro) sondern auch auf die interstitielle Flüssigkeit. Es gibt keine Anhaltspunkte dafür, daß metabolische Säuren angehäuft werden. Bei einer langdauernden Erhöhung des Kohlendioxidpartialdrucks im Blut (chronische Hyperkapnie) wird in jeder Höhe des vermehrten pCO_2 ein „Steady-State" erreicht (177, 179). Die Bicarbonatkonzentration, die bei jedem pCO_2-Spiegel erreicht wird, ist mehr als doppelt so groß wie bei akuter Hyperkapnie. Ebenso wie bei der akuten Hyperkapnie ist die Wasserstoffionenkonzentration linear mit dem arteriellen pCO_2 im Blut verknüpft, wenn der Steady-State erreicht ist. Die Veränderungen der Wasserstoffionenkonzentration mit jeder Zunahme des pCO_2 in der letzteren Situation sind jedoch geringer als bei akuter Hyperkapnie. Mit anderen Worten sind bei der chronischen Hyperkapnie Abwehrmechanismen aufgetreten, die die pH-Änderung des Blutes möglichst gering halten. Das geht mit einer vermehrten Netto-Säureausscheidung, hauptsächlich in Form von Ammonium einher.

Die Ergebnisse einiger Studien (181) zeigen, daß der Kaliumgehalt der Muskelzellen sich invers zum Plasma-pH verhält, während die Ergebnisse anderer Studien (177) keine meßbaren Verschiebungen von Natrium oder Kalium zwischen den intra- und extrazellulären Kompartimenten bei der chronischen Hyperkapnie ergeben haben. Es wird jedoch häufig gefunden, daß die Kaliumkonzentration im Plasma bei der respiratorischen Alkalose erniedrigt und bei der respiratorischen Acidose erhöht ist.

Es wird geschätzt, daß etwa die Hälfte der infundierten H^+ oder HCO_3^- in dem Extrazellularraum abgepuffert wird und die andere Hälfte in intrazellulären Raum. Da der Ionenaustausch zwischen den zwei Kompartimenten ein ziemlich langsamer Prozeß ist (er braucht etwa 2 bis 4 Stunden), sind die Initialwirkungen auf die Zusammensetzung der extrazellulären Phase ausgeprägter, als wenn das Gleichgewicht erreicht ist. Die erwartete Zunahme der Bicarbonatkonzentration im Plasma nach Gabe von Natriumbicarbonat an eine Person mit metabolischer Acidose kann wie im folgenden Beispiel berechnet werden:

Körpergewicht	= 70 kg
Infundiertes $NaHCO_3$	= 200 mval
Initiale $NaHCO_3$-Konzentration im Plasma	= 15 mval
Volumen des Extrazellularraums	= 70 kg x 20% = 14 l

Der erwartete Bicarbonatanstieg ohne intrazelluläre Pufferung = 200 mval/14 l = 14,3 mval/l.

Der vorausberechnete Wert, wenn die Pufferkapazität gleichmäßig auf die beiden Kompartimente verteilt ist, wäre dann = 14,3/2 = 7,2 mval/l. Danach ist der vorausberechnete Endwert der Bicarbonatkonzentration im Plasma 15 + 7,2 = 22,2 mval/l.

Es ist von Interesse, dieses Ergebnis mit dem Anstieg zu vergleichen, der auf der Grundlage der vor vielen Jahren gemachten Beobachtungen von Palmer und Van Slyke (183) errechnet wird. Diese Autoren bestimmten den erwarteten Bicarbonatanstieg im Plasma nach der Gabe von Natriumbicarbonat näherungsweise folgendermaßen. Der berechnete Anstieg des Plasmabicarbonats ist gleich dem Anstieg, der zu erwarten ist, wenn man annimmt, daß das resorbierte Bicarbonat sich gleichmäßig in einer Flüssigkeitsmenge von 70% des Körpergewichts verteilt. Dementsprechend wird für eine Erhöhung der Bicarbonatkonzentration im Plasma um 1 mval/l 0,06 g $NaHCO_3$ pro Kilogramm Körpergewicht [60/(84 x 0,7) ist etwa 1 mval] benötigt. In dem obigen Beispiel wurden 200 mval $NaHCO_3$ (oder 16,8 g) infundiert, die sich auf 49 l (70 x 70%) Körperwasser verteilen. Es ist also ein Anstieg der Bicarbonatkonzentration im Plasma von 4,1 mval/l (200/49) zu erwarten, während die obige Berechnung 7,2 mval/l ergab.

Die Diskrepanz hat ihre Ursachen in den Voraussetzungen für die Berechnung. Sie weist auf die Schwierigkeiten hin, wenn man versucht, die Wirkung von Natriumbicarbonat (oder Natriumlactat) auf die Bicarbonatkonzentration im Plasma vorauszusagen. Ein Grund für die Unsicherheit (184) ist, daß es schwierig ist, von Patient zu Patient den Anteil des applizierten Natriums vorauszusagen, der in einen „Nichtchlorid"-Raum eindringt. Bei Patienten mit urämischer Acidose wurde gefunden, daß diese Fraktion von 30 bis 100% des applizierten Natriums betragen kann. So wird der vorausgesagte Anstieg der Bicarbonatkonzentration im Plasma

$$\frac{1/2 \times 200}{14} = 7{,}2 \text{ mval/l}.$$

Nimmt man jedoch an, daß Natrium in größerem Ausmaß in das intrazelluläre Kompartiment eintritt, so daß z. B. nur ein Viertel des applizierten Natriums im Extrazellularraum zurückbleibt, so wird jetzt der erwartete Anstieg der Bicarbonatkonzentration im Plasma entsprechend geringer

$$\frac{1/4 \times 200}{14} = 3{,}6 \text{ mval/l.}$$

Dieser Wert liegt dem nach den Voraussetzungen von Palmer und Van Slyke berechneten näher.

Der Zusammenhang zwischen dem Elektrolytmuster im Plasma und dem Gehalt an Natrium und Kalium im Skeletmuskel

Es wurde besonders bei Versuchen an Ratten gefunden, daß ein Verlust von Kalium im Skeletmuskel von einer Zunahme an zellulärem Natrium gefolgt ist. Der Gewinn an Na^+ gleicht nicht den Verlust der Skeletmuskelzelle an Kalium aus, und es ist anzunehmen, daß ein Transfer von H^+ aus dem extrazellulären Kompartiment in die Zellen die Differenz ausgleicht. Dieser H^+-Transport in die Zellen dürfte für die extrazelluläre Alkalose, die von einem erhöhten Bicarbonatgehalt und einer erniedrigten Chloridkonzentration im Plasma begleitet ist, beim Kaliummangel verantwortlich sein. Diese Situation ist in der Abb. 26 dargestellt. In diesem Fall ist der Urin nicht alkalisch, sondern neigt dazu, bei erhöhter titrierbarer Acidität und Ammoniakausscheidung sauer zu sein. Die renale Rückresorption des Bicarbonats ist scheinbar erhöht, da der Urin einen minimalen Bicarbonatgehalt bei Vorliegen einer erhöhten Bicarbonatkonzentration im Plasma hat. Die gesteigerte renale Rückresorption des Bicarbonats (und die verringerte Chloridrückresorption) hängt in diesem Falle nicht mit einem erhöhten pCO_2 im Plasma zusammen. Wahrscheinlich besteht auf irgendeine Weise ein Zusammenhang mit dem zellulären Kaliummangel. Die Ergebnisse einer jüngeren Untersuchung (185) zeigen, daß beim

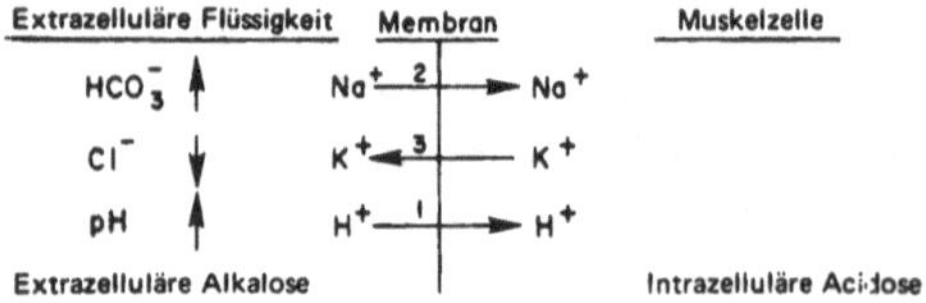

Abb. 26: Das Entstehen einer extrazellulären Alkalose bei Kaliummangel. Ratten, die 35 Tage lang ein kaliumarmes Futter, dessen Natrium- und Chloridgehalt aber normal war, erhielten oder denen 7–14 Tage lang Desoxycorticosteron im Überschuß gegeben wurde, zeigen eine Abnahme des Kaliums im Skeletmuskel mit einem unvollständigen Ersatz durch Natrium. Unter den erwähnten Bedingungen verlieren die Muskelzellen 3 Äquivalente Kalium und nehmen 2 Äquivalente Natrium auf. Die Differenz dürfte durch den Übertritt von Wasserstoffionen aus dem extrazellulären Kompartiment in die Skeletmuskelzellen ausgeglichen werden. Das Ergebnis ist eine extrazelluläre Alkalose und eine intrazelluläre Acidose. Es wurde ein leichter Abfall des pH in der Skeletmuskelzelle bei Kaliummangel-Ratten gefunden. Die erhöhte Bicarbonatkonzentration und die erniedrigte Chloridkonzentration im Plasma sind Anzeichen dafür, daß die Nierenkapazität nicht ausreicht, um die normale Plasmakonzentration dieser Elemente aufrechtzuerhalten.

Kaliummangel eine erhöhte Kapazität des proximalen Tubulus contortus zur Rückresorption von filtriertem Bicarbonat besteht. Es wird postuliert, daß der Kaliummangel die Wasserstoffionensekretion im proximalen Tubulus durch die Erzeugung einer intrazellulären Acidose stimuliert.

Im umgekehrten Fall, der Gabe von Kalium (als Chlorid) an Ratten, steigt der Kaliumgehalt der Skeletmuskelzelle. Gleichzeitig damit nimmt der Natriumgehalt in der Zelle ab, und es besteht die Tendenz zu einer extrazellulären Acidose, die von einem niedrigen Bicarbonatgehalt und einer erhöhten Chloridkonzentration im Plasma begleitet ist.

Unter experimentellen Bedingungen, durch die eine hypochlorämische Alkalose erzeugt wird (und auch bei der hypochlorämischen Alkalose bei Obstruktionen des oberen Intestinaltraktes und beim Erbrechen), ist das K^+ der Skeletmuskelzelle verringert und das zelluläre Na^+ erhöht. Mit anderen Worten, es besteht angedeutet ein Zusammenhang zwischen der Zusammensetzung des Plasmas und des Skeletmuskels, unabhängig davon, ob die Muskel- oder die Plasmaveränderungen primär sind. Es ist wichtig festzuhalten, daß eine normale Nierenfunktion, mit der Folge einer Korrektur des Elektrolytmusters im Plasma, nicht ohne eine Korrektur des zellulären Kaliummangels erreicht werden kann.

9. Die Untersuchung des Säure-Basen-Status

Die Bestimmung des Gesamt-CO_2 und des pH im Plasma

Obwohl arterielles Blut zur Analyse des Säure-Basen-Status vorzuziehen ist, wird häufig in der klinischen Praxis Plasma (oder Serum) aus venösem Blut, das bei minimaler Stase gewonnen wurde, verwendet. Die Gewinnung des Blutes und die folgende Abtrennung des Plasmas werden in einer Weise ausgeführt, daß der Verlust an Kohlendioxid möglichst gering ist. Dieses Plasma entspricht dem wahren oder echten Plasma (Serum), wie es früher beschrieben wurde. Bei bestimmten Methoden, die primär pH- und CO_2-Messungen betreffen, nimmt man Vollblut (z. B. Kapillarblut) zur Analyse. Jedoch muß man immer, wenn Vollblut analysiert wird, den Hämatokrit kennen, wenn die CO_2-Werte aussagekräftig sein sollen.

Eine genaue pH-Bestimmung entweder im Blutplasma oder im Vollblut gibt sofort Auskunft über den Zustand des Säure-Basen-Gleichgewichts (normal, Acidose oder Alkalose). Beim Fehlen einer Atemstörung spiegelt der Bicarbonatgehalt im Plasma die Pufferionenkonzentration des Blutes wider. Wenn die klinische Diagnose Umstände ergibt, die dafür bekannt sind, daß sie zu einer metabolischen Störung des Säure-Basen-Gleichgewichts führen können, und eine pH-Bestimmung im Plasma (oder Vollblut) nicht zu erhalten ist, kann der Gesamt-CO_2-Gehalt des Plasmas dazu dienen, das Säure-Basen-Gleichgewicht zu bestimmen. So liegt der Gesamt-CO_2-Gehalt im Plasma des venösen Blutes normalerweise zwischen

54 und 73 Vol%. Daher kann, wenn der Wert erniedrigt ist, die Diagnose der Acidose, wenn er erhöht gefunden wird, die Diagnose der Alkalose gestellt werden. Die Bestimmung sowohl des pH im Plasma (oder im Vollblut) und des Gesamt-CO_2-Gehalts im Plasma (oder im Vollblut im Verein mit einer Hämatokritbestimmung) ergeben Werte, die die Erkennung der Art der Störung des Säure-Basen-Gleichgewichts erlauben. Verschiedene Wege werden zur Charakterisierung des Säure-Basen-Status des Blutes benutzt (126). Die folgende Diskussion beschäftigt sich vor allem mit der Bedeutung der Bestimmungsergebnisse, die an anaerob entnommenem und behandeltem Blut durchgeführt wurden. Es muß betont werden, daß die Behandlung von Patienten mit Flüssigkeit und Elektrolyten zusätzliche Informationen erfordert. (S. 205).

Die Konstruktion und Benutzung von Säure-Basen-Diagrammen

Mit Hilfe des pH und des Gesamt-CO_2-Gehalts im Plasma und durch Anwendung der Henderson-Hasselbalchschen-Gleichung ist es möglich den Anteil der respiratorischen und/oder der metabolischen Faktoren zu bestimmen, die die Säure-Basen-Störung hervorrufen. Eine Vielzahl von Diagrammen sind im Laufe der Jahre beschrieben worden, die auf der Anwendung der Henderson-Hasselbalchschen-Gleichung auf die Kohlendioxid-Absorptionskurven von normalem Vollblut oder echtem Plasma beruhen. Nur ein bis zwei sollen hier gezeigt werden. So beschrieben z. B. Shock und Hastings (186) eine Mikrotechnik, die sich einer speziell entwickelten Pipette bedient, wodurch der Hämatokrit, das Serum-pH (kolorimetrisch) und der Gesamt-CO_2-Gehalt in 0,1 ml Kapillarblut bestimmt werden kann. Diese Autoren (187) trugen die Daten auf triaxialen Koordinaten (Abb. 27) auf, die eine Bestimmung der Entstehung der Säure-Basen-Störung gestatten. Es wurde betont, daß triaxiales Papier, da es im allgemeinen mit gleichen Abständen zwischen den Linien und einem 60°-Winkel ausgestattet ist, zur grafischen Darstellung von Daten geeignet ist, die der Gleichung $ax - by + cz = k$ entsprechen. Da weiterhin die Henderson-Hasselbalchsche Gleichung

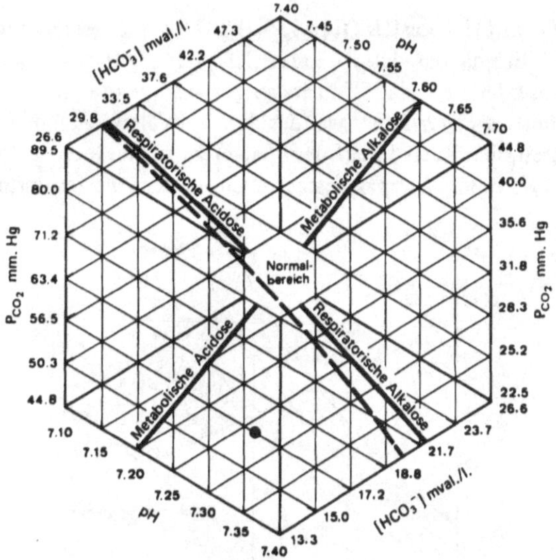

Abb. 27: *Säure-Basen-Diagramm mit den primären Störungen des Säure-Basen-Gleichgewichts. Die Linien mit konstantem pH verlaufen vertikal (Nord-Süd), die Linien mit konstantem HCO_3^- verlaufen von Nordwest nach Südost und die Linien mit konstantem CO_2-Gasdruck von Nordost nach Südwest. Das kleine Sechseck im Zentrum stellt den Normalbereich dar, wie er von den Autoren definiert wird. Die Linie mit der Bezeichnung „respiratorische Acidose – respiratorische Alkalose" stellt die durchschnittliche CO_2-Absorptionskurve für ein oxygeniertes echtes Plasma dar. Sie ist in Übereinstimmung mit den experimentellen Daten leicht gekrümmt. Die gestrichelte Linie gibt die Daten für das oxygenierte echte Plasma der Tab. 23 wider. Da der Zusatz von Mineralsäure zu Blut zu einem verminderten pCO_2 und pH und zu einem Abfall des Bicarbonats und der Zusatz von Basen zu einem Anstieg der drei genannten Variablen führt, wurde die Linie mit der Bezeichnung „metabolische Acidose-metabolische Alkalose" im rechten Winkel zu der Absorptionskurve für Kohlendioxid eingezeichnet. Wenn zwei der drei Variablen bekannt sind, kann man leicht die Lage des Zustandes auf dem Diagramm feststellen. Der Punkt (●) stellt ein Plasma-pH von 7,37 und eine Bicarbonatkonzentration im Plasma von 17,2 mval/l dar (vgl. Text). (Modifiziert nach Shock, N. W. und A. B. Hastings, J. biol. Chemistry **112,** 239 (1935)).

*Anmerkung des Übersetzers: Es ist zu beachten, daß nur für pH die Abstände der Geraden linear sind. Für HCO_3^- und pCO_2 liegt eine logarithmische Teilung vor (s. Text).

in die Form pH – log $[HCO_3^-]$ + log $[H_2CO_3]$ = pK′ gebracht werden kann, ergibt sich, daß das pH, log $[HCO_3^-]$ und log $[H_2CO_3]$ auf den drei Achsen eines solchen Papiers aufgetragen werden können. Wenn daher die Werte für zwei der drei Variablen bekannt sind, ist es möglich, den Zustand auf dem Papier zu lokalisieren. Es ist auch möglich, das Ausmaß festzustellen, in dem die respiratorischen

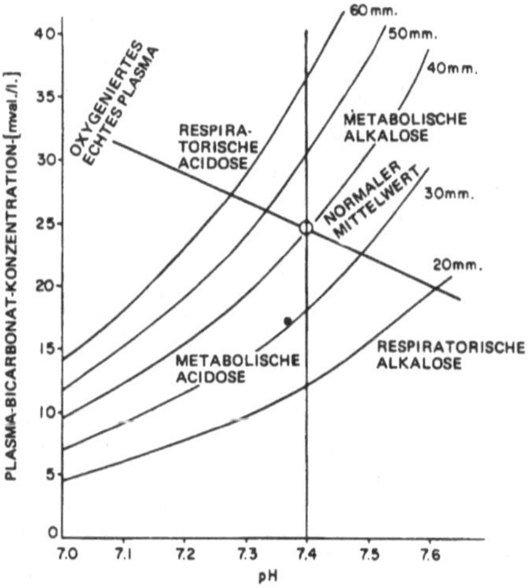

Abb. 28: Säure-Basen-Diagramm mit den primären Störungen des Säure-Basen-Gleichgewichts. Die Linien für pCO_2 wurden auf Grund von Berechnungen nach

$$pCO_2 = \frac{CO_2\ [\text{mMol/l}]}{0{,}0591\ \alpha\ (10^{pH-pK'} + 1)}$$

konstruiert, wobei HCO_3^- [mval/l] = CO_2 [mMol/l] – 0,0591 $\alpha\, pCO_2$ ist. Bei 38° C ist pK′ = 6,10 und α = 0,510 für Blutplasma. Es muß hervorgehoben werden, daß eine ähnliche arithmetische Darstellung möglich ist, indem man den Gesamt-CO_2-Gehalt (CO_2[mMol/l]) und das pH einander zuordnet. Die Linie für oxygeniertes echtes Plasma wurde durch Auftragen der Werte der Tab. 23 erhalten. Der Punkt stellt ein pH von 7,37 und einen Bicarbonatgehalt von 17,2 mval/l im Plasma dar, wie im Text und in der Abb. 27 ausgeführt ist.

und metabolischen Faktoren an der Entstehung einer gegebenen Störung beteiligt sind. Bei einem Plasma-pH von 7,37 und einem Plasma-Bicarbonat-Gehalt von 17,2 mval/l z. B. liegt der Punkt auf der Säure-Basen-Karte in dem Gebiet der metabolischen Acidose und in der Richtung auf die Linie, die eine respiratorische Alkalose anzeigt. Dies wäre daher eine gemischte Störung, die anzeigt, daß sowohl metabolische (möglicherweise primär) und respiratorische Faktoren (möglicherweise sekundär) bei der Störung des Säure-Basen-Gleichgewichts beteiligt sind. Die klinische Beurteilung, die sich auf die Natur der Krankheit stützt, wird benutzt, um festzustellen, ob der metabolische oder der respiratorische Faktor die primäre Abweichung darstellt. Anstatt den Gesamt-CO_2-Gehalt arithmetisch als Ordinate gegen den CO_2-Partialdruck als Abscisse aufzutragen und die pH-Linien einzuzeichnen, wie es bei der Konstruktion der Abb. 19 getan wurde, kann man den Gesamt-CO_2-Gehalt (oder den Bicarbonatgehalt) arithmetisch auf der Ordinate gegen das pH als Abscisse auftragen und dann die Linien des CO_2-Partialdrucks konstruieren. Die Abb. 28 stellt eine arithmetische Auftragung des Bicarbonat-Gehalts im Plasma gegen das Plasma-pH dar und zeigt die Linien eines konstanten pCO_2. Die Linie für ein echtes Plasma von oxygeniertem Blut stellt eine grafische Darstellung der Werte der Tab. 23 dar. Diese Linie ist als Pufferlinie zu bezeichnen. Wahres Plasma mit erhöhter Pufferanionenkonzentration hat Linien darüber und Plasma mit verminderter Pufferanionenkonzentration hat Linien unterhalb der gezeigten normalen Pufferlinie.

10. Das Säure-Basen-Gleichgewicht unter verschiedenen klinischen und experimentellen Bedingungen

Die metabolische Acidose

Im allgemeinen kann eine Acidose und ein dazu kommendes Defizit der Bicarbonatmenge im oxygenierten (wirklichen) Plasma aus zwei Ursachen entstehen: 1. durch die Zunahme einer Säure im

Blut, die stärker als Kohlensäure ist, was als Ergebnis einer vermehrten Produktion auftreten kann, wie beim entgleisten Diabetes mellitus oder im Hungerzustand, oder bei unzureichender renaler Wasserstoffionenausscheidung, wie im Terminalstadium der chronischen Glomerulonephritis und 2. durch einen exzessiven Verlust an Basen wie z. B. bei den schweren Diarrhoen im Kindesalter, bei der ein Verlust von alkalischen Darmsekreten auftritt. Der erniedrigte Blut-pH-Wert stimuliert die Lungenventilation*, was zu einer Entfernung von H^+ und einer Erniedrigung des pCO_2 führt. Dies stellt einen Kompensationsmechanismus dar, der darauf hinzielt, das normale Blut-pH wieder herzustellen. Die respiratorische Kompensation ist im allgemeinen unvollständig. Zwar stimuliert das erniedrigte Blut-pH die Atmung, aber das erniedrigte pCO_2 hemmt die Lungenventilation. Daher hängt der Grad der Kompensation von dem Gleichgewicht zwischen diesen entgegengesetzt gerichteten Stimuli ab. Es ist klar, daß eine respiratorische Insuffizienz bei einer metabolischen Acidose einen ausgeprägten Abfall des Blut-pH hervorrufen wird. Die Rückkehr der H^+-Konzentration im inneren Milieu zum Normalwert hängt letzten Endes von der renalen Ausscheidung von H^+ oder der Entfernung der überschüssigen H^+ über den Stoffwechsel der angehäuften organischen Säuren ab.

In der Tab. 28 findet man Angaben über die Höhe des Kohlendioxid-Gasdrucks, der bei metabolischen Acidosen und metabolischen Alkalosen gefunden wird. Man sieht, daß bei erniedrigten Bicarbonatkonzentrationen im Plasma bei Patienten mit Niereninsuffizienz der CO_2-Partialdruck im Plasma verringert war. Der Abfall des pCO_2 (oder H_2CO_3) reichte jedoch nicht aus, die erhöhte H^+-Konzentration auszugleichen und demzufolge fiel der pH-Wert. Die Werte für pCO_2 bei Patienten mit metabolischer Alkalose machen deutlich, daß, während die beschleunigte Atmung (und als Folge

*Eine schwere metabolische Acidose zeigte eine erschwerte Atmung, wie sie unter der Bezeichnung „Kussmaul“-Atmung bekannt ist.

Tab. 28. Kohlendioxidspannung im venösen Blut bei metabolischer Acidose und metabolischer Alkalose

Plasma-HCO_3^- Bereich [mval/l]	Zahl der Fälle	Plasma-pH			Plasma-HCO_3^- [mval/l]			Plasma-pCO_2 [mm Hg]			Gruppe
		Minimum	Durchschnitt	Maximum	Minimum	Durchschnitt	Maximum	Minimum	Durchschnitt	Maximum	
Patienten mit Niereninsuffizienz											
10–15	20	7,08	7,26	7,40	10,3	12,9	14,3	22	30	40	A
15–20	21	7,23	7,38	7,43	15,2	17,1	19,4	26	30	40	B
20+	16	7,33	7,41	7,48	20,1	23,5	28,2	33	37	46	C
Patienten mit Ulcus pepticum nach Alkaligabe											
20–30	19	7,36	7,46	7,52	25,8	27,9	29,3	34	42	50	D
30+	32	7,37	7,49	7,60	30,0	32,8	51,5	37	45	61	E
Normaler Schwankungsbereich											
		7,35		7,48	20		30	34		62	–

ein Abfall des pCO_2) bei einer metabolischen Acidose augenfällig ist, das Gegenteil (ein Anstieg des pCO_2) bei der metabolischen Alkalose viel weniger deutlich ist. Anders gesagt, eine verlangsamte Atmung mit der Folge eines Anstiegs der H^+-Konzentration bei der metabolischen Alkalose hat anscheinend eine kleinere Wirkung bei der Senkung des erhöhten Plasma-pH zur Norm.

Zur Untermauerung der obigen Ausführungen ist es instruktiv, die Durchschnittswerte für das Plasma-pH, die HCO_3^--Konzentration und das pCO_2, die in der Tab. 28 aufgeführt sind, auf Säure-Basen-

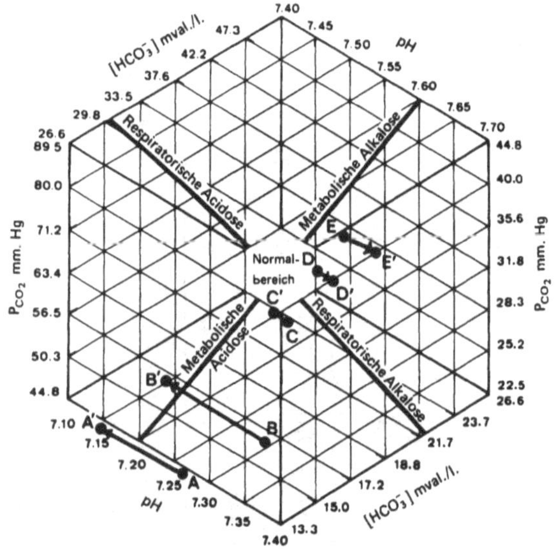

Abb. 29: Typische Daten von Patienten mit metabolischer Acidose und metabolischer Alkalose. Es sind die Daten der Tab. 27 dargestellt. Die Punkte A, B und C stellen die durchschnittlichen Werte für Patienten mit Niereninsuffizienz und die Punkte D und E die durchschnittlichen Werte für Patienten mit einem Ulcus pepticum dar, die Alkali erhielten. Die Punkte A', B', C', D' und E' zeigen das Plasma-pH, das man finden würde, wenn kein physiologischer Ausgleich des pCO_2 eintreten würde und das pCO_2 auf dem Normalwert von 40 mm Hg geblieben wäre.

Diagrammen darzustellen (Abb. 29 und 30). Die Punkte A, B und C stellen Mittelwerte von Patienten mit Niereninsuffizienz dar, und die Punkte D und E sind Mittelwerte von Patienten mit peptischen Ulcera, die Alkali erhielten. Die Punkte mit Index (A', B', C', D', E') geben das Plasma-pH an, das bei der entsprechenden Bicarbonatkonzentration im Plasma unter einem unveränderten normalen Durchschnittswert für pCO_2 im Plasma von 40 mm Hg erhalten worden wäre. Die Wirksamkeit der Senkung des Plasma-pCO_2 für die Aufrechterhaltung des Plasma-pH bei der metabolischen Acidose ist eindeutig. So stellt z. B. der Punkt B ein Plas-

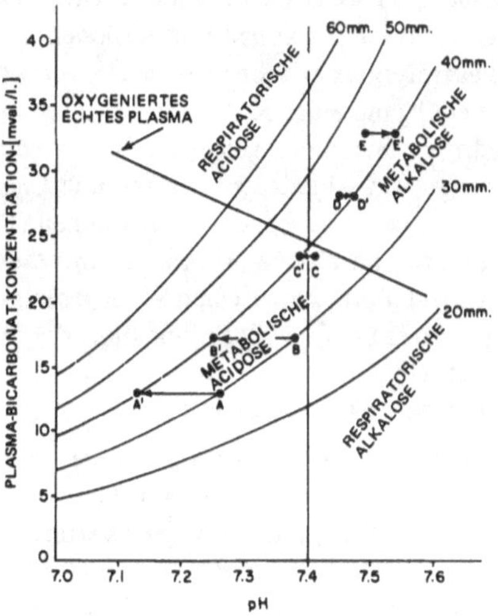

Abb. 30: Typische Daten von Patienten mit metabolischer Acidose und metabolischer Alkalose. Es sind die Daten der Tab. 27 dargestellt. Die Punkte A, B und C stellen die durchschnittlichen Werte für Patienten mit Niereninsuffizienz und die Punkte D und E die durchschnittlichen Werte für Patienten mit einem Ulcus pepticum dar, die Alkali erhielten. Die Punkte A', B', C', D' und E' zeigen das Plasma-pH, das man finden würde, wenn kein physiologischer Ausgleich des pCO_2 eintreten würde und das pCO_2 auf dem Normalwert von 40 mm Hg geblieben wäre.

ma-pH von 7,38, eine Bicarbonatkonzentration im Plasma von 17,1 mval/l und ein pCO_2 von 30 mm Hg dar. Wenn das pCO_2 nicht gesenkt worden wäre, sondern auf dem durchschnittlichen Normalwert von 40 mm Hg geblieben wäre, wäre es zu einem merklichen pH-Abfall (Punkt B') gekommen.

Die Acidose beim Diabetes mellitus

Salzverlust, Dehydratation und Acidose

Es ist seit Jahren bekannt, daß unbehandelte Fälle von Diabetes mellitus im Koma extrem niedrige Werte für den Gesamt-CO_2-Gehalt und das pH im Plasma haben können. Untersuchungen über die Konzentration der Anionen und Kationen im Plasma zeigen, daß das Elektrolytmuster sehr verschieden sein kann. Das hängt von der Beteiligung einer Reihe von Faktoren ab. Zusätzlich zu einem erniedrigten Bicarbonatgehalt im Plasma kommen als wichtigste Störungen ein Abfall der Natrium- und Chloridkonzentration und ein Anstieg der unbestimmten Anionen (Ketonkörper, β-Hydroxybuttersäure) im Plasma. Verbunden mit diesen Störungen ist eine Dehydratation, die zu einer Verringerung der eindeutigen Defizite von Bicarbonat, Chlorid und Natrium führt. Es ist also ganz klar, daß ein Zustand der Dehydratation und der Salzverarmung sowie eine Acidose vorliegen.

Die diabetische Acidose und das Koma resultieren letzten Endes aus einer unzureichenden Insulinmenge. Das kann die Folge eines Insulinentzuges oder das Ergebnis eines gesteigerten Insulinbedarfs sein, der durch Hunger, Leberglycogenverarmung, Infektionen oder emotionelle Belastungen hervorgerufen sein kann. Das erste Zeichen eines Insulinmangels ist eine Hyperglycämie, die durch eine verminderte periphere Glukoseverwertung hervorgerufen ist und durch eine verstärkte Glycogenolyse und Gluconeogenese verstärkt wird. Wenn die Blutglukose eine bestimmte Höhe erreicht, kommt es zur Glucosurie. Bei einem gestörten Kohlenhydratstoffwechsel geht der Organismus zur Fettverwertung über. Zusätzlich ist der Eiweißabbau erhöht, und es entwickelt sich eine negative Stickstoffbilanz. Beim Insulinmangel werden große Mengen von freien Fettsäuren aus dem Fettgewebe freigesetzt. Einige dieser freien Fettsäuren werden in den peripheren Geweben umgesetzt, aber die Hauptmenge wird in die Leber transportiert und es werden große Mengen von Ketonkörpern gebildet. Die erhöhte Menge von Ketonkörpern, die von der Leber abgegeben wird, übersteigt die Kapazität des Gewebsumsatzes, und so kommt es zum Anstieg im Blut (Ketonämie) und zur Ausscheidung im Urin (Ketonurie). Eine tägliche Ausscheidung von 10 bis 20 g Ketonkörpern wird bei schweren Fällen von Diabetes mellitus häufig beobachtet, und es sind schon Mengen von über 40 g beschrieben worden (188). Die Säuren Acetessigsäure und β-Hydroxybuttersäure sind stärkere Säuren (pK' 3,58 bzw. 4,30) als die Kohlensäure (pK' 6,10), und diese sind überwiegend für den Abfall des Bicarbonatgehalts im Plasma verantwortlich.

Es scheint, als ob die Veränderungen des Volumens und der Elektrolytzusammensetzung der extrazellulären Flüssigkeiten, die uns bei der diabetischen Acidose begegnen, auf die folgende Weise interpretiert werden können. Mit der unzureichenden Kohlenhydratverwertung ist ein exzessiver Einstrom von Ketonkörper-Säuren ins Blut verbunden, die mit dem Bicarbonat des Blutes unter Bildung von Kohlensäure reagieren. Diese zerfällt in CO_2 und H_2O, und das CO_2 wird über die Lungen entfernt, besonders, wenn eine tiefe Hyperventilation einsetzt, sobald die Bicarbonatkonzentration weiter reduziert wird. Die erhöhte CO_2-Abgabe neigt dazu, das Blut-pH zu stabilisieren, obwohl die Bicarbonatkonzentration eine fallende Tendenz zeigt. Wenn jedoch die Bicarbonatkonzentration im Blut weiter abfällt, kann die Regulation des pCO_2 durch die Atmung einen normalen $[HCO_3^-]/[H_2CO_3]$-Quotienten nicht mehr aufrechterhalten, und der pH-Wert fällt. Es muß daran erinnert werden, daß die respiratorische Kompensation (mit einer H^+-Elimination) nur vorübergehend ist. Letztlich erfordert die Wiederherstellung der normalen Wasserstoffionenkonzentration die Ausscheidung von H^+ durch die Nieren oder die Entfernung der einströmenden Säuren durch Oxydation. Wenn der Einstrom der Acetessigsäure und der β-Hydroxybuttersäure nicht sehr groß ist, kann sich der Organismus durch eine vermehrte renale H^+-Ausscheidung sehr gut gegen sie zur Wehr setzen. Bei einem Abfall des Urin-pH kann ein Teil der organischen Säuren in dem stark sauren Urin in Säureform (abhängig vom pK'-Wert) ausgeschieden werden, während ein anderer Teil als Ammoniumsalz ausgeschieden werden kann. Mit anderen Worten sind die titrierbare Gesamtacidität und die Ammoniumausscheidung im Urin erhöht. Das ist ein Maß für die Einsparung von Körperkationen. Wenn jedoch die Ketonämie und die Ketonurie stärker werden, reichen diese Abwehrmechanismen nicht mehr aus und folglich müssen Körperkationen verwendet werden. Dieser Verlust führt bei längerer Dauer zu einer ernsten Verringerung des Kationenbestandes des Organismus und zu einer Dehydratation.

Es ist erwiesen, daß die Ausscheidung der sauren Ketonkörper nicht der einzige Grund für den Natriumverlust ist. Es wurde z. B. gefunden, daß der Schweregrad des Erbrechens (ein häufiges Symptom bei der diabetischen Acidose) und die Hypochlorämie eine Korrelation zeigen, was dafür spricht, daß das Erbrechen ein wichtiger Faktor für die Salzverarmung sein kann (189). Weiterhin kann die Polyurie, die mit der Glucosurie zusammenhängt, zu Natriumverlusten führen (190, 191).

Es wurde zeitig erkannt, daß das Volumen und die Elektrolytzusammensetzung der intrazellulären Flüssigkeiten auch verändert sein können. In der Initialphase des Insulinmangels wird Wasser als Antwort auf den vermehrten osmotischen Druck, der durch die Hyperglycämie erzeugt wird, aus den Zellen in die extrazelluläre Flüssigkeit übertreten. Folglich dürften sich das Volumen und die Zusammensetzung der intrazellulären Flüssigkeiten in verschiedener Weise ändern. So zeigten Bilanzstudien, die an diabetischen Patienten nach Insulinentzug (192) durchgeführt wurden, daß prompt ein Wasser- und Salzverlust auftrat. Es wurde jedoch gefunden, daß nicht nur ein Verlust der hauptsächlichen Elemente der extrazellulären Flüssigkeiten (Na^+ und Cl^-) sondern auch der der intrazellulären Flüssigkeiten (K^+, Mg^{++} und Phosphat) auftrat. Es war folglich klar, daß der Wasserverlust des Körpers während der diabetischen Acidose auf Kosten sowohl des extrazellulären als auch des intrazellulären Kompartiments erfolgt. Der Kaliumverlust des Organismus wurde größer als die Menge gefunden, die sich aus dem Eiweißabbau ergibt. Das spricht für einen Verlust an Zellkalium über das Ausmaß der Zellzerstörung hinaus. Außerdem ergab sich, daß der Natriumverlust des Organismus nicht nur aus dem extrazellulären Kompartiment, sondern auch aus nicht-extrazellulären Quellen stammt.

Natrium- und Chloridverluste

Während der Entwicklung der diabetischen Acidose gehen Natrium und Chlorid in großen Mengen im Urin und bei einigen Fällen auch durch Erbrechen verloren. Trotz der Natrium- und Chloridverluste des Organismus kann die Konzentration dieser Elemente im Plasma niedrig, normal oder erhöht sein. Wie oben erwähnt wurde, liegt das hauptsächlich an dem Verhältnis der Wasser- und Elektrolytverluste. Es ist wichtig sich klar zu machen, daß eine normale oder erhöhte Konzentration im Plasma keinen Beweis für das Fehlen eines Defizits darstellt, da das extrazelluläre Volumen stets verringert ist.

Die Daten in der Tab. 29 zeigen die große Variationsbreite der Chloridkonzentration im Plasma, die bei Patienten mit einer diabetischen Acidose gefunden werden kann. Es wurde berichtet (189), daß 65% der Patienten mit einer Chloridkonzentration von weniger als 95 mval/l bei der Aufnahme einen peripheren Gefäßkollaps hatten, während das bei Patienten mit normaler Chloridkonzentration im Plasma nur in 12% auftrat.

Tab. 29. Chloridkonzentration in Plasma bei diabetischer Acidose

Autor	Chlorid [mval/l]						
	75–80	80–85	85–90	90–95	95–100	100–105	105+
Sprague und Power (191)		1	6	14	17	19	13
Danowski, Winkler und Peters (189)	3*	1	10	18	13	9	2

* Zahl der Patienten mit der angegebenen Chloridkonzentration im Plasma.

Kalium- und Phosphorverluste

Die Ergebnisse von Bilanzstudien zeigen (192), daß bei der diabetischen Acidose die Höhe des Kaliumverlustes aus den Zellen beträchtlich größer ist als die Menge, die mit dem Zellprotein verbunden ist. Es ist klar, daß Patienten mit einer diabetischen Acidose oder im Koma eine negative Kaliumbilanz haben. Der Grund ist eine unzureichende Kaliumaufnahme im Verein mit erhöhten renalen und extrarenalen Verlusten. Die extrarenalen Verluste stehen im Zusammenhang mit dem Erbrechen, während die renalen primär von Faktoren abhängen, die zelluläres Kalium freisetzen. Die folgenden Prozesse tragen nach Literaturangaben (193) zu den Verlusten an Zellkalium bei: 1. ein Verlust an Leberglycogen setzt Kalium frei, 2. der zelluläre Eiweißabbau, der mit der erhöhten Gluconeogenese verknüpft ist, setzt Kalium frei, 3. die Dehydratation führt zu einem Transfer von Zellkalium in die extrazelluläre Flüssigkeit und 4. die Unterbrechung des Kohlenhydratstoffwechsels stört die Energieumwandlungen, die dazu dienen, das Kalium innerhalb der Zellen zu halten.

Die Kaliumkonzentration im Plasma von Patienten mit diabetischer Acidose ist bei der Aufnahme gewöhnlich etwas erhöht. Besonders deutlich ist das bei Patienten mit Oligurie. Aber sie kann auch normal sein oder bei ausgeprägter Diurese, besonders bei Kindern, kann eine Hypokaliämie auftreten (191, 194–197).

Dem Verhalten des Kaliums bei der diabetischen Acidose geht in vielen Beziehungen das des anorganischen Phosphats parallel. Im Verlaufe der Acidose gehen große Mengen von Phosphor durch die Ausscheidung mit dem Urin verloren. Diese Mengen stammen hauptsächlich aus den Zellen. Der erhöhte Phosphatgehalt im Urin bewirkt eine höhere Pufferkapazität im Urin, die eine größere H^+-Sekretion (größere titrierbare Acidität) ermöglicht, bevor der minimal mögliche pH erreicht ist.

Die Acidose bei Niereninsuffizienz

Chronische Nierenerkrankungen

Bei chronischen Nierenerkrankungen sieht man eine fortschreitende Zerstörung von Nephren, und die Nierenfunktion hängt von der Leistungsfähigkeit der restlichen Nephren ab. Bei Patienten mit Urämie scheinen drei Defekte vorzuliegen (198) 1. eine Unfähigkeit zur maximalen Natriumeinsparung, 2. eine Verminderung der Ammoniumausscheidung und 3. eine Unfähigkeit zur Urinkonzentrierung. Ein Abfall des pH und des Bicarbonatgehalts im Plasma wird im allgemeinen beobachtet. Dabei ist die Acidose primär durch die Verminderung der Ammoniumausscheidung bedingt. Häufig ist das anorganische Phophat im Plasma erhöht, manchmal auf Werte, die drei- oder viermal so hoch sind wie normal.

Obwohl der urämische Patient auch beim Fehlen von Salz in der Nahrung weiter Natrium ausscheidet, bleibt die Fähigkeit erhalten, die Natriumausscheidung in Übereinstimmung mit der Aufnahme und dem Körperbedarf zu regulieren (199, 200). So lange jedoch die glomeruläre Filtrationsrate ausreichend bleibt, können Natriumverluste im Urin in wechselndem Ausmaß weiterbestehen. Letztlich hängt die Zusammensetzung der extrazellulären Flüssigkeit bezüglich des Natriums von einer adäquaten Zufuhr ebenso wie von der Höhe des Verlustes ab. Eine Acidose kann die Folge sein, wenn die Natriumverluste im Urin die an Chlorid und anderen Anionen übersteigen. Häufig führen bei unzureichender Zufuhr die Verluste von Natrium und Chlorid zu einer Erniedrigung sowohl der Natrium- als auch der Chloridkonzentration im Plasma. Diese verringerten Konzentrationen werden verstärkt, wenn hypotonische Flüssigkeiten gegeben werden (Verdünnungseffekt). Wenn auch ein Patient mit Polyurie und hohen Natriumverlusten seine Natriumabgabe nicht sehr schnell der Zufuhr anpassen kann, so ist er doch in der Lage, dies stufenweise zu tun. Der Patient mit Niereninsuffizienz gleicht bei der Drosselung der Natriumausscheidung in einer anderen Art als der normale aus. Die normale Antwort auf einen

Natriummangel ist, daß die tubuläre Rückresorption des Natriums ohne erhebliche Veränderung der glomerulären Filtrationsrate gesteigert wird. Beim Patienten mit Niereninsuffizienz ist es wahrscheinlich, daß die Unfähigkeit zur Rückresorption von Natrium das Ergebnis einer „osmotischen Flut" ist und daß die normalen Stimuli zur Natrium-Reabsorption relativ unwirksam sind. Wenn jedoch die glomeruläre Filtrationsrate bei einem solchen Patienten im Falle der osmotischen Diurese ebenso herabgesetzt ist wie beim normalen, wäre die Natriumausscheidung herabgesetzt. So scheint es bei Patienten mit Niereninsuffizienz zu sein (199). Unter diesen Umständen ist die Natriumausscheidung herabgesetzt, aber ebenso auch die Ausscheidung anderer gelöster Stoffe. Das wird durch den Anstieg der Rest-N-Konzentration im Blut deutlich.

Wenn die Nierenerkrankung fortschreitet, wird immer mehr Parenchym zerstört. Die Zahl der funktionierenden Nephren nimmt ab, und die Bildung von Filtrat in ihnen fällt auf minimale Mengen. Daher ist, wenn auch in den relativ wenigen verbleibenden Nephren eine osmotische Diurese weiterbestehen kann, das Gesamtvolumen des Filtrats so klein, daß eine Oligurie die Folge ist. In diesem Stadium wird nicht genug von den Elektrolyten filtriert, um ausgesprochene Verluste herbeizuführen. Die Stickstoffretention wird ebenso wie die Acidose deutlich. Hier ist die Acidose nicht durch Natriumverluste verursacht, sondern durch eine Retention von Anionen (und begleitenden H^+). In diesem Stadium kann eine erniedrigte Natriumkonzentration und eine erhöhte Kaliumkonzentration im Plasma nicht ein Mangel an Natrium oder ein Überschuß an Kalium im Gesamtorganismus sondern eine Neuverteilung dieser Elemente bedeuten. Bei dieser kann das Natrium des Gesamtorganismus tatsächlich erhöht und das Kalium erniedrigt sein. Eine unzureichende Nahrungsaufnahme kann zur Ketonämie und größeren Bicarbonatdefiziten im Plasma beitragen.

Ein Charakteristikum der Acidose bei chronischen Nierenerkrankungen ist, daß sie, einmal ausgebrochen, für lange Perioden ziemlich stabil bleiben kann (201, 202). Der Mechanismus, der für die Stabilisierung der Bicarbonatkonzentration in der extrazellulären Flüssigkeit verantwortlich ist, wurde untersucht (202). Die folgenden zwei Möglichkeiten werden erwogen: 1. Nach einer anfänglichen Periode der Säureretention, kann die Ausscheidung und Produktion der Säure wieder gleich groß werden und 2. die renale Säureausscheidung wird nie gleich der Säurebildung, aber die Stabilisierung der Bicarbonatkonzentration im Plasma wird durch extrarenale Mechanismen bewirkt, die die Entfernung des Anteils der endogenen Säurebeladung veranlassen, die nicht durch die Nieren ausgeschieden werden.

Die Autoren verglichen die Säureproduktion mit der Nettoausscheidung von Säure im Urin, wobei die Netto-Säureausscheidung als die Summe von Urinammoniak plus titrierbarer Säure (bis pH 7,4) minus Bicarbonat ist. Die Berechnung der gesamten endogenen Säureproduktion machte die Anwendung einer speziellen flüssigen Diät erforderlich. Gereinigtes Sojabohnen-Phosphoprotein, das völlig frei von Mineralien war, diente als Stickstoffquelle. Eine äquimolare Mischung von $Ca(OH)_2$ und $Mg(OH)_2$ wurde der Nahrung in einer Menge zugesetzt, die gleich der errechneten Säuremenge war, die beim Umsatz des in der Nahrung vorhandenen organischen Phosphats entstehen mußte. Bei dieser Diät stellt die Nettoproduktion der fixen Säuren die Summe der organischen Säuren und des anorganischen Sulfats im Urin dar. Bei Patienten mit schwerer chronischer nierenbedingter Acidose (202) fand man, daß die Säureausscheidung geringer war als die Produktion durch den Stoffwechsel. Wenn jedoch die extrazelluläre Acidose ausgeglichen wurde und das Plasmabicarbonat durch tägliche orale Gaben von Natriumbicarbonat auf der normalen Höhe gehalten wurde, wurde die Netto-Produktion und die Ausscheidung der Säure gleich groß und die scheinbare äußere Bilanz der fixen Säure wurde null. Diese Beobachtung weist darauf hin, daß bei chronischer Niereninsuffizienz die Acidose einen homöostatischen Mechanismus auslöst, der die endogenen Säuren beseitigt, die nicht im Urin ausgeschieden werden. Alle Patienten zeigten eine erhebliche Rarefikation des Skelets bei der Röntgenuntersuchung, und die Autoren nahmen an, daß die Knochen eine Rolle spielen. Die Ergebnisse anderer Untersuchungen (201, 203, 204) zeigen, daß Knochen als Quelle für endogene Basen dienen kann. Der Grad, bis zu dem Knochengewebe zur Säure-Basen-Regulation beiträgt, bedarf weiterer Klärung.

Akutes Nierenversagen infolge von Tubulusnekrose

Eine abrupte Unterbrechung der Nierenfunktion, die durch eine Oligurie oder Anurie gekennzeichnet ist, kann das Ergebnis von 1. einem prärenalem oder hämodynamischen Versagen, 2. einer intrarenalen Schädigung und 3. einer postrenalen Obstruktion (des Harntraktes) sein. Die funktionelle Klassifizierung für akute Urämien (205) schließt das akute, von äußeren Faktoren bedingte Nierenversagen (darunter fallen die obigen Punkte 1 und 3), und das akute „intrinsic" Nierenversagen (obiger Punkt 2) ein. Gerade die letzte Gruppe und speziell die akute Tubulusnekrose (205 bis 209) soll im folgenden betrachtet werden.

Die akute Tubulusnekrose entsteht durch ausgeprägte Tubulusschädigungen, die durch nephrotoxische Substanzen, wie Quecksilberionen oder Tetrachlorkohlenstoff, durch eine Reaktion auf Arzneimittel, wie Sulfonamide, durch intravasale Hämolyseschübe, wie bei der Transfusion von unverträglichem Blut oder durch renale Anoxie, die durch Schock oder Kreislaufversagen hervorgerufen sein kann. Der Grad des pathologischen Schadens und der funktionellen Störung kann in weiten Grenzen schwanken und danach kann der klinische Verlauf kurz oder länger und die klinischen Zeichen mild oder schwerwiegend sein. Unabhängig von der Schwere der Schädigung jedoch kann der Verlauf der Erkrankung gewöhnlich in drei charakteristische Phasen unterteilt werden: die oligurische, die frühe diuretische und die späte diuretische Phase.

Die oligurische Phase beginnt gewöhnlich innerhalb einiger Stunden und ist am Ende der ersten 24 oder 48 Stunden nach der Initialschädigung der Nieren voll ausgeprägt. Diese Phase ist das Ergebnis der fortlaufenden Verschlechterung der Tubulusfunktion zusammen mit einer rapiden Abnahme des renalen Blutflusses und der glomerulären Filtrationsrate. Die Oligurie, die durch die passive Reabsorption des verbleibenden Filtrats bedingt ist, kann eine Zeit von nur einem Tag, aber auch so eine lange Zeit wie drei Wochen dauern. Gewöhnlich sieht man eine sechs bis zwölf Tage dauernde Oligurie in schweren Fällen der Erkankung am häufigsten. Während dieser Phase kommt es zu einem rapiden Anstieg des Rest-N und des anorganischen Phosphats im Plasma sowie zur Entwicklung einer Acidose. Gewöhnlich tritt eine komplette Anurie während dieser Phase nicht auf. Das Urinvolumen beträgt gewöhnlich 50 bis 150 ml/Tag. Der Urin hat von Anfang an ein herabgesetztes spezifisches Gewicht, das sich dem eines Plasmafiltrats (um 1,010) nähert und meist eine Natriumkonzentration von über 30 mval/l auch beim Vorliegen eines Natriumdefizits im Organismus hat (205). Gewöhnlich findet man Hämaturie, Proteinurie und Zylindrurie. Wenn die akute Tubulusnekrose durch eine intravasale Hämolyse hervorgerufen ist, sieht man auch eine Hämoglobinurie.

Die frühe polyurische Phase kann mit einem ziemlich plötzlichen Anstieg der Urinbildung beginnen oder kann eine Beschleunigung eines langsameren, stetigen Anstiegs während der frühen, oligurischen Phase sein. In jedem der Fälle erreicht das Urinvolumen dann Mengen von 3 bis 6 Litern. In diese Periode fällt auch die teilweise Wiederherstellung des renalen Blutdurchflusses und der glomerulären Filtration, während zu dieser Zeit die Tubulusfunktion noch minimal ist. Das Ergebnis ist ein verdünnter Urin mit einem spezifischen Gewicht, das etwa dem des Glomerulusfiltrats entspricht. Wegen der fehlenden tubulären Rückresorption enthält der Urin große Mengen Wasser und extrazelluläre Elektrolyte. Kaliumverluste werden in dieser Phase durch hohe Sekretionsraten von Kalium in den Tubuli im Verein mit einer fehlerhaften Rückresorption des filtrierten Kaliums verursacht.

Während dieser frühen polyurischen Phase bleibt die Harnstoffclearance wegen der Rückdiffusion des Harnstoffs aus dem Glomerulusfiltrat in dem Lumen durch die geschädigten Tubuli und wegen der etwas erniedrigten glomerulären Filtration niedrig. Der Rest-N im Blut bleibt daher hoch oder steigt während dieser Periode weiter an. Es ist festzuhalten, daß zu dieser Zeit die klinischen Zeichen und Symptome der Urämie (Stupor, Zuckungen, Hochdruck und Krämpfe) ihre maximale Stärke erreichen können, und viele Patienten sterben in dieser Phase trotz des hoffnungsvollen prognostischen Zeichens einer Wiederkehr des Urinflusses.

Die späte polyurische Phase ist durch einen Abfall der hohen Urinmengen, durch eine Abnahme der klinischen Zeichen und Symptome der Urämie, durch die Tendez einer Rückkehr zu normalen Rest-N-Spiegeln im Blut und durch eine Korrektur des Elektrolytmusters im Plasma gekennzeichnet. Das ist die Periode der Wiederherstellung der normalen Tubulusfunktion der Nieren. Die Polyurie kann einige Tage brauchen, bis sie nachläßt. Zeichen eines Nierenschadens bestehen häufig mehrere Monate oder eine unbestimmte Zeit lang weiter, obwohl die Nierenfunktion völlig ausreichend sein kann.

Bei Patienten mit akuter Tubulusnekrose sind die Störungen des Körperelektrolyt- und Wasserhaushalts die unmittelbare Folge der Retention in der oligurischen Phase und der falsch regulierten Ausscheidung während der polyurischen Phase. Während der oligurischen Phase liegt tatsächlich ein geschlossenes System vor, in dem der Abbau des endogenen Gewebes und die Therapie (oder die Aufnahme) das Volumen und die Elektrolytzusammensetzung der Körperflüssigkeiten bestimmen. In der polyurischen Phase sind die auftretenden rapiden Veränderungen das Ergebnis der Flüssigkeit und der Elektrolyte, die zugeführt wurden, und der entgegenwirkenden renalen und extrarenalen Verluste. Schwankungen des

Volumens und der Zusammensetzung der Körperflüssigkeiten sind zu erwarten. Trotzdem gibt es gewisse gemeinsame, charakteristische Veränderungen.

Es dürfte klar sein, daß ein Patient mit schwerer Oligurie oder Anurie sehr empfindlich gegen eine Überwässerung ist, wenn die Flüssigkeit nicht behutsam zugeführt wird. Eine Überwässerung liegt vor, wenn Flüssigkeit gegeben wird, um Wasser für eine „Durchspülung der Nieren“ zu haben. Gewöhnlich enthalten diese Flüssigkeiten wenig oder keine Elektrolyte (z. B. Glucose), und der Überschuß an Wasser wird zwischen dem extra- und intrazellulären Kompartiment verteilt. Eine Verdünnung der Elektrolyte im Gesamtorganismus wird durch einen Abfall der Natriumkonzentration im Plasma angezeigt. Offenbar spricht eine niedrige Natriumkonzentration im Plasma für eine Überwässerung (206). Der Wasserersatz sollte nur die unsichtbaren Verluste ausgleichen. Während der polyurischen Phase werden große Mengen Wasser und Elektrolyte durch die Nieren ausgeschieden, die zu einer schweren Dehydratation und Salzverarmung führen, wenn sie nicht ersetzt werden. Da während dieser Phase eine Neigung zu Wasser- und Elektrolytverlusten besteht, können erniedrigte Konzentrationen von Na und K im Plasma vorkommen. Diese erniedrigten Konzentrationen kommen dadurch zustande, daß die Verluste an diesen Elementen größer sind als an Wasser, und sind nicht das Ergebnis einer Überwässerung und Verdünnung.

Eine metabolische Acidose ist bei Patienten mit akuter Tubulusnekrose im allgemeinen während der oligurischen Phase vorhanden. Die metabolische Acidose hängt hauptsächlich mit einer Retention von starken Säuren (Schwefel- und Phosphorsäure) und einer übermäßigen Bildung von organischen Säuren zusammen, die bei unzureichender Kalorienzufuhr (Hungerketose) auftritt. In einigen Situationen (z. B. bei Sublimatvergiftung) tragen die extrarenalen Verluste an Natrium und Chlorid im Erbrochenen oder im durchfälligen Stuhlgang zu den Defiziten des Na und Cl im Plasma bei.

Tab. 30. Störungen im Säure-Basen-Gleichgewicht bei einem Patienten mit akutem Nierenversagen infolge Tubulusnekrose (akute Sublimatvergiftung)

Datum		Plasma								
		pH	HCO_3^- [mval/l]	Cl^- [mval/l]	Proteinat [mval/l]	Gesamt-Kationen [mval/l]	Nicht definierte Anionen [mval/l]	pCO_2 [mm Hg]	Rest-N [mg/100 ml]	Kreatinin [mg/100 ml]
17. 4.	Einnahme des Giftes									
18. 4.										4,6
24. 4.		7,14	12,3	72,2	16,0	143,0	42,5	38	204	15,3
28. 4.		7,24	18,5	80,2	14,1	150,6	37,8	44	193	15,5
4. 5.		7,39	28,3	83,1	20,7	148,1	16,0	46	142	10,6
13. 5.		7,48	28,7	98,2	19,8	148,4	1,7	44	34	3,3
20. 5.	Entlassung									
24. 5.		7,38	24,4	103,0	20,3	147,2	–	44	32	1,6

Während der oligurischen Phase kann die Kaliumkonzentration im Plasma bis auf toxische Werte erhöht sein und ein Problem für die Therapie darstellen (210).

Die Daten in der Tab. 30 verdeutlichen die eindrucksvollen Veränderungen der Plasmazusammensetzung, die während der oligurischen und polyurischen Phase bei einem Patienten mit einem akuten Nierenversagen infolge akuter Vergiftung mit Quecksilberchlorid auftreten können. Am Tage nach der Aufnahme des Giftes war das Blutkreatinin auf 4,6 mg/100 ml gestiegen. Sieben Tage danach zeigte der Patient eine schwere metabolische Acidose mit einem Konzentrationsabfall des Chlorids im Plasma. Die Niereninsuffizienz war extrem (Rest-N 204 mg/100 ml und Blutkreatinin 15,3 mg/100 ml), und die Acidose war auf eine Akkumulation von Säuren zurückzuführen (Retention von Sulfat und Phosphat sowie Ketonämie). Die nicht näher bestimmten Anionen machten einen Wert von 42,5 mval/l aus. Während der folgenden Tage mit einer erfolgreichen Behandlung verbesserte sich die Nieren-Funktion, und die Störungen des Säure-Basen-Gleichgewichts wurden behoben.

Andere Formen von akutem Nierenversagen

Das einzige, was hier noch erwähnt werden soll, ist die akute Glomerulonephritis. Diese Patienten zeigen eine Hypertonie, Ödeme (die nicht vom Wert der Plasma-Albuminkonzentration abhängig sind) und einen Urinbefund, der eine Proteinurie, Hämaturie, Zylinder und ein reduziertes Urinvolumen beinhaltet. Eine Stauungsherzinsuffizienz ist eine häufige und gefährliche Begleiterscheinung der akuten Glomerulonephritis. In der frühen Phase der Krankheit ist bei Formen, die so schwer sind, daß eine stationäre Behandlung erforderlich ist, der Rest-N im Blut leicht oder mäßig erhöht, und es liegt häufig eine Hypoproteinämie (erniedrigtes Plasma-Albumin) und eine Hypochlorämie vor. Die Konzentration von Natrium, Kalium und anorganischen Phosphat im Plasma können erhöht sein. Andererseits ist der Gesamt-CO_2-Gehalt im Plasma, das Globulin und das Calcium im Plasma gewöhnlich nicht verändert.

Bei vielen dieser Patienten kommt es bei richtiger Pflege spontan zu einer Besserung und offenbar zu einer völligen Wiederherstellung. Das kann Monate dauern. Andererseits schreitet die akute Glomerulonephritis bei manchen Patienten bis zur völligen Anurie fort. Hier sind die Blutveränderungen ähnlich denen, die bei der chronischen Glomerulonephritis und bei Urämie gefunden werden.

Was die Elektrolyt- und Wasserveränderungen angeht, so ist das Problem hier mehr die Retention als die Verluste durch die Nieren. Bei einer Retention starker Säuren (Schwefelsäure und Phosphorsäure) und überschüssiger Bildung organischer Säuren bei Nahrungsmangel, sinkt das Plasma-pH und die Bicarbonatkonzentration. Durch die Wasserverluste infolge Erbrechen und Fieber kann man verschiedene Elektrolytkonzentrationen im Plasma sehen. Übermäßige Flüssigkeitszufuhr wird zu einer Erniedrigung der Natriumkonzentration im Plasma führen.

Die Nierentubulus-Acidose

In den letzten Jahren sind verschiedene Störungen der Nierenfunktion beschrieben worden, die primär eine Dysfunktion der Nierentubuli darstellen. Diese Störungen können erworben oder angeboren sein und eine spezifische oder mehrere Funktionen des Tubulus betreffen. Diese tubulären Funktionsstörungen führen zu einer Vielzahl von metabolischen Veränderungen und klinischen Syndromen, die oft hinsichtlich Ursache und Wirkung verwirrend sind. Weiterhin kann ein Tubulusschaden zu umschriebenen Verkalkungen in der Niere und zu generalisierten Störungen der Calcifikation des Skelets führen; auch können primäre Erkrankungen des Calcium- und Phosphorstoffwechsel einen Nierenschaden hervorrufen. Die folgenden Ausführungen beschränken sich auf die Nierentubulusacidose (211–218).

Die Nierentubulus-Acidose (nephrogene Acidose) ist ein Syndrom, das charakterisiert wird durch 1. eine hohe Chloridkonzentration und einen erniedrigten Bicarbonatgehalt und pH-Wert im Plasma, 2. einen niedrigen anorganischen Phosphatspiegel im Serum bei normalem Calcium und oft eine hohe Aktivität der alkalischen Phosphatase und eine Osteomalazie, 3. einen niedrigen Kaliumwert im Serum, 4. eine unzureichende Fähigkeit der Nierentubuli zur Bildung von saurem Urin und 5. eine hohe Calciumausscheidung im Urin, oft mit Nephrolithiasis und Nephrocalcinose. Die Acidose unterscheidet sich von der bei Urämie durch das Fehlen eines erhöhten Rest-N im Blut.

Bei Patienten mit primärer Nierentubulus-Acidose liegt ein genetischer Defekt der Wasserstoffionensekretion vor. So fällt der Urin-pH-Wert nicht auf Werte, die man bei normalen Personen findet, und die Folge ist ein Defekt der Bicarbonat-Rückresorption. Die Ausscheidung von Ammoniak im Urin ist vermindert, wahrscheinlich wegen der Unfähigkeit, den Urin zu säuern, und nicht wegen einer verminderten Fähigkeit der Nierenzellen zur Ammoniakbildung. Eine Nierentubulus-Acidose kann bei einer Vielzahl von klinischen Bildern vorkommen, wie dem Fanconi-Syndrom, der chronischen Pyelonephritis, dem Hyperparathyreoidismus und der Vitamin-D-Intoxikation.

Eine Gabe von Acetazolamid (Diamox) führt zu einer Hemmung der Carboanhydrase-Aktivität der Nierentubuli mit einem sofortigen Anstieg des Urin-pH. Die verminderte Wasserstoffionen-Ausscheidung im Urin ist von einem Abfall des Urinammoniaks und der Ausscheidung der titrierbaren Acidität, einem vermehrten Urinbicarbonat, einem vermehrten Kaliumverlust und einem Kaliummangel begleitet (219). Die retinierten H^+ und die daraus folgende Acidose sind mit einem verminderten Bicarbonat-Gehalt und einer erhöhten Chlorid- und Natriumkonzentration im Plasma verbunden.

Die Acidose bei kindlichen Diarrhoen

Daß kindliche Diarrhoen zu schweren metabolischen Acidosen und zu einer Dehydratation führen, ist von einer großen Zahl von Untersuchern beobachtet worden (220, 221). Dabei ist der primäre Faktor, der zur metabolischen Acidose führt, der Verlust der alkalischen Darmsekrete, die einen Überschuß von Natrium gegenüber dem Chlorid enthalten. Mit dem Natriumverlust ist eine Abnahme des extrazellulären Volumens verbunden und demzufolge treten Salzverarmung und Dehydratation ebenso auf wie eine Acidose.

Untersuchungen des Elektrolytgehalts im Plasma von Kindern mit Diarrhoe haben verschiedene Anionen-Kationen-Verhältnisse ergeben, die offenbar von solchen Faktoren wie den relativen Verlusten von Na^+ und Cl^-, dem Grad des Verlustes an Körperwasser und der Kalorienaufnahme abhängen. Die Daten in der Tabelle 31 zeigen

Tab. 31. Veränderungen der Plasma-Elektrolyte bei Acidose nach Durchfällen

Elektrolyt	Maximaler Bereich
HCO_3^- [mval/l]	5– 23
Cl^- [mval/l]	90–150
Na^+ [mval/l]	130–190
K^+ [mval/l]	3– 10

die große Variationsbreite der Konzentration verschiedener Plasmaelektrolyte, die bei der kindlichen Diarrhoe beteiligt sein können. Erhöhte Natrium-, Chlorid- und Kaliumkonzentrationen im Plasma und eine Acidose werden häufig bei Patienten mit sich in die Länge ziehenden oder schwereren Formen der Erkrankung gefunden (184).

Die Veränderungen des Säure-Basen-Gleichgewichts können wahrscheinlich nach den folgenden Gesichtspunkten interpretiert werden. Durch den Verlust der alkalischen Darmsekrete, die Na^+ und HCO_3^- enthalten (Natriumverlust > Chloridverlust), wird H^+ retiniert. Das führt zur Acidose und einer verminderten Bicarbonatkonzentration im Plasma. Zusätzlich kommt es zu Verlusten von Cl^- (z. T. mit H^+) und von Kationen (Na^+ und K^+), wenn Erbrechen ein Begleitsymptom ist. Gleichzeitig tritt ein Verlust von Körperwasser nicht nur durch den Intestinaltrakt, sondern auch als Folge der Abgabe durch die Lungen und die Haut (unsichtbarer Wasserverlust) ein. In Abhängigkeit von den relativen Verlusten an Wasser und Elektrolyten kann die Acidose von erniedrigten, normalen oder erhöhten Na^+-, Cl^-- und K^+-Konzentrationen begleitet sein.

Der Bicarbonatgehalt des Plasmas ist daher erniedrigt, wenn die Chloridkonzentration im Plasma relativ mehr erhöht ist als die des Natriums oder wenn die Chloridkonzentration im Plasma relativ weniger absinkt als die des Natriums. Im ersten Fall kann man annehmen, daß der Wasserverlust aus dem extrazellulären Kompartiment den Elektrolytverlust übertrifft, d. h. die extrazelluläre Flüssigkeit wird hypertonisch; im letzteren Fall übertrifft der Elektrolytverlust den Wasserverlust aus dem extrazellulären Kompartiment, d. h. die extrazelluläre Flüssigkeit wird hypotonisch.

Als Begleiterscheinung der Dehydratation kann die Niereninsuffizienz für eine verminderte Ausscheidung von starken Säuren (Anstieg des anorganischen Phosphats im Plasma) verantwortlich sein, obwohl Hunger und Ketose die Ursache für eine Erhöhung der organischen Säuren im Plasma sein können, d. h. die β-Hydroxybuttersäure und die Acetessigsäure sind erhöht und können am Anstieg der nicht bestimmten Anionenfraktion erkannt werden. Wenn diese starken Säuren im Plasma ansteigen, wird der Bicarbonatspiegel im Plasma weiter erniedrigt und das Elektrolytmuster im Plasma wird zusätzlich verändert.

Die Elektrolyt- und Wasserhaushalt-Störungen, die bei Kindern mit Diarrhoen auftreten, betreffen nicht nur das extrazelluläre Kompartiment des Körpers, sondern ebenso das intrazelluläre. Der Verlust von Kalium ist offensichtlich größer als die Menge, die durch die Zellzerstörung erklärt werden kann. Auf der Grundlage von Bilanzuntersuchungen ergibt sich, daß in bestimmten Fällen Natrium in die intrazelluläre Phase eintritt und dadurch den extrazellulären Verlust verstärkt, während in anderen Fällen der Natriumgehalt in den Zellen erniedrigt zu sein scheint (222).

Die Acidose bei Nebenniereninsuffizienz

Die bedeutsame Beobachtung, daß es zu einer ausgeprägten Erniedrigung der Natriumkonzentration im Plasma bei Krisen des Morbus Addison kommt, wurde schon vor Jahren gemacht (223). In der Folgezeit untermauerten Untersuchungen die Tatsache, daß es als Begleiterscheinung zu dem Abfall der Natriumkonzentration im Plasma zu verschieden großen Erniedrigungen der Chlorid- und Bicarbonatkonzentrationen im Plasma kommt, die zusammen etwa gleich dem Natriumabfall sind. Weiterhin hat man eine verminderte Kaliumausscheidung bei der Nebenniereninsuffizienz gefunden. Die Kaliumkonzentration im Plasma zeigt die Tendenz anzusteigen. Beim Fehlen von ausreichenden Mengen der salz-regulierenden Steroide, ist die Rückresorption des filtrierten Natrium und Chlorid in den Nierentubuli ungenügend, die Kaliumausscheidung sinkt und die Ausscheidung von Wasserbelastungen ist beeinträchtigt. Auch die Wasserstoffionen-Ausscheidung (und die des Ammoniums) ist verschlechtert. Untersuchungen beweisen weiterhin, daß der Salzgehalt des Schweißes ansteigt und daß die Natriumabsorption im Darm beeinträchtigt ist. Ob es zu einem Defizit an Natrium, Chlorid und Wasser kommt oder nicht, hängt von der Salzzufuhr ab. Die Natriumaufnahme sollte größer sein als die des Chlorids. Wenn die Salzaufnahme die Verluste ausgleicht, bleiben die Bestände an Salz und Wasser erhalten, wenn nicht, dann kommt es zu einem Defizit. Wenn die Salzverarmung fortschreitet (der Natriumverlust ist größer als der Wasserverlust, wodurch die extrazelluläre Flüssigkeit hypotonisch wird), verringert sich das Volumen des Plasmas und des Extrazellulärraumes und die Folge ist ein Kreislaufkollaps. Es kommt zu intrazellulären Elektrolyt- und Wasserveränderungen ebenso wie zu extrazellulären. Zu der hypotonischen Volumenkontraktion des Extrazellulärraumes kommt eine weitere Abnahme des extrazellulären Volumens durch einen Übertritt von Wasser in die Körperzellen. Die Zellen werden daher „überwässert“. Das retinierte Kalium führt zu einer Zunahme des intrazellulären Kaliums mit einer Abnahme des intrazellulären Natriums.

Die Acidose bei der Salicylatvergiftung

Eine Durchsicht der Literatur und eine sorgfältige Analyse der Störungen des Säure-Basen-Gleichgewichts ergaben, daß eines der hervorstechendsten Zeichen der Salicylatvergiftung eine Hyperpnoe ist (224). Tatsächlich stellt die Salicylatvergiftung im Frühstadium ein Beispiel für einen Kohlensäuremangel dar, besonders wenn sie Kinder betrifft. Die Hyperventilation wird offenbar durch eine spezifische, pharmakologische Wirkung auf die Mechanismen der Atemkontrolle hervorgerufen. Folglich fällt der Gesamt-CO_2-Gehalt im Plasma und gewöhnlich auch die Bicarbonatkonzentration. Bei schweren Vergiftungen, besonders bei Kindern, folgt auf das Initialstadium eine gemischte Störung, eine Kombination eines primären CO_2-Mangels und einer primären metabolischen Acidose mit einer ausgeprägten Reduktion sowohl des arteriellen pCO_2 als auch der Pufferanionenkonzentration im Vollblut. Der Bicarbonatgehalt im Plasma ist deutlich verringert und das Plasma-pH ist niedrig. Die Ursache der primären Acidose ist nicht klar. Sie mag durch eine Anhäufung von nicht identifizierten organischen Säuren als Folge von toxischen Effekten des Salicylats auf den Zellstoffwechsel hervorgerufen sein. Ein Anstieg der Chloridkonzentration im Plasma kann mit dem Bicarbonatdefizit im Plasma, das infolge der Hyperventilation auftritt, verknüpft sein. Der viel größere Abfall der Pufferanionenkonzentration im Vollblut, der bei schweren Fällen gefunden wird, zeigt eine primäre und nicht eine sekundäre Veränderung an. Das meiste davon ist auf einen Anstieg der nicht bestimmten Anionen zurückzuführen, der weder durch das Salicylat selbst noch durch eine abnorme Ketose, noch durch eine Retention von Schwefelsäure oder Phosphorsäure hervorgerufen ist.

Die Milchsäure-Acidose

In letzter Zeit (225–228) ist die Aufmerksamkeit auf Situationen gelenkt worden, in denen die Milchsäurekonzentration im Blut auf Werte erhöht ist, die ausreichen, eine Acidose zu erzeugen. Zu diesen Bedingungen gehören die Kreislaufinsuffizienz, die Glycogenspeicherkrankheit, die Leukämie und einige Fälle von Diabetes mellitus. Obwohl die Ursache der spontanen Milchsäure-Acidose unklar ist, kann sie zweifellos auf ein Ungleichgewicht von Bildung und Abbau zurückgeführt werden.

Säuernde Pharmaka und Acidose

Wie oben ausgeführt wurde (S. 107), führt die Aufnahme von NH_4Cl und $CaCl_2$ zu einer Acidose, die von einem Abfall des Bicarbonatgehalts im Plasma und einem Anstieg der Chloridkonzentration im Plasma begleitet ist. Mit anderen Worten ist der säuernde Effekt dieser Salze mit der Zufuhr von HCl ins Blut vergleichbar, da das Ammoniak des Ammoniumchlorids in Harnstoff verwandelt wird (unter Freisetzung von H^+) und das Calcium des $CaCl_2$ zum großen Teil durch den Darm ausgeschieden wird (wodurch H^+ für die Absorption mit dem Cl^- verfügbar wird). Die erhöhte Ausscheidung von Säure mit dem Urin führt zum Verlust gewisser Mengen von Na, K und Ca. Durch die begleitende Diurese und den Wasserverlust wird jedoch die Konzentration dieser Kationen im Plasma aufrechterhalten.

Die metabolische Alkalose

Eine Alkalose und ein begleitender Anstieg der Bicarbonatkonzentration im echten Plasma des arteriellen Blutes kann man bei folgenden Situationen finden: 1. nach der Zufuhr von Basen ins Blut, wie sie z. B. nach der Anwendung von Natriumsalzen organischer Säuren (wie Natriumbicarbonat, -laktat oder -citrat) auftritt, 2. nach dem Verlust von H^+, wie er z. B. beim Erbrechen oder nach Magenspülungen oder beim angeborenen Chloridverlust mit Diarrhoen (zusammen mit H^+-Verlusten) oder in Verbindung mit der disproportionierten Ausscheidung von Cl^- gegenüber Na^+ durch die Nieren beim Gebrauch von Quecksilberdiuretica vorkommt und 3. als Ergebnis sekundärer Veränderungen beim Kaliummangel.

Der erhöhte pH-Wert im Blut hemmt die Lungenventilation, so daß die Atmung flach und unregelmäßig sein kann. Die respiratorische Retention von H^+ stellt einen Kompensationsmechanismus dar, um den pH-Wert zu normalisieren. Die verringerte Ventilation führt zu einem erhöhten pCO_2 und das stimuliert das Atemzentrum. Folglich ist die Kompensation im allgemeinen unvollständig, da sie von dem Verhältnis der gehemmten Atmung durch das erhöhte pH und der stimulierten Atmung durch das erhöhte pCO_2 abhängt. Wie bereits früher (S. 170) diskutiert wurde, ist die Kompensation der metabolischen Alkalose durch herabgesetzte Atmung und ein erhöhtes pCO_2 nicht so wirksam wie im ungedrehten Falle die Kompensation der metabolischen Acidose durch eine beschleunigte Ventilation und ein verringertes pCO_2. Letztlich hängt die Wiederherstellung der normalen Wasserstoffionenkonzentration von der renalen Retention der H^+ ab.

Alkalisierende Salze und Alkalose

Seit im Jahre 1915 Sippy (229) die Anwendung von alkalisierenden Salzen bei der Behandlung des Ulcus pepticum eingeführt hat, ist bekannt, daß bei einem gewissen Teil der Patienten eine metabolische Alkalose wechselnder Stärke auftritt (230–234). Die Bicarbonatkonzentration im Plasma steigt an (bis 62 mval/l) und die Chloridkonzentration im Plasma sinkt ab (bis 60 mval/l). Die Natriumkonzentration im Plasma braucht nicht ernsthaft verändert zu sein, aber sie kann etwas erhöht sein. Eine Alkalose und toxische Symptome scheinen häufiger aufzutreten, wenn eine Niereninsuffizienz vorliegt (erhöhter Harnstoff-N im Blut), aber sie können auch bei einer normalen Nierenfunktion vorkommen. Es gibt gewisse Anzeichen dafür, daß der Dauergebrauch von alkalisierenden Salzen zu Nierenschäden führen kann, aber das ist offenbar kein dauernder Schaden. Bei einem Bicarbonatüberschuß kommt es zu einem Verlust an Zellkalium und zu einer erhöhten Kaliumausscheidung durch die Nieren. Bei unzureichender Kaliumaufnahme kann der zelluläre Kaliummangel ein wichtiger Faktor sein, der die Alkalose und das Entstehen von Nierenschäden fördert. (Die Alkalose, die mit einem Kaliummangel verknüpft ist, wird weiter unten auf S. 198 besprochen.)

Das Milchalkali-Syndrom

Gewisse Patienten mit Ulcus pepticum, die große Mengen von Milch und löslichen Alkalisalzen (z. B. $NaHCO_3$ und $CaCO_3$) über längere Zeit einnehmen, entwickeln ein Syndrom, das als „Milchalkali-Syndrom" beschrieben worden ist (235–236). Nach Angaben der Literatur (235) gehören folgende charakteristische Merkmale dazu:

1. Eine Vorgeschichte mit ausgiebiger und langdauernder Aufnahme von Milch und schnell resorbierbaren Alkalisalzen.
2. Eine Hypercalcämie ohne Hypercalcurie.
3. Kein Abfall der Konzentration des anorganischen Phosphats im Serum.
4. Keine Erhöhung der Aktivität der alkalischen Phosphatase im Serum.
5. Eine ausgeprägte Niereninsuffizienz mit erhöhten Rest-N-Werten im Blut.
6. Eine leichte Alkalose.
7. Eine Calcinose, die sich hauptsächlich als bandförmige Keratopathie manifestiert.
8. Eine Verbesserung des Zustands nach einer Kost mit wenig Milch und absorbierbarem Alkali.

Ein saurer Urin wird beim Vorliegen der langdauernden hohen Alkalizufuhr und dem erhöhten Bicarbonatgehalt im Plasma ausgeschieden. Kürzlich wurde für dieses paradoxe Verhalten eine Erklärung gegeben (236). Eine endogene Säurebildung könnte beim Vorliegen einer positiven Calciumbilanz und Hydroxylapatit-Bildung im Knochen nach der folgenden Reaktion auftreten:

$$10\ Ca^{++} + 5\ HPO_4^{=} + H_2PO_4^{-} + 2\ H_2O \rightarrow Ca_{10}(PO_4)_6(OH)_2 + 9\ H^+$$

Die Alkalose beim Erbrechen

Das Verhalten der Elektrolyte im Plasma bei Erbrechen kann sehr verschieden sein. Es hängt von der chemischen Zusammensetzung des Erbrochenen, der Stärke des Erbrechens, den Wasserverlusten des Organismus und dem Hungerzustand ab. Im allgemeinen kommt es beim habituellen Erbrechen, das durch eine Obstruktion im oberen Intestinaltrakt im Verein mit einem Ulcus ausgelöst ist, zu einer Alkalose und zu einer erhöhten Bicarbonatkonzentration im Plasma mit gleichzeitiger Natrium- und Chloridverarmung und einem Kaliummangel, die der Dehydratation und dem Hungerzustand überlagert sind. Es ist zu verstehen, daß das habituelle Erbrechen die Aufnahme von Flüssigkeit und Nahrung beeinträchtigt, und einen Flüssigkeits- und Elektrolytersatz und eine ausreichende Kalorienzufuhr verhindert. Dazu kommt der Verlust von Elektrolyten und Wasser im Erbrochenen. Das Magensekret enthält beachtliche Mengen an Natrium und Kalium zusätzlich zu der großen Menge an Salzsäure. Der Verlust von H^+ führt zu einer Alkalose, der Verlust von Cl^- zu einer Hypochlorämie, der Verlust von Na^+ zur Dehydratation und der Verlust von K^+ zur Kaliumverarmung. Nach einem akuten Schub von schwerem Erbrechen ist die Alkalose von einem erhöhten Bicarbonatgehalt und einer erniedrigten Chloridkonzentration im Plasma begleitet. Die Natrium- und Kaliumkonzentration im Plasma können normal sein. Der Urin ist durch die gesteigerte Bicarbonatausscheidung und die verminderte Ausscheidung von titrierbarer Acidität und Ammoniak alkalisch. Die Alkalose und der erhöhte Bicarbonatgehalt im Plasma sind von einem Verlust an Zellkalium und einer erhöhten Ausscheidung von Kalium durch die Nieren begleitet. In gewissem Maße wird der zelluläre Kaliumverlust durch Natrium ersetzt, wodurch der extrazelluläre Natriummangel verstärkt wird. Wenn das Erbrechen längere Zeit anhält, sinken im allgemeinen die Na- und K-Konzentrationen im Plasma. Im Falle, daß die Wasserverluste jedoch größer sind als die Elektrolytverluste, können die Na- und K-Konzentrationen erhöht sein. In beiden Situationen wird der Urin die

Tendenz zeigen, sauer zu werden, nicht alkalisch. Dabei besteht ein erhöhter Gesamt-CO_2-Gehalt im Plasma. Zu dem Zelldefizit an Kalium mit teilweisem Ersatz durch Natrium besteht ein Zusammenhang.

Es dürfte klar sein, daß unabhängig von den Werten der Na- und K-Konzentrationen im Plasma ein Defizit an diesen Elementen besteht. Wenn der Zustand anhält, wird die Höhe des Anstiegs des Bicarbonats im Plasma dadurch begrenzt, daß Natrium den Extrazellulärraum verläßt und in die Zellen eindringt, da Zellkalium verloren geht, und daß die organischen Säuren (β-Hydroxybuttersäure) im Zusammenhang mit der Hungerketose ansteigen.

In neueren Untersuchungen (237, 238) wurde bei Hunden und Menschen ein selektiver Mangel an Salzsäure ohne begleitende extrarenale Verarmung an Natrium, Kalium oder Wasser erzeugt. Die Ergebnisse dieser Studien zeigten, daß eine chronische metabolische Alkalose und ein Kaliummangel einfach durch den Entzug von Salzsäure erzeugt werden können und daß diese Veränderungen unabhängig von anderen extrarenalen Flüssigkeits- und Elektrolytverlusten oder der verringerten Nahrungszufuhr sind. Die Nierenschwelle für die Bicarbonat-Rückresorption ist erhöht, und der Austausch von Na^+ gegen H^+ und K^+ ist erhöht. Die metabolische Alkalose konnte nur behoben werden, wenn der Diät Chlorid zugesetzt wurde. Die Rolle des Chlorids als kritischer Faktor bei der hypochlorämischen Alkalose ist betont worden (239, 240).

Verluste von H^+ bei anderen Chloridverlusten
Die angeborene Alkalose

Ein offenbar seltener Zustand von angeborener Alkalose mit Diarrhoen ist bei Kindern beschrieben worden, bei denen es zu erniedrigten Chloridkonzentrationen im Plasma durch eine Ausscheidung von Chlorid im Überschuß über Natrium im Stuhl kommt (241, 242). Bei einem Patienten bestand eine schwer zu beherrschende Wasserdiarrhoe von der Geburt bis zu einem Alter von nahezu drei Jahren (dem Zeitpunkt der Mitteilung) (242). Die Chloridkonzentration im Serum war extrem niedrig und das Plasma-pH deutlich erhöht (bis pH 7,73). Zeitweise kam es zu einem Kaliummangel, und das Serumkalium war niedrig.

Übermäßiger Chloridverlust bei der Anwendung von Quecksilberdiuretica

Organische Quecksilberverbindungen werden bei der Behandlung der Ödeme eingesetzt und sie wirken dadurch, daß sie die Rückresorption von Natrium und Chlorid in den Nierentubuli beeinträchtigen (243–246). Es wurde festgestellt, daß die primäre Wirkung der organischen Quecksilberverbindungen an der tubulären Rückresorption des Chlorids angreift und sich eine Hypochlorämie und eine Alkalose mit erhöhter Bicarbonatkonzentration im Plasma entwickeln können. Wenn das eintritt, werden die organischen Quecksilberpräparate als Diuretica unwirksam. Die Gabe von NH_4Cl jedoch stellt die diuretische Wirkung wieder her oder verstärkt sie sogar.

Hypochlorämische Alkalose mit Kaliummangel

Ein Kaliummangel, der durch eine ungenügende Zufuhr, übermäßig große extrarenale oder renale Verluste (Nebennierenüberfunktion einschließlich Nebennierenrindentumoren, Anwendung von ACTH und DOCA (Desoxycorticosteronacetat) und postoperativer Stress) führen zu zellulären Kaliumverlusten, die partiell durch Natrium ersetzt werden können. Beim Vorliegen einer ausreichenden Nierenfunktion sind diese zellulären Veränderungen von einer Alkalose und einer erhöhten Bicarbonatkonzentration im Plasma, einer Hypochlorämie und einer erniedrigten Kaliumkonzentration im Plasma begleitet. Die Gabe von Natriumchlorid (in Verbindung mit NH_4Cl) kann die Säure-Basen-Störung nicht beseitigen, wenn nicht der Kaliummangel durch Kaliumgaben (KCl) ebenfalls korrigiert wird. Es soll jedoch festgehalten werden, daß in einer neueren

Studie gefunden wurde, daß es möglich ist, die Alkalose bei normalen Versuchspersonen, die durch einen selektiven Entzug von Salzsäure erzeugt worden war, durch Zugabe von Natriumchlorid in der Nahrung trotz eines Kaliumdefizits von 350 bis 450 mval zu beheben (240).

Alkalose mit Hypercalcämie

In letzter Zeit wurde darauf hingewiesen (247), daß eine Hypercalcämie bei Patienten mit verschiedenen Neoplasmen nicht selten mit einer metabolischen Alkalose verbunden ist. Heinemann (247) entwickelte die Vorstellung, daß bei diesen Patienten mit Neoplasmen die Hypercalcämie mit der schnellen Demineralisierung oder dem erhöhten Turnover der Knochen zusammenhängt. Das Skelet hat eine große Pufferreserve, die normalerweise nicht schnell zur Verfügung steht. Bei der Zerstörung oder einem erhöhten Turnover wird diese Pufferkapazität verfügbar. Das Ergebnis ist vergleichbar mit einer zusätzlichen Puffergabe.

Die respiratorische Acidose

Eine respiratorische Acidose entsteht, wenn die Entfernung des Kohlendioxids aus dem Blut nicht ausreichend ist. Dieser Art von Störung begegnet man daher bei partieller Verlegung der Trachea, bei verlangsamter Atmung (Morphinnarkose, Barbiturate), chronischem Emphysem, akutem Asthma, Pneumonie, Lungenfibrose, Poliomyelitis und einigen Arten von cardialen Stauungsinsuffizienzen. Die Störung kann auch dadurch hervorgerufen sein, daß eine mit Kohlendioxid angereicherte Luft eingeatmet wird. Die respiratorische Acidose stellt einen wichtigen Typ der Störungen des Säure-Basengleichgewichts in der Anästhesiologie und der Chirurgie dar, da die meisten Narkotica das Atemzentrum mit der Folge eines Anstiegs des pCO_2 im Blut hemmen.

Bei der akuten respiratorischen Acidose ist die unmittelbare Wirkung eines erhöhten alveolären Kohlendioxiddruckes ein Anstieg des pCO_2 im Blut. Die Retention von H^+ und die Acidose ist mit einem Abfall des Quotienten $[HCO_3^-]/[H_2CO_3]$ verbunden. Um das extrazelluläre pH aufrechtzuerhalten, nehmen die Pufferanionen des Blutes (hauptsächlich das Hämoglobin) Wasserstoffionen auf, wobei der Bicarbonatgehalt ansteigt. Der Anstieg der Bicarbonatkonzentration im Blut pro Einheit pCO_2-Anstieg ist in vivo erheblich geringer, als man nach der Absorptionskurve für CO_2 in vitro erwarten würde (177–180, 248). Die Differenz ist offenbar auf das größere Verteilungsvolumen für das gebildete Bicarbonat zurückzuführen, das in vivo bei der Aufnahme von H^+ durch Pufferanionen entsteht (S. 160). Bei einer chronischen respiratorischen Acidose kommt es zu einem sekundären Anstieg der Bicarbonatkonzentration im Plasma, was einen Anpassungsmechanismus für die Stabilisierung des extrazellulären pH darstellt. Bei Experimenten, die sich mit der chronischen Hyperkapnie bei Hunden und Menschen (177, 179) befaßten, ergab sich, daß jeder Anstieg von eingeatmetetem Kohlendioxid folgende Reaktionen auslöste: 1. der arterielle pCO_2 stieg abrupt und blieb dann sehr konstant; 2. die Bicarbonatkonzentration im Plasma stieg zuerst einige Tage und schien einen neuen Steady-State zwischen dem dritten und fünften Tag zu erreichen und 3. das Plasma-pH stabilisierte sich zwischen drei und fünf Tagen. Eine erhöhte Netto-Säurebildung war vorhanden (hauptsächlich durch eine große Ammoniumausscheidung hervorgerufen) und die Chloridkonzentration im Plasma nahm ab, wenn die Bicarbonatkonzentration im Plasma anstieg.

Bei Untersuchungen an Patienten mit chronischen Lungenerkrankungen (248, 249) wurde gefunden, daß die Fähigkeit der Nieren zur Kompensation eines extrazellulären Anstiegs der Wasserstoffionenkonzentration beim Vorliegen eines erhöhten arteriellen pCO_2 begrenzt ist. Gewöhnlich fand man, daß das Plasma-pH in den normalen Grenzen blieb, wenn das pCO_2 nicht über 60 mm Hg anstieg (248). Das Plasma-pH sank jedoch in verschiedenem Ausmaß unter den normalen Wert und fiel immer weiter, wenn das pCO_2 über 70 mm Hg anstieg, und die Plasma-Bicarbonatkonzentration erreichte Werte von 35 bis 39 mval/l.

Die respiratorische Alkalose

Eine Alkalose, die aus einem primären Abfall der arteriellen Konzentration der Kohlensäure (einem erniedrigten pCO_2) herrührt, tritt unter verschiedenen Umständen auf, so bei absichtlicher Hyperventilation, verringertem Sauerstoffdruck in der Atemluft, akutem Fieber, Encephalitis, Hirntumoren, Salicylatvergiftung (Frühstadium) und bei Hyperthermien physikalischer Art wie durch heiße Bäder oder ähnliches. Sie kann auch als Folge einer plötzlichen Korrektur einer respiratorischen Acidose, z. B. nach einer Tracheotomie zur Beseitigung einer Verlegung der Tachea, auftreten.

Bei der Hyperventilation führt die übermäßige Abgabe von H^+ zu einer Alkalose und einem leichten Abfall der Bicarbonatkonzentration im Plasma. Bei der akuten respiratorischen Alkalose besteht die Tendenz zu einer Laktat-Acidose, die aber vorübergehend ist. Wenn der Zustand anhält, werden Natrium und Kalium in einem alkalischen Urin ausgeschieden, wodurch eine erniedrigte Bicarbonatrückresorption in den Nierentubuli angezeigt wird. Die retinierten H^+ zielen auf eine Wiederherstellung eines normalen Plasma-pH hin, und die Chloridkonzentration im Plasma steigt, wenn die Bicarbonatkonzentration abnimmt. Es besteht die Neigung zu einer verminderten Kaliumkonzentration im Plasma, offenbar als Folge einer Kaliumbewegung vom extrazellulären in das intrazelluläre Kompartiment. Dazu gehört wahrscheinlich ein Austausch von K^+ gegen zelluläre H^+. Das stellt möglicherweise einen kompensatorischen Mechanismus zur Korrektur des extrazellulären H^+-Defizits dar.

Naturvölker, die in großen Höhen leben, haben bekanntlich einen erniedrigten arteriellen pCO_2, der durch eine größere Ventilation bedingt ist. Eine neuere Untersuchung (250) wurde durchgeführt, um die Parameter des Säure-Basen-Gleichgewichts des arteriellen Blutes bei Kontrollpersonen in Meeresspiegelhöhe, bei Angehörigen eines Naturstammes, der in 4300 m über dem Meeresspiegel lebt und bei solchen, die in der gleichen Höhe lebten, aber unter einer chronischen Höhenkrankheit litten, zu erforschen. Es wurde der Versuch gemacht, eine Beziehung zwischen dem arteriellen pCO_2 und der renalen Rückresorption von Bicarbonat in den drei Gruppen herzustellen. Im Vergleich mit den Kontrollen in Meereshöhe hatten die Primitiven aus großen Höhen einen niedrigeren arteriellen pCO_2 und die gleiche maximale Reabsorption (Tm) von Bicarbonat. Die Primitiven mit einer chronischen Höhenkrankheit hatten jedoch ein größeres Tm für Bicarbonat. Die Ergebnisse wurden so interpretiert, daß sie zeigen, daß der normale Primitive des Hochlandes in einem neuen Zustand des Säure-Basen-Gleichgewichts ist. Die mögliche Rolle des hohen arteriellen pCO_2, der Hypokaliämie und der Anoxie bei der Erhöhung des Tm für Bicarbonat, das bei Patienten mit chronischer Höhenkrankheit gefunden wurde, hat man aufmerksam studiert, aber sie war ungewiß.

Gemischte Störungen des Säure-Basen-Gleichgewichts

Nicht selten treten die zwei primären Störungen des Säure-Basen-Gleichgewichts, die metabolische und die respiratorische Form, gleichzeitig bei demselben Patienten auf. Bei den primär metabolischen Störungen stellt die sekundäre respiratorische Abweichung eine physiologische Kompensation zur Aufrechterhaltung eines normalen extrazellulären pH dar (S. 170). Die respiratorische Kompensation bei der metabolischen Acidose ist viel auffallender als die respiratorische Kompensation bei der metabolischen Alkalose. Man hat festgestellt (251), daß Patienten in der Erholungsphase der diabetischen, diarrhoetischen oder urämischen Acidose eine anhaltende Hyperventilation haben können, auch wenn der Bicarbonatspiegel im Plasma zur Norm zurückgekehrt ist. Wegen des relativ abgesunkenen pCO_2 kann das Plasma-pH unter diesen Umständen erhöht sein, und die Säure-Basen-Parameter würden bei grafischer Darstellung eine respiratorische Alkalose anzeigen. Bei den primär respiratorischen Störungen des Säure-Basen-Gleichgewichts hängt die Höhe des Plasmaspiegels des pH und des Bicarbonats davon ab, ob der Zustand akut oder chronisch ist (S. 160). Bei einer akuten respiratorischen Acidose deutet die Höhe des pH und des Bicarbonats im Plasma auf eine metabolische Acidose hin, die der respiratorischen Acidose überlagert ist (178). Wenn der Zustand chronisch wird, steigt die Bicarbonatkonzentration im Plasma an, und das Plasma-pH nähert sich dem Normalwert. Häufig findet man bei Patienten mit chronischen Lungenerkrankungen, daß die Werte für das pH und die Bicarbonatkonzentration im Plasma mehr für eine metabolische Alkalose sprechen als für die anzunehmende respiratorische Acidose (248, 249). Wenn auch andere Faktoren beteiligt sein dürften, so findet man während der Perioden einer verbesserten Ventilation eine vorübergehende Alkalose. Die H_2CO_3-Konzentration im Plasma nimmt in stärkerem Maße ab als das Bicarbonat durch die Nieren ausgeschieden werden kann (bei renaler Retention von H^+).

Die Feststellung des relativen Anteils der metabolischen und respiratorischen Störung, die zu den gefundenen Werten des pH und des Bicarbonats im Plasma führt, ist manchmal schwierig und ungewiß. Es scheint so, daß dieses Problem am heikelsten ist, wenn die respiratorische Form überwiegt. Es wird daran erinnert, daß viel größere Mengen von H^+ durch die Lungen als durch die Nieren ausgeschieden werden. Große und schnelle Änderungen der extrazellulären Wasserstoffionenkonzentration können bei Störungen der Ventilation auftreten. Da die Kohlendioxid-Absorptionskurven in vivo und in vitro sich für Blut unterscheiden und die Höhe der Bicarbonatkonzentration im Plasma ein Steady-State bei jedem chronischen pCO_2 erreicht, könnte eine bessere Feststellung von gemischten Störungen des Säure-Basen-Gleichgewichts durch die Anwendung der Kohlendioxidtitrationskurve in vivo erfolgen (179). Wenn auch Widersprüchlichkeiten bezüglich der Aussagekraft von Werten für das pH und die Bicarbonatkonzentration im Plasma über die Art und das Ausmaß der Störung herrschen, so wird der Arzt doch mit einem Patienten konfrontiert, bei dem eine klinische Diagnose gestellt wird. Vom Gesichtspunkt der

Behandlung aus ist es wichtig für den Arzt, auch Angaben von anderen analytischen Bestimmungen, einschließlich der Konzentration von Natrium, Kalium und Chlorid im Plasma, zu haben. Die Bedeutung der Ergebnisse dieser und anderer Bestimmungen bei der Behandlung mit Flüssigkeiten und Elektrolyten wird im Abschnitt III erläutert.

Abschnitt III. Die Therapie von Störungen des Wasser-, Elektrolyt- und Säure-Basen-Gleichgewichts

Die Therapie von Störungen des Wasser-, Elektrolyt- und Säure-Basen-Gleichgewichts stellt eine wichtige Frage der klinischen Medizin dar. Es wird jetzt die Anwendung der in den Abschnitten I und II besprochenen Prinzipien erläutert. Das Vorhandensein der biologischen Variabilität muß immer im Auge behalten werden. Folglich erfordert jede klinische Situation ein individuelles Vorgehen. Auch der Verlauf der Behandlung muß sorgfältig durch die klinische Beobachtung und durch die Bewertung der Ergebnisse von geeigneten Laboruntersuchungen verfolgt werden.

1. Die Ermittlung der Art und des Ausmaßes der Störung

Eine sorgfältige Anamnese und eine physikalische Untersuchung sind nicht nur zu diagnostischen Zwecken zwingend notwendig, sondern auch zur Feststellung der möglichen Natur und des Ausmaßes der Störung des Wasser-, Elektrolyt- und Säure-Basen-Gleichgewichts. Die Anamnese eines Zustandes, bei dem renale Natriumverluste vorkommen (diabetische Acidose, Nebenniereninsuffizienz, chronische Glomerulonephritis, akute Tubulusnekrose oder eine starke „Quecksilberdiurese“ mit geringer Natriumaufnahme), oder bei irgendwelchen Verlusten von Magen-Darm-Flüssigkeit (Erbrechen, Diarrhoen, Fisteln oder Absaugung von Magen-Darm-Inhalt) sollte sofort auf die Möglichkeit eines Natriumdefizits und einen

Verlust von extrazellulärer Flüssigkeit hinweisen. In dieser Beziehung sind Angaben über die Dauer der Störung, die Flüssigkeits- und Nahrungszufuhr, das Ausmaß der Verluste von Flüssigkeit (Häufigkeit und Ausmaß des Erbrechens, Dauer des Durchfalls und Urinmenge) und Gewichtsveränderungen sehr aufschlußreich.

Die physikalische Untersuchung sollte eine mögliche Störung der Hydratation klären. Ödeme sind im allgemeinen bei Patienten mit Nephrose, kardialen Stauungen, schwerem Eiweißmangel, Lebercirrhose, akuter Glomerulonephritis und manchmal bei chronischer Nephritis deutlich zu erkennen. Die klinischen Zeichen von schweren Verlusten von Elektrolyten und Wasser sind primär die eines peripheren Gefäßkollapses; schneller und fadenförmiger Puls, Hypotension, feucht-kalte Extremitäten, Cyanose und schwere Oligurie.

Durst ist ein Zeichen für einen Entzug von reinem Wasser. Eine Ketose kann durch einen Geruch des Atems nach Aceton entdeckt werden.

Die Laboruntersuchungen

Der Hämatokrit und die Konzentration des Hämoglobins und der Plasmaproteine

Unter bestimmten Umständen können Veränderungen des Hämatokrits und der Konzentration des Hämoglobins im Blut und der Proteine im Plasma als Indikatoren für Veränderungen des extrazellulären Flüssigkeitsvolumens dienen. So können die Ergebnisse dieser Bestimmungen nützliche Angaben für die Feststellung des Ausmaßes der Verminderung des Plasmavolumens (und folglich des Ausmaßes des Verlustes an extrazellulärer Flüssigkeit) und während der Therapie für den Verlauf der Besserung liefern. Bei akuten Verlusten von Elektrolyten und Wasser spiegelt der Anstieg der Konzentration des Plasmaeiweißes, des Hämatokrits und der Hämoglobinkonzentration recht gut die Abnahme des Plasmavolumens wider. Da diese einigermaßen proportional der Änderung des gesamten extrazellulären Volumens verläuft, ist der relative Anstieg der genannten Parameter von Wert für die Bestimmung der Änderung des gesamten extrazellulären Volumens. Wenn der Zustand jedoch länger anhält und wenn eine ungenügende Kalorienzufuhr dazukommt, nimmt die Menge des zirkulierenden Plasmaproteins und des Hämoglobins ab. Folglich spiegeln jetzt die *Konzentrationen* nicht die Abnahme des Plasmavolumens wider. Anstatt daß die Konzentration der Gesamtproteine im Plasma und des Hämoglobins im Blut erhöht sind, können sie normal oder sogar erniedrigt sein. Bei der Wiederherstellung des extrazellulären Volumens durch intravenöse Elektrolytlösungen, würden die Konzentrationen weiter gesenkt.

Serienbestimmungen der Gesamteiweiß-Konzentration (Albuminkonzentration) und des Hämoglobingehaltes liefern wertvolle Informationen über die Wiederherstellung des Blutvolumens nach einer akuten Hämorrhagie.

Die Natriumkonzentration im Plasma

In den meisten Fällen, in denen es zu einem primären Natriumverlust kommt, findet man einen Abfall der Natriumkonzentration. Dieser braucht nicht sehr stark zu sein, wenn extrarenal Wasser verloren geht. Tatsächlich kann die Natriumkonzentration im Plasma in Fällen von Salzverlusten und Dehydratation normal oder erhöht sein. Wenn bei diesen Störungen die Natriumkonzentration im Plasma erniedrigt ist, kann man annehmen, daß das Volumendefizit erheblich ist. Andernfalls wäre es zu einer Wasserdiurese gekommen, um den effektiven osmotischen Druck der Körperflüssigkeiten aufrechtzuerhalten. Eine Ausnahme stellt der Fall dar, in dem die Natriumkonzentration im Plasma beim Vorliegen einer Hyperglykämie erniedrigt ist. Die Glucose liefert einen Beitrag zu dem effektiven osmotischen Druck der extrazellulären Flüssigkeit, und die Wasserbewegung vom intrazellulären Kompartiment in den Extrazellularraum bedingt eine Erniedrigung der Natriumkonzentration im Plasma durch einen Verdünnungseffekt.

Eine Hyponatriämie kann man bei bestimmten Patienten mit Ödemen und in Fällen von ungenügender Sekretion von ADH (einschließlich von Bronchialcarcinomen, bestimmten Patienten mit Erkrankungen des zentralen Nervensystems und Patienten mit Lungentuberkulose oder Meningitis tuberculosa) beobachten (S. 79).

Die Kaliumkonzentration im Plasma

Zu zellulären Kaliumverlusten kommt es regelmäßig in Fällen von Salz- und Wasserverlusten. Eine eindeutige Beziehung scheint zwischen dem zellulären Kaliummangel und einer erniedrigten Kaliumkonzentration im Plasma nicht zu bestehen. Insgesamt liegt jedoch, wenn die Kaliumkonzentration im Plasma erniedrigt ist, ein zellulärer Kaliummangel vor. Ausnahmen davon findet man, wenn die reduzierte Kaliumkonzentration im Plasma mit einer Verschiebung von Kalium aus der extrazellulären in die intrazelluläre Phase verbunden ist, z. B. nach der Anwendung von Insulin, Adrenalin oder Glucose oder wenn anabole Stoffe wie Testosteron gegeben wurden oder bei Patienten mit familiärer periodischer Lähmung. Es gibt Beweise, daß die Kaliumkonzentration im Plasma sich invers zum Plasma-pH verhält, also dazu neigt, bei einer Acidose erhöht und bei einer Alkalose erniedrigt zu sein. Kaliumverluste und eine Hypokaliämie findet man bei speziellen Erkrankungen der Niere, von denen die renale tubuläre Acidose ein eindrucksvolles Beispiel ist (252–255).

Die Bicarbonat- und Chloridkonzentration im Plasma

Die Bestimmung der Chlorid- und Bicarbonatkonzentration in Verbindung mit der der Natrium- und Kaliumkonzentration im Plasma erlaubt die Auswertung des Anion-Kation-Musters des Plasmas. Diese Bestimmungen sind für die Feststellung der Natur des Salzverlustes und des Therapieerfolges bei der Wiederherstellung der normalen Elektrolytzusammensetzung der extrazellulären Flüssigkeiten nützlich.

Die Bestimmung des pH im Plasma (oder im Vollblut) ist wichtig, wenn die Störung des Säure-Basen-Gleichgewichts primär respiratorischen Ursprungs ist. Die Beseitigung von Flüssigkeits- und Elektrolytveränderungen bei metabolischen Störungen des Säure-Basen-Gleichgewichts kann jedoch ohne pH-Bestimmungen zufriedenstellend durchgeführt werden.

Der Harnstoff-Stickstoff im Blut

Die Höhe der Harnstoffausscheidung ist das Resultat der filtrierten Menge minus der Menge, die durch die Tubuli zurückdiffundiert. Die letztere wird wenigstens teilweise durch den Grad bestimmt, bis zu dem der Harnstoff in der tubulären Flüssigkeit konzentriert wird. Je höher die Konzentration im tubulären Urin ist, um so größer ist die Rückdiffusion. Folglich begünstigen ein Abfall der glomerulären Filtrationsrate und ein hochkonzentrierter Urin die Harnstoffretention. Dies sind die Faktoren, die für die Erhöhung des Harnstoffs in den Körperflüssigkeiten verantwortlich sind, wenn Harnstoff nicht mit einer größeren Geschwindigkeit gebildet wird (erhöhter Eiweißabbau). So kann in dem Maße, wie Folgen einer Dehydratation sich in der Nierenhämodynamik und im Urinfluß widerspiegeln, die Konzentration des Bluthamstoffs als Zeichen für die Schwere der Dehydratation und des Einflusses der Therapie auf sie dienen.

Die Analyse des Urins

Die Routineuntersuchung des Urins (Volumen, spezifisches Gewicht, Eiweiß, Glucose und Sediment) liefert Angaben über mögliche Nierenerkrankungen. Das Volumen und die Konzentration (mosmol/l oder spezifisches Gewicht) des Urins trägt zur Klärung der Störungen des Wasser- und Elektrolytgleichgewichts bei. Ein hochkonzentrierter Urin weist z. B. auf eine intakte Nierenfunktion, aber auch auf eine kräftige antidiuretische Aktivität hin. Ein verdünnter Urin (bei verringertem Volumen) zeigt eine Tubulusinsuffizienz an. Natrium (und Chlorid) im Urin beim Vorliegen einer Hyponatriämie deutet gewöhnlich die Existenz eines der Defekte mit Salzverlust an. Das Verhältnis von Na/K im Urin dient als Maß für die Nebennierenfunktion. Ein saurer Urin bei bestehender extrazellulärer Alkalose weist auf einen Kaliummangel hin.

Veränderungen des Natriums und Chlorids im Urin sowie seines Volumens und seiner Menge sind für die Abschätzung der Therapie wertvoll.

Die Kontrollwerte für Blut

Meßergebnisse des Plasma- und Extrazellularvolumens sind im allgemeinen nicht vorhanden. Auch wenn sie vorliegen, so ist die Variationsbreite dieser Volumina für normale Personen des gleichen Gewichts und der gleichen Körperoberfläche so groß, daß die Anwendung eines Mittelwertes große Fehler mit sich brächte. Zur Korrektur einer Störung des Elektrolyt- und Wassergleichgewichts ist es wünschenswert, die Gesamtveränderung zu kennen (Volumen mal Konzentration). Wegen der Unzuverlässigkeit beim Vergleich des im gestörten Zustand beobachteten „Volumens" mit einem Mittelwert für Normale, ist es nur möglich, den einzelnen als seine eigene Kontrolle zu benutzen. Es ist daher zu fordern, daß eine Blutprobe zur Kontrolle vor dem Therapiebeginn abgenommen wird. Man kann dann die Therapie auf der Basis von Veränderungen der „Kontrollwerte" beurteilen.

2. Der tägliche Bedarf an Wasser und Elektrolyten

Die Behandlung von Elektrolyt- und Wasserstörungen erfordert die Berücksichtigung von Maßnahmen zur Korrektur der Abweichung, die zu der Störung geführt hat, und die Befriedigung des Erhaltungsbedarfs. Es ist günstig, die erforderlichen Mengen von Elektrolyten und Flüssigkeit auf die Körperoberfläche zu beziehen (256). Wenn der Bedarf pro Einheit der Oberfläche einmal bekannt ist, kann er mit genügender Verläßlichkeit auf jede beliebige Person im Alter von einer Woche bis zum Erwachsenen angewendet werden. Die runden Zahlen für den täglichen Bedarf pro 1 m^2 sind 2000 ml Wasser, 50 mval Na und 40 mval K. In der ersten Lebenswoche ist der Bedarf pro 1 m^2 halb so groß. Einige Autoren (257) ziehen es vor, den Erhaltungsbedarf lieber auf das Körpergewicht als auf die Körperoberfläche zu beziehen. Es ist möglich, die Körperoberfläche und das Körpergewicht für Personen mittlerer Größe miteinander in Beziehung zu setzen, indem man die folgenden Werte grafisch darstellt und die Punkte durch eine Kurve verbindet:

Gewicht [kg]	2	5	10	20	40	60	80
Oberfläche [m^2]	0,15	0,25	0,45	0,80	1,3	1,6	1,9

3. Die Behandlung eines Überschusses von Natrium und Chlorid

In einigen Fällen ergeben sich bei der Beseitigung eines Überschusses von Wasser und Elektrolyten größere Probleme als beim Ersatz eines Defizits. Nicht selten zeigen Patienten mit cirrhotischen und nephrotischen Ödemen und Herzinsuffizienz eine erniedrigte Natriumkonzentration bestimmten Ausmaßes im Plasma. Es ist so, als ob eine Störung der Volumen- und Osmorezeptoren, die die ADH- und/oder Aldosteronproduktion kontrollieren, vorliegt. In diesen Fällen kommt es, wenn man versucht, die Natriumkonzentration im Plasma auf den Normalwert zu heben, indem man die Flüssigkeitszufuhr einschränkt oder Salz zuführt, zu ausgeprägten Dursterscheinungen und der Patient bekommt Beschwerden. Die Gabe von Salz verschlimmert die Ödeme, und wenn zum Stillen des Durstes Wasser erlaubt wird, so fällt die Natriumkonzentration im Plasma wieder ab.

Im allgemeinen kann eine negative Salzbilanz durch die Einschränkung der Salzzufuhr oder durch eine Erhöhung der renalen und extrarenalen Salzverluste oder durch beides erreicht werden. Um die Anhäufung von einem Überschuß von Salz und Wasser zu vermeiden, muß das Ziel sein, ein Gleichgewicht zwischen Aufnahme und Abgabe zu erreichen.

Die Einschränkung der Salzzufuhr

Der Erfolg einer Salzeinschränkung hängt bei jedem Patienten von dem Maß ab, bis zu dem das Natrium in der Kost vermindert werden muß, um entweder ein Gleichgewicht oder eine negative Natriumbilanz zu erzielen, und dem Grad, bis zu dem das Natrium in der Kost tatsächlich eingeschränkt *wird*. Daher erfordern nicht alle klinischen Fälle, bei denen eine Einschränkung der Natriumzufuhr mit der Nahrung notwendig ist, den gleichen Grad der Beschränkung. Wenn z. B. bei gewöhnlicher Ernährung Natriumüberschüsse und Ödeme auftreten, kann das Meiden salziger Nahrungsmittel und das Ausschalten von Salz bei der Zubereitung und Darreichung der Nahrung alles sein, was notwendig ist. Obwohl diese leichten Einschränkungen der Natriumaufnahme oft erfolgreich sind, können sie unzureichend sein, um die Ödeme bei Patienten mit cardialer Stauungsinsuffizienz, Cirrhose oder beim nephrotischen Syndrom unter Kontrolle zu halten. In solchen Fällen muß man mehr Mühe dafür aufwenden, um die Kost tatsächlich salzfrei zu machen, und man muß unter Umständen seine Zuflucht zu Maßnahmen nehmen, die die intestinale Natriumresorption verzögern oder die renale Natriumausscheidung erhöhen.

Die Natriumaufnahme bei salzarmer Ernährung beträgt etwa 800 mg (etwa 35 mval); bei stark eingeschränkter Natriumaufnahme etwa 200 mg (8,7 mval) und bei streng natriumarmer oder praktisch natrium-freier Kost ist sie etwa 30 bis 50 mg (1,3 bis 2,2 mval). Vielen Patienten ist es lästig, längere Zeit salzarm zu essen. Folglich hat man versucht, mit Salzersatz die Nahrung schmackhafter zu machen. Viele von diesen Ersatzstoffen enthalten Ammonium- und Kaliumsalze, die der Nahrung mehr Geschmack verleihen. Bei Patienten mit verringerter Nierenleistung ist, wenn eine Neigung zu Acidose und Hyperkaliämie besteht, die Aufnahme von Ammonium- und Kaliumionen kontraindiziert. Das trifft für die Ammoniumsalze auch bei Patienten mit Lebercirrhose zu. Eine Zeit lang wurden zu diesem Zweck Lithiumsalze benutzt. Sie mußten wegen schwerer toxischer Reaktionen jedoch wieder verlassen werden.

Hemmung der Salzresorption

Infolge der Beschränkungen, die mit einer natrium-armen Diät verbunden sind, hat man verschiedene Wege erwogen, um die Salzresorption zu hemmen. Wegen schlechter Kontrollierbarkeit und geringer Wirksamkeit hat man die Anwendung von Magen- und Darmspülungen, Irrigation des Kolon und das Abführen zu diesem Zweck aufgegeben. Kationenaustauscher sind angewendet worden, um die Elimination von Elektrolyten über den Darmweg zu fördern. Diese Kationenaustauscherharze haben eine verschiedene Affinität für Kationen, die vom Grad der Vernetzung, der Art des Lösungsmittels, den Charakteristika des einzelnen Kations, wie Atomgewicht, Radius des nichthydratisierten Kerns, der Wertigkeit und anderen weniger genau definierten Faktoren abhängen. Unter gleichen Bedingungen wird der Austauscher z. B. bevorzugt größere Mengen von K als von Na und mehr der divalenten Kationen (Ca und Mg) als Na oder K binden. Die Konzentration des vorhandenen Ions ist jedoch der dominierende Faktor, und da Na und K die hauptsächlichen Ionen im Darmsaft sind, wirkt sich der Austauscher primär auf ihre Ausscheidung aus (259).

Als die Harze zuerst versucht wurden, stellte man fest, daß man sich vor den Komplikationen der Acidose und des Kaliummangels hüten mußte. Harze, die etwas Kalium enthalten, die Anwendung eines kaliumhaltigen Salzersatzes oder der Zusatz von Kaliumcitrat oder -laktat stellen Möglichkeiten dar, um Kaliummangel und Acidose bis zu einem gewissen Grad zu verhindern.* In einigen Fällen hat man gefunden, daß die Anwendung eines Anionenaustauscherharzes in Verbindung mit dem Kationenaustauscher die Acidose

*Eine Reihe von Veröffentlichungen über dieses Thema findet man in J. Clin. Invest. **30** (1951), 979–1031

verringert und die Wirksamkeit des Kationenaustauschers erhöht (260). Diese Harze haben sich offenbar in der Hand einiger Untersucher bei der Kontrolle der Ödeme bei cardialer Stauungsinsuffizienz, bei Nephrose und bei der Cirrhose ebenso wie bei der Natriumeinschränkung bei der vaskulären Hypertonie oder der Schwangerschaftstoxikose als nützlich erwiesen, vorausgesetzt, daß zu gleicher Zeit eine gewisse Einschränkung in der Diät eingehalten wurde. Andere Autoren haben gegen die Anwendung der Harze Bedenken geäußert und bestimmte Situationen mahnen zur Vorsicht: 1. Die Kombination von Natriumeinschränkung, Mineralverlusten durch Austauscher und Verlusten von Körperflüssigkeiten, wie durch den Urin, durch Schwitzen und bei Diarrhoen, können zu Natrium- und Kaliummangel führen; 2. die säuernden Austauscher sollten bei Niereninsuffizienz mit Vorsicht appliziert werden, und das gilt auch für Harze, die mit Kalium vorbeladen sind und 3. die Ammoniumform dieser Austauscher kann nicht Patienten mit Lebercirrhose gegeben werden, da sie ein Koma auslösen können. Durch die Entwicklung von Diuretica, die oral appliziert werden können, scheint es zweifelhaft, daß die Austauscherharze als Mittel zur Entfernung eines Natriumüberschusses von Nutzen sein werden.

Die Stimulierung der Salz- und Wasserausscheidung durch die Nieren

Die Wasserbelastung

Vor Jahren wurde mitgeteilt (261), daß die großzügige Gabe von Wasser ohne Elektrolyte (bis zu 5 l/Tag oral oder intravenös) zur Diurese führt. Eine stark erhöhte Wasserdiurese scheint jedoch die Ausscheidung von Salz nicht mehr zu fördern als die, die sich mit mittlerem Urinfluß erzielen läßt. Die routinemäßige Anwendung dieser Behandlung bei allen Patienten mit Salz- und Wasserüberschuß hat sich als nicht sinnvoll erwiesen. Die Erfahrung hat gezeigt (262), daß sich bei vielen Patienten Störungen der Zirkulation und der Respiration entwickelten, und es zur Wasserintoxikation kam.

Die Harnstoffbelastung

Einige Forscher meinen, daß Harnstoff ein einfaches, billiges und sicheres Diureticum bei Patienten ist, die eine normale oder nur gering erhöhte Rest-N-Konzentration im Blut aufweisen. Harnstoff kann als 40% Lösung in Wasser oder in kohlensäurehaltigen Getränken in einer Gesamtmenge von 40 bis 50 g zugeführt werden. Andere Autoren (263) jedoch vertreten den Standpunkt, daß Harnstoff einen sehr unangenehmen Geschmack hat, der nur schwer maskiert werden kann; obwohl er einen Anstieg des Urinflusses hervorruft, ist die Rate der Salzausscheidung beim Menschen nicht signifikant erhöht; und der Wasserverlust ohne Salz durch den Urin führt zu einem relativen Wassermangel. Das führt zu Durst. Dann wird Wasser zugeführt und retiniert, so daß letztlich die Netto-Änderung des Salz- und Wassergehalts des Körpers nur gering ist. Wenn der Urin anfangs verdünnt ist, wird die erhöhte Rate der Harnstoffausscheidung wenig oder keine Wirkung haben.

Die Gabe von Ammoniumchlorid

Ammoniumchlorid allein oder in Verbindung mit anderen Diuretica wird häufig benutzt, um eine Diurese zu erzeugen. Die Applikation von Ammoniumchlorid führt zur Acidose und Hyperchlorämie. Der Urin wird stark sauer bei gleichzeitiger Ausscheidung von Natrium und anderen Körperkationen. Der Natriumverlust wird von einem Wasserverlust und einer Netto-Abnahme des Extrazellulärraumes begleitet. Wenn die Aktivität der Nierentubuli jedoch ausreichend ist, steigt die Bildung und Ausscheidung von Ammoniak, und innerhalb von drei bis fünf Tagen wird die Gesamtmenge des zugeführten NH_4Cl ausgeschieden. Folglich hat sich die kontinuierliche Anwendung dieses Salzes als von geringem Wert erwiesen.

Ammoniumchloridgaben sollen bei Patienten mit verringerter Nierenfunktion und bei Patienten mit Lebercirrhose vermieden werden. Der Gebrauch von NH_4Cl findet wahrscheinlich sein wichtigstes Anwendungsgebiet in Verbindung mit den Quecksilberdiuretica (265).

Die Anwendung von Xanthinderivaten

Coffein, Theobromin und Theophyllin sind seit langem bekannt, mittels einer Vielzahl von pharmakologischen Effekten diuretisch zu wirken. Sie erhöhen die Herzleistung; sie können die glomeruläre Filtrationsrate erhöhen, wenn sie niedrig ist; und sie steigern die renale Exkretion von Natrium und Chlorid. Die erhöhte renale Ausscheidung von Natrium und Chlorid scheint auf einen Anstieg der glomerulären Filtrationsrate und eine Abnahme der Reabsorption des Salzes in den Nierentubuli zurückzuführen zu sein (263, 264). Es scheint so, als ob sie selbst nicht besonders wirksame Diuretica sind, sondern sich in Verbindung mit den organischen Quecksilberverbindungen als nützlich erweisen.

Die Wirkung organischer Quecksilberverbindungen

Bestimmte organische Quecksilberverbindungen sind wirksame Diuretica und liefern den Standard, mit dem andere Diuretica verglichen werden (42, 264, 266). Sie führen zu einem eindrucksvollen Anstieg der Ausscheidungsraten von Natrium und Chlorid durch direkte Wirkung auf die Tubuli. Es ist nicht klar, ob der Angriffspunkt an der Reabsorption im proximalen oder distalen Segment des Tubulus oder in beiden ist, oder ob die Reabsorption von Natrium oder von Chlorid oder beide spezifisch beeinflußt werden (266, 267). Wenn man den Standpunkt akzeptiert, daß die Quecksilberdiuretica die Natriumreabsorption im proximalen Tubulus hemmen (42), muß es zu einer sekundären Hemmung der Rückresorption einer äquivalenten Menge von Chlorid und eines osmotischen Äquivalents von Wasser kommen. Folglich gelangt eine größere Menge des filtrierten Natriums, Chlorids und Wassers in die distalen Segmente des Nephron. In diesem Teil des Nephrons wird ein Teil des Natriums im Austausch gegen Kalium- und Wasserstoffionen rückresorbiert. Aufgrund dieser Tatsache können Quecksilberdiuretica zur Ausscheidung von mehr Chloridanionen als Natriumkationen führen, auch wenn sie primär die proximale Rückresorption von Natrium hemmen.

Die Quecksilberdiuretica können oral, subcutan, intramuskulär oder intravenös angewendet werden. Die tägliche Gabe eines Quecksilberdiureticums auf einem dieser Wege kann infolge der Kumulation der toxischen Wirkung gefährlich werden. In hohen Konzentrationen sind sie toxisch und führen zu Nierenschäden. Daher müssen sie bei Patienten mit Nierenerkrankungen vorsichtig angewendet werden. Ebenso ist Vorsicht am Platze, wenn bei Dauergebrauch eine Wirkung nicht mehr eintritt, wodurch ein refraktärer Zustand angezeigt wird. Die Gabe des Medikaments sollte dann unterbrochen werden, bis die Ursache des refraktären Zustands geklärt und behoben ist. Es scheint, daß ein refraktärer Zustand angetroffen werden kann, wenn das folgende eintritt: 1. eine gesenkte glomeruläre Filtrationsrate (268, 269), 2. eine erniedrigte Natriumkonzentration im Serum (244) und 3. eine hypochlorämische Alkalose (243, 244, 270). So haben viele Patienten mit cardialer Stauungsinsuffizienz signifikante Abnahmen der glomerulären Filtrationsrate, und es wurde vermutet, daß der Anstieg der glomerulären Filtrationsrate durch intravenöse Gaben von Aminophyllin eine diuretische Antwort auf die organische Quecksilberverbindung fördern kann. Es ist nicht ungewöhnlich, nach langanhaltender Diurese durch die Quecksilberderivate eine hypochlorämische Alkalose anzutreffen (244). Es ist nicht ganz klar, warum diese Störung des Säure-Basen-Gleichgewichts zu dem Refraktärzustand führt. Aber eine diuretische Wirkung kann erneut hervorgerufen werden, wenn der Chloridspiegel im Plasma durch NH_4Cl-Gabe erhöht wird.

Die Diuretica vom Sulfonamidtyp

Zusätzlich zu den antibakteriellen Eigenschaften haben einige Sulfonamide eine starke antidiabetische und diuretische Wirkung. Die Gabe von Sulfanilamid und noch mehr die Gabe von Acetazolamid (Diamox) führen zu einer Hemmung der Carboanhydrase-Aktivität mit einer Förderung der Ausscheidung von Na^+, HCO_3^- und K^+ durch die Nieren. Mit dem Verlust von Natrium und Bicarbonat ist ein Verlust von Körperwasser und eine metabolische Acidose verknüpft. Eine wiederholte Anwendung von Acetazolamid führt zu einer Resistenz.

Versuche, wirksamere Carboanhydrase-Hemmer zu synthetisieren, führten zur Entdeckung von Chlorothiazid (271, 272). Es hat strukturelle Eigenschaften (Abb. 31) eines Carboanhydrase-Hem-

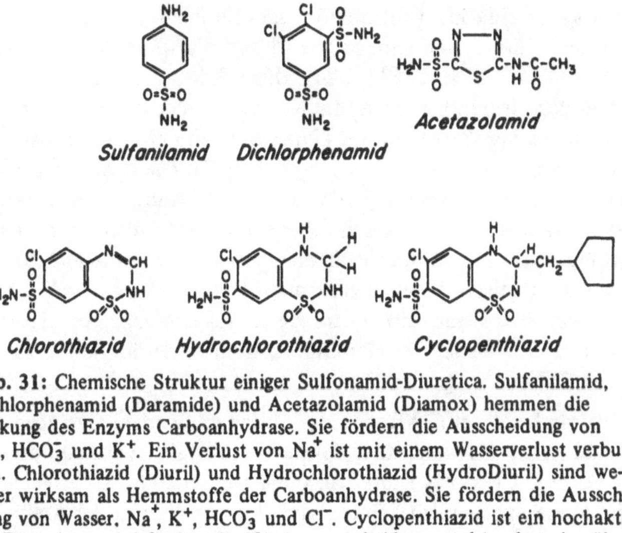

Abb. 31: Chemische Struktur einiger Sulfonamid-Diuretica. Sulfanilamid, Dichlorphenamid (Daramide) und Acetazolamid (Diamox) hemmen die Wirkung des Enzyms Carboanhydrase. Sie fördern die Ausscheidung von Na^+, HCO_3^- und K^+. Ein Verlust von Na^+ ist mit einem Wasserverlust verbunden. Chlorothiazid (Diuril) und Hydrochlorothiazid (HydroDiuril) sind weniger wirksam als Hemmstoffe der Carboanhydrase. Sie fördern die Ausscheidung von Wasser, Na^+, K^+, HCO_3^- und Cl^-. Cyclopenthiazid ist ein hochaktives Diureticum und fördert die Natriumausscheidung stark, es hat eine überwiegende Wirkung auf die Chlorid-Ausscheidung mit wenig Effekt auf die Kaliumausscheidung.

mers, aber seine Wirkung auf die Niere unterscheidet sich insgesamt von der des Acetazolamid. Die Nierenreaktion scheint zwischen der von Acetazolamid und den quecksilberhaltigen Diuretica zu liegen. So ruft Chlorothiazid einen deutlichen Anstieg der Ausscheidung von Natriumchlorid hervor und hat eine Wirkung auf die Ausscheidung von Kalium und Bicarbonat. Ebenso findet man eine erhöhte Natriumausscheidung nach Perioden einer eingeschränkten Natriumzufuhr, nach einer Acidose durch Ammoniumchlorid und nach einer Alkalose durch Bicarbonatgabe (272). Danach unterscheidet sich seine Wirkung von der des Acetazolamids, wenn nach einer eingeschränkten Natriumzufuhr und bei einer Acidose ein Patient gegen die Wirkung von Acetazolamid resistent wird, und von der der quecksilberhaltigen Diuretica, wenn diese unter den Bedingungen einer Alkalose weniger wirksam werden.

Hydrochlorothiazid ist intravenös und oral mehrfach wirksamer als Chlorothiazid, und ähnlich wie Chlorothiazid ist es bei Acidose und Alkalose wirksam (273, 274). Diese Substanzen sind mit Erfolg dazu benutzt worden, die Natriumausscheidung bei der Behandlung von Patienten mit Hypertonie und ebenso bei Patienten mit Ödemen zu steigern (271, 274–277). Die hauptsächliche Nebenwirkung der Thiaziddiuretica ist die Neigung zu einer excessiven Ausscheidung von Kalium. Sie sollten bei Patienten mit einer chronischen Glomerulonephritis nicht verwendet werden (278), da sie dazu neigen, zu einer Salzverarmung zu führen. Auch scheint ein hoher Prozentsatz eine verminderte Ausscheidung von Harnsäure mit einem Anstieg der Harnsäurekonzentration im Serum zu zeigen (279).

Es wurde berichtet (280), daß das Sulfonamidderivat Cyclopenthiazid (Abb. 31) wenigstens 150mal aktiver als Hydrochlorothiazid als oral wirksames Diureticum und Saluretioum ist. Offenbar führt diese Substanz zu keinem signifikanten Anstieg der Kaliumausscheidung. Es ist interessant, daß Cyclopenthiazid in vitro siebenmal wirksamer als Hemmstoff der Carboanhydrase ist als Hydrochlorothiazid. Furosemid, 4-Chlor-N-(2-furylmethyl)-5-sulfonylanthranilsäure ist ein neuer diuretisch und saluretisch wirkender Stoff (281, 282).

Andere nicht quecksilberhaltige organische Diuretica

Eine große Zahl von nicht quecksilberhaltigen organischen Substanzen ist hergestellt (263, 283) und als orale Diuretica getestet worden. Die einzige, die wir hier nennen wollen, ist Ethacrynsäure (2,3-Dichlor-4-(2-methylenbutyryl)-phenoxyessigsäure) (MK-595, Edecrin), von der berichtet wird, daß sie als natriuretisches und diuretisches Pharmakon wertvoll ist (Abb. 32) (283–286).

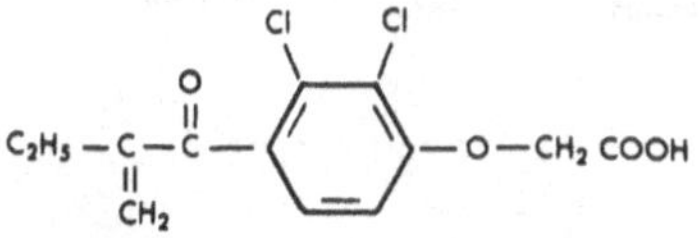

Abb. 32: Chemische Struktur von Ethacrynsäure.

Aldosteronantagonisten und Hemmer der Nebennierenrinde

Die Thiazide hemmen die salz-retinierende Wirkung der verschiedenen Steroide einschließlich von Aldosteron und anderen Pharmaka (271). Seit Aldosteron als ätiologischer Faktor an der Salz- und Wasserretention bei der cardialen Stauungsinsuffizienz, der Lebercirrhose, der Nephrose und der Schwangerschaftstoxikose bekannt ist, ist es verständlich, daß viel Forschungsarbeit für die Suche nach entweder Antagonisten von Aldosteron oder Pharmaka, die die Aldosteronbildung hemmen, aufgewendet wurde. Es scheint, daß die Spirolactone wirkungsvolle Aldosteronantagonisten sind, und in der Abb. 33 ist die Struktur eines von diesen gezeigt (271, 287–290). Diese Verbindungen blockieren in verschiedenem Ausmaß die Wirkung der verschiedenen Mineralocorticoide auf die Nierentubuli. So können sie der durch die Mineralocorticoide hervorgerufenen Retention von Na, Cl und Wasser entgegenwirken und die Ausscheidung von Kalium verringern. Sie zeigen überhaupt keinen Effekt bei normalen Personen, bei denen die Ausscheidung von Aldosteron niedrig ist und haben auch keine Wirkung bei adrenalektomierten Tieren. Die Wirkung der Spirolactone kann durch große Dosen von Desoxycorticosteronacetat (DOCA) aufgehoben werden. Dabei kommt es zu einem kompensatorischen Anstieg der Aldosteronsekretion. Die Wirksamkeit der Spirolactone ist von der parenteralen oder oralen Applikation abhängig, und

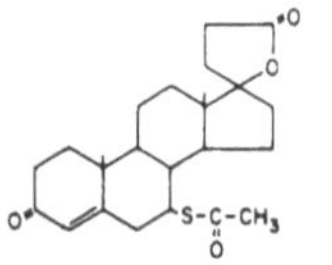

Spironolacton (SC-9420)

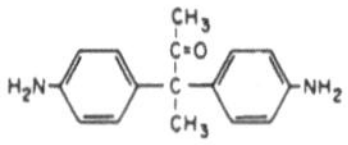

Amphenon B

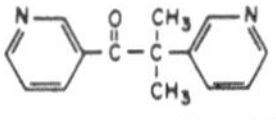

Methbipyrapon (Su-4885)

Abb. 33: Chemische Struktur von Substanzen, die als Aldosteron-Antagonisten oder als Hemmstoffe der Nebennierenrinde wirken. Spironolacton (SC–9420) wirkt als kompetitiver Hemmstoff von Aldosteron. Amphenon hemmt die Synthese von Corticoiden, während Methbipyrapon (Su–4885) die 11-β-Hydroxylierung von Steroiden hemmt, wodurch es zu einer kompensatorisch vermehrten Sekretion von 11-Desoxycorticoiden kommt.

Spironolacton (Sc-9420) wird klinisch vor allem wegen seiner hohen oralen Aktivität benutzt. Sie sind auch als Antihypertonica verwendet worden, und langdauernde Anwendung führt zu keinem Kaliumverlust.

Die Suche nach Hemmstoffen der Aldosteronbildung ist nicht besonders lohnend gewesen. Im besten Falle finden die verfügbaren Substanzen (z. B. Methbipyrapon (Su 4885)) praktische Anwendung als Diureticum nur in ausgesuchten Fällen, in denen andere diuretische Maßnahmen versagen (271, 291). Amphenon B hemmt die Corticoidsekretion, aber seine toxischen Nebenwirkungen verbieten eine verbreitete Anwendung. Eine weniger toxische Substanz mit der gleichen Wirkung ist Methbipyrapon (Su 4885) (292), das selektiv die 11-β-Hydroxylierung der Steroide in der Nebennierenrinde hemmt (293). Es senkt daher die Sekretion der drei Hauptcorticoide Aldosteron, Corticosteron und Cortisol. Eine Kompensationsmaßnahme ist die Abgabe von ACTH und eine gesteigerte Sekretion der Mineralocorticoide 11-Desoxycortisol und Cortexon (271, 291). Die letzteren können in Mengen gebildet werden, die ausreichen, um den Ausfall des Aldosterons auszugleichen und rufen daher eine Salzretention hervor. Eine Natriumdiurese kann jedoch erzeugt werden, wenn ein ACTH-Inhibitor ohne salzretinierende Wirkung (z. B. Prednison) zusammen mit Methbipyrapon gegeben wird, wodurch die gesteigerte Sekretion von 11-Desoxycortisol und Cortexon verhindert wird (271, 291).

4. Der Flüssigkeits- und Elektrolytersatz

Teilweise ist es üblich, eine „Standardtherapie" oder ein „Standardvorgehen" zur Korrektur bestimmter Störungen des Elektrolyt- und Wassergleichgewichts anzuwenden. Das ist eine unzuverlässige Maßnahme, da es die biologische Variation und die Möglichkeit, daß man es nicht mit einem „Standard-Patienten" zu tun hat, vernachlässigt. Jeder Patient sollte als ein individuelles Problem angesehen werden, und die Behandlung mit Flüssigkeiten und Elektrolyten sollte auf soliden physiologischen Prinzipien aufbauen.

Wenn wir es mit einem Patienten zu tun haben, der offenbar einen Wasser- und Elektrolytersatz benötigt, ist es erforderlich, die beste vorläufige Diagnose zu stellen, die aus der Anamnese und der physikalischen Untersuchung möglich ist. Wenn die vorläufige Diagnose genügend klar ist, wendet man die Grundzüge der pathologischen Physiologie auf den Zustand an (z. B. ist eine diabetische Acidose fast immer von einem Defizit des extrazellulären Natriums und Wassers, einer Ketonämie und einem zellulären Kaliummangel begleitet). Man entnimmt eine Kontroll-Blutprobe und fordert Laboruntersuchungen an, um 1. die Diagnose sichern zu können, 2. das Ausmaß der Wasser- und Elektrolytstörung zu erkennen und 3. Klarheit über den Erfolg der therapeutischen Maßnahmen zu bekommen. Mit diesen Angaben wird vom Arzt die beste Einschätzung des Bedarfs des Patienten gemacht, er gibt Flüssigkeit und Elektrolyte nach seinem besten Urteil und verfolgt sorgfältig die Ergebnisse. Die weitere Therapie wird dann in Übereinstimmung mit der Reaktion des Patienten und mit den Veränderungen der biochemischen Bestimmungen festgelegt. Es muß festgehalten werden, daß vieles in der Therapie eine Sache des Probierens ist. Auch ist es wichtig noch einmal klarzustellen, daß man es bei der Beurteilung der Veränderungen der biochemischen Werte des Blutes und der extrazellulären Flüssigkeit als Indikator für die Fortschritte bei der Behandlung, mit Änderungen von Konzentrationen zu tun hat. Wie oben erklärt wurde (S.15) hängen Konzentration und Volumen zusammen: Gesamtmenge = Volumen x Konzentration. Daher können Konzentrationsänderungen ein falsches Bild ergeben, wenn man nicht mögliche Änderungen des Volumens gleichzeitig mit in Rechnung stellt.

Lösungen zur parenteralen Anwendung

Eine große Anzahl von Lösungen stehen für den Elektrolyt- und Wasserersatz auf parenteralem Wege zur Verfügung.* Man hat festgestellt (294), daß die folgenden sterilen Lösungen ausreichen, um eine große Vielzahl von Infusionslösungen herzustellen, die fast jeder Forderung bei der Flüssigkeits- und Elektrolyttherapie genügen:

Destilliertes Wasser (nie ohne gelöste Stoffe anzuwenden)

NaCl	0,9%,	154 mMol/l
NaCl	5,0%,	854 mMol/l
KCl	14,9%	(100 ml Flaschen), 2000 mMol/l (2mMol/ml)
$NaHCO_3$	7,5%	(50 ml Ampullen), 892 mMol/l (45 mMol/Ampulle)
Na-Lactat	11,2%	(40 ml Ampullen), 100 mMol/l (40 mMol/Ampulle)
NH_4Cl	2,14%	400 mMol/l
Dextrose	5,0%	278 mMol/l
Dextrose	10,0%	556 mMol/l
Dextrose	50,0%	(50 ml Ampullen)

*Weitere Einzelheiten bei Weisberg (3), S. 307–329.

Im folgenden wird die Anwendung dieser Lösungen zur Herstellung von 1 l einer Lösung mit der Zusammensetzung

Na^+	145 mval/l	
K^+	10 mval/l	
HCO_3^-	45 mval/l	
Cl^-	110 mval/l	demonstriert.

Man nimmt

$NaHCO_3$	50 ml	7,5% Lösung	=	45 mMol $NaHCO_3$
KCl	5 ml	14,9% Lösung	=	10 mMol KCl
NaCl	650 ml	0,9% Lösung	=	100 mMol NaCl und

fügt destilliertes Wasser bis zu einem Liter hinzu.

Diese Lösung kann durch einen 5% Dextrosezusatz modifiziert werden, indem man 100 ml 50% Dextrose in Wasser hinzugibt, bevor man mit dem destillierten Wasser auf das Endvolumen von 1 l auffüllt.

Die Nützlichkeit von Lactat- und Bicarbonatlösungen zur Korrektur einer Acidose ist seit Jahren umstritten. In letzter Zeit ist diese Frage erneut in den Brennpunkt des Interesses geraten (295). Es wird auf die Möglichkeit aufmerksam gemacht, daß eine Verlangsamung des Lactatstoffwechsels bei bestimmten Störungen mit Acidose vorkommen kann. Dazu gehören Kreislaufinsuffizienz, Leberglycogenosen und spontane Lactacidämie. Außer diesen scheint die Acidose bestimmter Patienten mit Diabetes mellitus und die Acidose bei der Salicylatvergiftung leichter durch die Applikation von Natriumbicarbonat als durch die von Natriumlactat zu beheben zu sein.

Die Korrektur eines Mangels an Natrium, Chlorid und Kalium

Im allgemeinen sollte der Ersatz von Flüssigkeit und Elektrolyten folgendes Ziel haben: 1. die Beseitigung der Störung, die zu dem

Mangelzustand geführt hat, 2. die Korrektur der Defizite an Elektrolyten und Wasser und 3. die Befriedigung des täglichen Bedarfs.

Die Elektrolyttherapie bei der diabetischen Acidose

Zur Behandlung der diabetischen Acidose und des Comas gehören drei grundlegende Punkte: 1. die Korrektur des gestörten Kohlenhydratstoffwechsels (und der damit verbundenen Störungen des Fett- und Eiweißstoffwechsels), 2. die Beseitigung der Zirkulationsstörungen und 3. die Korrektur der Wasser- und Elektrolytstörungen. Die Bedeutung der Anwendung von Insulin zur Wiederherstellung eines normalen Kohlenhydratstoffwechsels bedarf keiner weiteren Ausführungen. Jedoch sind Fragen, die die Anfangsdosis, die Häufigkeit und den Weg der Anwendung betreffen, Streitobjekte gewesen (296).

Nach Elkinton und Danowski (184) sollte ein schnell wirkendes Insulin in ausreichender Dosierung so schnell wie möglich gegeben werden. In der Frühphase der Behandlung kann es nützlich sein, das Insulin intravenös zu verabreichen. Nach den Erfahrungen der genannten Autoren mit Kindern und Erwachsenen ist es angezeigt, daß die meisten, wenn auch nicht alle, Fälle von schwerer diabetischer Acidose und Coma 100 oder 50 E. kristallines Insulin bei der Aufnahme und später 50 oder 30 E. stündlich in den ersten 4 bis 6 Stunden der Behandlung erhalten sollten. Danach bestimmten die Höhe des Blutzuckers, des Bicarbonats im Plasma und der Ketonkörper im Urin oder im Blut die Dosierung. Gewöhnlich wird das Intervall zwischen den Injektionen verlängert und die Dosis reduziert. Dieses Schema führt gewöhnlich zu einer Insulin-Gesamtdosis von 200 E. in den ersten 24 Stunden.

Die genannten Autoren (184) weisen weiter darauf hin, daß gleichzeitig mit der ersten Insulingabe oder sobald danach wie möglich, die Patienten Vollblut, Plasma oder Plasmaersatz zur Behandlung des Kreislaufversagens oder des Kollapses, die die Dehydratation und den Salzmangel begleiten, erhalten sollten. Zwei Gründe werden für diese Routinebehandlung angeführt: erstens werden auf diese Weise alle Patienten, die einen Kreislaufkollaps haben, prompt behandelt, während es anderen nicht schadet; und zweitens ist die Behandlung der Dehydratation durch Ersatz der fehlenden Mengen von Wasser und Elektrolyten langsam, und die Wiederherstellung der Kreislauffunktionen ist unvollständig. Die Anwendung dieser kolloidalen Stoffe stellt eine prompte Behandlung des verminderten Plasmavolumens dar und verbessert das Ansprechen auf Kochsalzlösung, wenn man damit beginnt.

Mit dem Hinweis auf die Tatsache, daß die diabetische Acidose von einem Salzmangel und einer Dehydratation begleitet ist, wurde nachdrücklich der Wert betont, den die Applikation von Kochsalzlösung oder Lactat-Ringer während und nach der Gabe von Vollblut, Plasma oder Plasmaersatz als wichtige therapeutische Maßnahme darstellt, um den Normalzustand der Körperflüssigkeiten und der Elektrolyte wieder herzustellen. Bei einem Erwachsenen sollten etwa 2 bis 4 l mit einer Geschwindigkeit von 500 ml/h in Verlauf der ersten 6 bis 12 Stunden gegeben werden, um eine Aufnahme von 18 bis 36 g Natriumchlorid in einem Tag zu erreichen.

Meinungsverschiedenheiten bestehen hinsichtlich der Empfehlung einer Anwendung von Natriumbicarbonat oder Natriumlactat, entweder allein oder in Kochsalzlösung oder in Ringerlösung (295–299).

Von denen, die Einwände gegen die Anwendung von alkalireichen Flüssigkeiten erheben, behaupten einige lediglich, daß eine solche Therapie unnötig ist, da die stufenweise Beseitigung der Ketose durch Insulin zu einem Anstieg des Bicarbonatgehalts im Plasma führt, wenn genug Kochsalzlösung zugeführt wird. Andere verweisen darauf, daß die $NaHCO_3$-Gabe potentiell gefährlich ist, weil in einigen Fällen die Beseitigung der Acidose und der begleitenden Ketonämie von einer schweren Alkalose in der Erholungsphase gefolgt ist. Diese Fälle können auf das Ausbleiben eines Ausgleichs des zellulären Kaliummangels zurückgeführt werden, das im voraus für eine hypochlorämische Alkalose disponiert. Im Gegensatz dazu haben andere gefolgert, daß wenn auch eine Überdosierung eines Pharmakons schädlich ist, seine Anwendung nicht kontraindiziert ist, wenn es bei regelrechter Anwendung den gewünschten Effekt hervorruft. Anhänger einer schnellen Korrektur der Acidose durch Anwendung von $NaHCO_3$ führen Beweise an, daß niedrige Plasma-pH-Werte mit einem erhöhten Gewebsstoffwechsel einhergehen, wobei es zu einem Abbau von intrazellulären Phosphor- und Kaliumverbindungen mit Verlusten von P und K im Urin kommt. Auch besteht Klarheit darüber, daß die Insulinwirkung effektiver ist, wenn die Acidose behoben ist (299).

Man sollte nicht vergessen, daß bei der diabetischen Acidose einwandfrei ein Mangel an Chlorid ebenso wie an Natrium besteht und daß eine Wiederherstellung der Ionengleichgewichte in den extrazellulären Flüssigkeiten den Ersatz beider Ionen erfordert. Einige Forscher betonen die Tatsache, daß 0,9% Kochsalzlösung nicht „physiologisch" ist, da eine solche Lösung 154 mval/l von Na und Cl enthält, während in den extrazellulären Flüssigkeiten das Verhältnis von Na zu Cl etwa 140 mval Na zu 105 mval Cl pro Liter beträgt. Folglich sollte man, wenn man Kochsalzlösung zuführt, Sorge dafür tragen, daß eine Hyperchlorämie vermieden wird. Wenn man zuläßt, daß sich eine Hyperchlorämie infolge der Zufuhr von überschüssigen Mengen von Chloridionen entwickelt, so wird die Beseitigung der Acidose verzögert. In extremen Fällen kann nach mehreren Stunden intensiver Behandlung eine Acidose, die anfangs hauptsächlich durch die Anhäufung von Ketosäuren hervorgerufen worden war, in eine Acidose übergehen, die durch die Anhäufung von überschüssigen Mengen von Chlorid bedingt ist. Die Verhütung einer Hyperchlorämie während der Behandlung erfordert, daß die Geschwindigkeit der Chloridzufuhr nicht die Kapazität der Nieren für die notwendigen Regulationen übersteigt. Das wäre der Ausgangspunkt für den Gebrauch einer ausgewogenen

Ringerlösung, die Na und Cl in den Konzentrationen enthält, die in den extrazellulären Flüssigkeiten gefunden werden.

Oben wurde erwähnt, daß eine metabolische Alkalose später im Verlauf der Behandlung auftreten kann, wenn die Patienten relativ große Mengen an Alkali erhalten haben. Eine ausgeprägte Reduktion des Bicarbonatgehalts im Plasma und ein Abfall des pH sind bei der diabetischen Acidose vorhanden. Das Plasma-pH würde weiter absinken – als niedrigster Wert wurde ein pH von 6,80 publiziert –, wenn nicht als Begleiterscheinung eine Hyperventilation und folglich ein verminderter pCO_2 vorliegen würde. Während der Erholung von der diabetischen Acidose kann das Plasma-pH bei Vorliegen einer verringerten Bicarbonatkonzentration im Plasma als Zeichen eines reduzierten pCO_2 normal oder erhöht sein (300). (Das kann auch bei dem Ausgleichen von Acidosen bei Durchfällen und bei Urämie vorkommen (251)). Es wurde festgestellt, daß eine Hyperventilation bei diesen Patienten weiterbestand, obwohl gar keine Acidose mehr vorlag. Die Hyperventilation ist die Ursache für das Fortbestehen des reduzierten pCO_2 und des erhöhten Plasma-pH (300). Es ist vermutet worden, daß die anhaltende Hyperventilation unter diesen Umständen aus einer erhöhten Empfindlichkeit des Atemzentrums für pCO_2 und/oder Wasserstoffionen resultiert (251). Möglicherweise könnte eine anhaltende Acidose innerhalb des Atemzentrums vorliegen (188).

Obwohl die Wiederherstellung eines normalen Volumens und einer normalen Elektrolytzusammensetzung der extrazellulären Flüssigkeiten durch die Zufuhr von Natriumsalzen und Wasser gefördert wird, ist es evident, daß zelluläre Defekte weiterbestehen und daß während einer solchen Therapie andere wichtige Ionenveränderungen im Plasma auftreten. So wurde während der Restitutionsphase aus der diabetischen Acidose durch Zufuhr von Natriumsalzen und Insulin gefunden, daß die Kaliumkonzentration im Plasma eine fallende Tendenz aufwies, während sie auf der Höhe der Acidose normal oder erhöht war (191, 194–196, 301). Weiterhin zeigte sich, daß in bestimmten Fällen die Kaliumkonzentration im Plasma so stark verringert war, daß die Patienten Zeichen von Kaliummangel zeigten (194, 196), die durch die Zufuhr von Kaliumsalzen behoben werden konnten (194, 195). Der Abfall des Plasmakaliums und ein ähnlicher Abfall des anorganischen Phosphats im Plasma, die beim Rückgang der diabetischen Acidose beobachtet werden, können teilweise durch eine Verdünnung des Kaliums hervorgerufen sein, die mit der Reexpansion des extrazellulären Volumens oder mit einer renalen Ausscheidung zusammenhängen. Zum großen Teil scheinen die Veränderungen aber durch einen Transfer aus den extrazellulären Flüssigkeiten in das vorher verarmte intrazelluläre Kompartiment bedingt zu sein (302). Es wurde betont (191), daß es weder notwendig noch gefahrlos ist, Kalium in den ersten Stunden der Behandlung zuzuführen, während das Plasma-Kalium normal oder erhöht ist. Bei einer zu frühen und zu schnellen Zufuhr von Kalium ist zu erwarten, daß eine Hyperkaliämie mit ihren Gefahren entsteht. Im allgemeinen wird mit der Gabe von Kalium nicht vor Ablauf von vier Stunden nach Therapiebeginn und nur bei ausreichender Urinbildung begonnen. Zu diesem Zeitpunkt ist das Plasma-Kalium im allgemeinen erniedrigt, ob man Glucose zugeführt hat oder nicht. Man hat bisher keine Methode gefunden, um mit Sicherheit das Ausmaß des Kaliummangels festzustellen, aber es ist klar, daß in bestimmten Fällen die Zellen offenbar große Mengen von K aufnehmen können. So wurde berichtet (303), daß beim Rückgang der diabetischen Acidose die Patienten zwischen 108 und 450 mval K während 22 bis 37 Stunden retinieren können. Man hat den Standpunkt eingenommen (184), daß das Kalium intravenös zugeführt werden muß. Das Chlorid oder das gepufferte Kaliumphosphat kann in Konzentrationen von 20 bis 60 mval/l in 5% Glucose oder 0,9% Natriumchlorid angewendet werden. Etwa 500 ml einer solchen Lösung kann gefahrlos gegeben werden. Andere Autoren (191) betonen, daß sie K mit der vorsichtigen Geschwindigkeit von 20 bis 25 mval/h zuführen. Da Kaliummangel mit einem Phosphatmangel verknüpft ist, empfehlen die genannten Autoren, daß beide Elemente in Form einer gepufferten Lösung von Kaliumphosphat ersetzt werden. Bei der Behandlung der diabetischen Acidose wird Wasser im Überschuß über die Menge benötigt, die mit den Kochsalz- und Lactatgemischen zugeführt wird, um das intrazelluläre Wasser zu normalisieren und die Verluste durch den Urin und die unsichtbare Verdampfung, die infolge der Hyperpnoe erhöht ist, auszugleichen. Einige Forscher schlugen daher den Gebrauch von hypotonen Elektrolytlösungen vor. Es sind jedoch Einwände gegen die schnelle Infusion großer Volumina hypotonischer Elektrolytlösungen erhoben worden. Deshalb wird häufig Glucose als Vehikel für Wasser benutzt, so daß isotonische Lösungen verwendet werden können, entweder indem man isotonische (5%) Glucose und Kochsalzlösung getrennt oder zu gleichen Teilen gemischt gibt. Bei der schweren diabetischen Acidose, wenn der Kohlenhydratstoffwechsel auf ein Minimum gesenkt ist, ist die frühzeitige Anwendung von Glucose nicht der ideale Wasserersatz. Die zugeführte Glucose kommt zu der vorhandenen Hyperglycämie hinzu, und die gesteigerte Glucosurie kann zu zusätzlichen Körperwasserverlusten führen. Folglich erfüllen Glucoselösungen ihren Zweck im allgemeinen besser, wenn sie erst nach der einleitenden Behandlung mit Insulin und Kochsalzlösung angewendet werden. Wenn der Blutzucker einmal abzusinken begonnen hat, scheint die Zufuhr von Glucose die Utilisation von Kohlenhydraten zu fördern und die negative Stickstoffbilanz zu verringern und eine Hyperglykämie zu verhüten.

In diesem Zusammenhang ist die Nützlichkeit von Fructoselösungen erörtert worden (304, 305). Injizierte Fructose verschwindet schnell aus dem Blut von Patienten mit diabetischer Ketose – mit und ohne Insulin –, und mit der gleichen Geschwindigkeit wie bei Normalen. Sie hat den Vorteil gegenüber der Glucose, daß ein Teil der Fructose verwertet wird, wenn die Glucose quantitativ im Urin ausgeschieden wird, und ihr Abbau setzt Wasser frei. Trotz der Tatsache, daß Fructose aus dem Blut von Diabetikern mit normaler Geschwindigkeit auch ohne Insulin verschwindet, ist Insulin notwendig für eine volle antiketogene Wirksamkeit. Es ist betont worden, daß ein möglicher Nachteil von Fructose in den späteren Stadien der Behandlung die Tatsache ist, daß sie vom zentralen Nervensystem nur schlecht verwertet wird (188). Auch ist es möglich, daß zur gleichen Zeit, da reduzierender Zucker im Urin nachweisbar ist, eine Hypoglycämie vorliegt, weil eine Fructosurie besteht (188).

Flüssigkeits- und Elektrolytersatz bei Niereninsuffizienz

Bei der chronischen Niereninsuffizienz, bei der die Fähigkeit H^+ auszuscheiden vermindert ist (und dadurch die Kapazität zur Einsparung von Körperkationen), scheint es logisch, eine Kost mit alkalischem Aschegehalt zu sich zu nehmen. Bei Patienten, die man durch die orale Zufuhr von $NaHCO_3$ im Gleichgewicht halten kann, ist eine kalorienreiche, proteinarme Kost (25 g hochwertiges Eiweiß und ohne Kalium, wenn eine Akkumulation dieses Ions droht) zu empfehlen. Im Terminalstadium mit Salzverlusten und Dehydratation kann das Defizit an Bicarbonat, Calcium, Chlorid und Natrium ersetzt werden. Wenn die Calciumkonzentration im Serum niedrig ist, sollten Calciumsalze zugeführt werden, bevor man bicarbonathaltige Lösungen gibt, um einer Tetanie vorzubeugen. Die Aufrechterhaltung des Flüssigkeits- und Salzgleichgewichts über längere Perioden erfordert eine sorgfältige Bilanzierung bei jeder einzelnen Komponente. Einige Patienten mit chronischer Niereninsuffizienz brauchen täglich Natriumdosen um einem Salzmangel, einem Anstieg des Rest-N und einer schweren metabolischen Acidose vorzubeugen. Andere brauchen das nicht, und die Zufuhr von Natriumbicarbonat oder Natriumchlorid führt zu cardialer Stauungsinsuffizienz, Ödemen und Hypertension. Jeder Patient muß sorgfältig studiert werden, und die Therapie muß zwischen diesen zwei gefährlichen Alternativen den Mittelweg wählen. Bei guter Verträglichkeit sind ausgewogene Natriumlösungen, die $NaHCO_3$ und NaCl in physiologischen Verhältnissen und isotonischer Konzentration enthalten, günstig. Sie stellen einen physiologischen Weg zur besseren Flüssigkeitsausscheidung dar, indem sie sowohl die Elektrolytbelastung steigern als auch zur isotonischen Vergrößerung des extrazellulären Flüssigkeitsvolumens beitragen. Dadurch kommt es zu einem Anstieg der glomerulären Filtrationsrate. Wie oben ausgeführt, ist der Faktor, der den letzteren Vorgang limitiert, der Grad der cardiovasculären Leistungsfähigkeit. Bei Patienten mit Niereninsuffizienz, die eine Vermehrung von Kalium und Phosphat zeigen, kann der Einsatz der Hämodialyse mit Hilfe der künstlichen Niere von Wert sein. Kationenaustauscherharze (Natriumzyklus) sind bei der Behandlung und Verhütung der Kaliumintoxikation bei akuten und chronischen Nierenerkrankungen nützlich (306).

Während der oligurischen Phase der akuten Tubulusnekrose scheint eine Einschränkung der gesamten Flüssigkeitszufuhr angezeigt. (Eine Ausnahme stellen die Patienten dar, bei denen die Oligurie durch ein nephrotoxisches Agens hervorgerufen ist oder wenn zu vermuten ist, daß das niedrigere Urinvolumen durch Dehydratation verursacht ist. In diesen Fällen werden am ersten Tag einige Liter Kochsalzlösung oder Kochsalz-Lactat-Lösung gegeben.*

Zur Flüssigkeitseinschränkung gehört eine Verminderung der gesamten Flüssigkeitszufuhr bis zu einer Menge, die gleich groß oder kleiner ist als der extrarenale Wasserverlust. Dieser beträgt beim durchschnittlich großen, afebrilen erwachsenen Patienten zwischen 800 und 1500 ml. Da Wasser endogen gebildet wird, dürfte es ratsam sein, weniger zu geben. Änderungen des Körpergewichts sind bei der Ermittlung des gesamten Flüssigkeitsbedarfs von großem Wert. Im Idealfall sollte der Patient so eingestellt werden, daß er täglich etwas an Gewicht verliert, und zwar so viel, wie dem Verlust von Zellwasser und Zellmasse während der Dauer der katabolen Phase entspricht.

*Über die Anwendung der Hämodialyse und Peritonealdialyse beim akuten Nierenversagen und anderen Störungen muß man sich in der einschlägigen Literatur informieren.

Oben wurde darauf hingewiesen, daß die Patienten während der oligurischen Phase sehr empfindlich gegenüber einer Überladung mit Wasser sind. Wenn pulmonale oder periphere Ödeme auftreten, sollte die tägliche Flüssigkeitsaufnahme drastisch reduziert werden, um die Ödeme zu beseitigen. Wenn die Ödeme durch ein gleichzeitiges Herzversagen bedingt sind, sollten Maßnahmen zur Hebung der Herzleistung mit Vorsicht in die Wege geleitet werden. Eine Zufuhr von Kalium und Eiweiß sollte während dieser Phase vermieden werden. Kalium darf nur gegeben werden, wenn eindeutige Beweise für einen Kaliummangel vorliegen. Trotzdem sollte in jedem Falle der Kaliumspiegel im Plasma genau verfolgt werden. Die Behandlung der Hyperkaliämie besteht u. a. in der Anwendung der Kationenaustauscher (Natriumzyklus) und der künstlichen Niere. Eine gewisse Korrektur der metabolischen Acidose kann ratsam sein. Das kann durch Zugabe von 40 bis 80 mval $NaHCO_3$ oder Natriumlactat pro Tag zu den intravenösen Infusionen erreicht werden. Man sollte sich jedoch daran erinnern, daß die Acidose bei Niereninsuffizienz durch eine Retention von starken Säuren verursacht wird und daß Natrium nur in mittelgroßen Dosen gegeben werden darf, um die extrazelluläre Flüssigkeit nicht zu überladen.

In der oligurischen Phase ist es nicht ratsam zu versuchen, die Bicarbonatkonzentration im Plasma völlig zu normalisieren, wenn nicht die fixen Anionen durch Dialyse entfernt werden. Calcium ist ein wichtiger Faktor bei der Therapie. Intravenöse Calciumgaben in Form von Calciumgluconat (1 bis 3 g in 10% Lösung pro Tag) bringt oft die neuromuskuläre Erregbarkeit unter Kontrolle. Andere Indikationen für Calcium sind 1. die intravenöse Gabe von Natriumbicarbonat, 2. eine Hyperkaliämie und 3. die Hypocalcämie in der polyurischen Phase. Dieses Grundprinzip basiert auf folgendem: 1. ein Anstieg des pH wird eine Tetanie auslösen, wenn die Calciumkonzentration im Serum niedrig ist, indem die Konzentration des ionisierten Ca^{++} weiter sinkt, 2. Calcium ist ein Antagonist gegen Kalium und 3. eine Tetanie, die durch excessive

Calciumverluste durch Diurese hervorgerufen ist, erfordert eindeutig eine Calciumtherapie.

Während der polyurischen Phase gehen große Mengen von Wasser, extrazellulären Elektrolyten und Kalium verloren und müssen ersetzt werden. Die Kenntnis des folgenden ist für die Bestimmung der täglichen Zufuhr von Wert: 1. der tägliche Verlust an Körpergewicht, 2. das Vorliegen oder Fehlen einer erniedrigten Konzentration von Na und K im Plasma, 3. die am vorangegangenen Tag ausgeschiedenen Mengen von Wasser und Elektrolyten, 4. elektrocardiographische Zeichen für oder gegen eine Hypokaliämie und 5. das klinische Bild des Patienten bezüglich Lethargie, Durst und Zeichen von Hypotonie und peripherem Gefäßkollaps. Während des Maximums einer schweren Diurese sollte die schnelle Entwicklung eines Flüssigkeitsmangels genau beobachtet werden und möglichst durch die Gabe von entsprechenden Mengen von Wasser und Elektrolyten verhütet werden. Letztlich ist es wichtig, daß sobald die Rest-N-Konzentration fällt (am Schluß der polyurischen Phase), der Patient in eine anabole Stoffwechsellage kommt, indem man ihm eine proteinreiche und kalorienreiche Kost gibt.

Flüssigkeits- und Elektrolytersatz bei der nephrogenen Acidose

Bei der nephrogenen Acidose (einschließlich dem Fanconi-Syndrom) besteht die Behandlung primär im Ersatz der Defizite von K und Na und später in der Verhütung von Kationenverlusten über längere Zeit (184, 218). Die letztere Maßnahme besteht in der täglichen Zufuhr von genügend Kation in Form von $NaHCO_3$ (4 bis 6 g) oder der entsprechenden Menge von Natriumcitrat, um die anormalen Kationenverluste des Körpers im Urin auszugleichen. Bei Patienten mit Osteomalazie wird empfohlen, Natriumcitrat an Stelle von Natriumbicarbonat zu geben, während es bei Patienten ohne eindeutige Zeichen einer Osteomalazie einfacher ist, Natriumbicarbonat zu benutzen. Es ist darauf hingewiesen worden (184), daß wenn sich Ödeme durch das Natrium aus dem Citrat oder dem Bicarbonat bilden, dafür das Kaliumsalz teilweise eingesetzt werden kann. Ebenso wurde festgestellt, daß die Alkalitherapie nur vorbeugend ist und die Osteomalazie nicht behebt. Diese macht eine calciumreiche Kost und hohe Dosen Vitamin D erforderlich.

Flüssigkeits- und Elektrolytersatz bei kindlichen Diarrhoen mit Acidose

Der Ausgleich von Elektrolytstörungen bei der kindlichen Diarrhoe mit Acidose betrifft sowohl die extra- als auch die intrazellulären Flüssigkeiten (222). Das heißt, es müssen Fehlbeträge von zellulärem Kalium ebenso ausgeglichen werden wie Verluste von extrazellulärem Natrium und Chlorid. Die verlorengegangene Flüssigkeitsmenge kann näherungsweise aus Veränderungen des Körpergewichts auf der folgenden Grundlage festgestellt werden (307): ein Verlust von 5% des Körpergewichts als Flüssigkeit ist die kleinste Menge, die klinisch entdeckt werden kann, während ein Verlust von 20% das Maximum ist, das noch mit dem Leben vereinbar ist. Danach kann man annehmen, daß Kinder, die durch Dehydratation moribund sind, etwa 20% ihres Körpergewichts verloren haben (schwere Dehydratation) und mäßig dehydratisierte Kinder werden schätzungsweise 10% des Körpergewichts verloren haben. Fälle von geringgradiger Dehydratation zeigen einen Verlust von etwa 5% des Körpergewichts. Nach der Literatur (222) ist eine geeignete Lösung eine solche, die Natriumchlorid, Natriumlactat und Kaliumchlorid im Verhältnis von Na und Cl, wie es in der interstitiellen Flüssigkeit gefunden wird, sowie eine Menge von Kalium enthält, die kaum zu toxischen Spiegeln des K im Serum führen kann. Die Lösung enthält 4 g NaCl, 2,7 g KCl und 52 ml 1 M Natriumlactat pro Liter. Die Autoren weisen darauf hin, daß die Kaliumkonzentration der Lösung etwa zehnmal so groß ist wie die des Serums. Um die Gefahr der Kaliumintoxikation zu vermeiden, wird empfohlen, die für einen Tag notwendige Menge während vier oder noch mehr Stunden am besten subcutan zu infundieren.

Flüssigkeits- und Elektrolytersatz bei chirurgischen Patienten in der postoperativen Periode

Die Fragen der Wasserintoxikation, der Formen von Hypertonie, der Ödeme, der Dehydratation, des Ileus oder der Diarrhoe und der Schwäche, die durch zellulären Kaliummangel hervorgerufen wird und gewöhnlich bei Patienten nach Operationen beobachtet wird, sind diskutiert worden (308). Die genannten Autoren berichteten über die erfolgreiche Anwendung einer Vielelektrolytlösung bei der Behandlung von Patienten nach einer subtotalen Gastrektomie. Die Patienten erhielten 1200 ml/Tag/m^2 der Elektrolytlösung, die 100 g Glucose, 40 mval Natrium, 35 mval Kalium, 40 mval Chlorid, 20 mval Lactat und 15 mval Phosphat pro Liter enthielt und zusätzlich dazu noch die Menge dieser Elektrolytlösung, die dem Flüssigkeitsverlust durch die Magendrainage entsprach. Präoperative Anämien und Blutverluste während der Operation wurden durch Bluttransfusionen ausgeglichen.

Flüssigkeits- und Elektrolytersatz bei metabolischen Alkalosen

Die Behandlung einer Alkalose, die durch übermäßige Zufuhr von Alkali bedingt ist, muß mit dem Entzug der zugeführten Alkalien und der Anwendung von Kochsalzlösung beginnen. Bei normaler Nierenfunktion stellt sich ein normales Elektrolytmuster im Plasma prompt wieder ein. Nach langdauernder Anwendung von Alkali und wenn der Fall durch einen Kaliummangel kompliziert wird, sollte man KCl geben (per os, wenn eine Nahrungszufuhr möglich ist). Einige Forscher haben die Anwendung von NH_4Cl oder sogar von HCl zur Korrektur der Alkalose vorgeschlagen, aber es gibt keinen rechten Grund für ihre Anwendung.

Die Therapie, die zum Ziel hat, eine hypochlorämische Alkalose die durch exzessives Erbrechen hervorgerufen ist, zu beseitigen, beginnt mit der Beseitigung der Grundursache des Erbrechens. Flüssigkeits- und Elektrolytersatz bestehen in der Zufuhr von Kochsalzlösungen, und Kaliumchlorid wird zugeführt, um den zellulären Kaliummangel zu beheben (309).

Die Behandlung von Säure-Basen-Störungen respiratorischen Ursprungs

Die Therapie der respiratorischen Acidose (310) und Alkalose (311) wirft spezielle Probleme auf und ihre Erörterung übersteigt den Rahmen der vorliegenden Darstellung.

Schrifttum

Sammelwerke

Bland, J. H. editor, Clinical metabolism of body water and electrolytes, W. B. Saunders Co., Philadelphia 1963.

Christensen, H. N., Body fluids and the acid-base balance, W. B. Saunders Co., Philadelphia 1964.

Darrow, D. C., A guide to learning fluid therapy, Charles C Thomas, Publisher., Springfield, Ill. 1964.

Davenport, H. W., The ABC of acid-base chemistry, ed. 4, University of Chicago Press, Chicago 1958.

Elkinton, J. R. und T. S. Danowski, The body fluids, The Williams & Wilkins Co., Baltimore 1955.

Gamble, J. L., Chemical anatomy, physiology and pathology of extracellular fluids, Harvard University Press, Cambridge, Mass. 1954.

Henderson, L. J., Blood, a study in general physiology, Yale University Press., New Haven 1928.

Maxwell, M. H. und C. R. Kleeman, Clinical disturbances of fluid and electrolyte metabolism, McGraw-Hill Book Co., New York 1962.

Peters, J. P., Body water. The exchange of fluids in man, Charles C Thomas, Publisher., Springfield, Ill. 1935.

Peters, J. P. und D. D. Van Slyke, Quantitative clinical chemistry. I. Interpretations, The Williams & Wilkins Co., Baltimore 1931.

Smith, H. W., The kidney, structure and function in health and disease, Oxford University Press., New York 1951.

Weisberg, H. F., Water, electrolyte, and acid-base balance, The Williams & Wilkins Co., Baltimore 1962.

Welt, L. G., Clinical disorders of hydration and acid-base equilibrium, Little, Brown & Co., Boston 1955.

Spezielle Publikationen

1. Edelman, I. S. und J. Leibman, Anatomy of body water and electrolytes, Amer. J. Med. **27**, 256–277 (1959).
2. Gamble, J. L., Chemical anatomy, physiology and pathology of extracellular fluid, Harvard University Press, Cambridge, Mass. 1941.
3. Weisberg, H. F., Water, electrolyte, and acid-base balance, The Williams & Wilkins Co., Baltimore 1962.
4. Lusk, G., The science of nutrition, W. B. Saunders Co., Philadelphia 1928.
5. Newburgh, L. H. und M. W. Johnston, The insensible loss of water, Physiol. Rev. **22**, 1–18 (1942).
6. Danowski, T. S., J. R. Elkinton und A. W. Winkler, The deleterious effect in dogs of a dry protein ration, J. Clin. Invest. **23**, 816–823 (1944).
7. Smith, H. W., W. Goldring und H. Chasis, The measurement of the tubular excretory mass, effective blood flow and filtration rate in the normal human kidney, J. Clin. Invest. **17**, 263–278 (1938).
8. Lotspeich, W. D., R. C. Swan und R. F. Pitts, The renal tubular reabsorption of chloride, Amer. J. Physiol. **148**, 445–448 (1947).
9. Pitts, R. F. und W. D. Lotspeich, Bicarbonate and the renal regulations of acid-base balance, Amer. J. Physiol. **147**, 138–154 (1946).
10. Walker, A. M., P. A. Bott, J. Oliver und M. C. MacDowell, The collection and analysis of fluid from single nephrons of the mammalian kidney, Amer. J. Physiol. **134**, 580–595 (1941).
11. Smith, H. W., The kidney, structure and function in health and disease, Oxford University Press, New York 1951.
12. Gottschalk, C. W., Osmotic concentration and dilution of the urine, Amer. J. Med. **36**, 670–685 (1964).
13. Gottschalk, C. W., Renal tubular function: lessons from micropuncture, Harvey Lect. **58**, 99–124 (1962–1963).
14. Ullrich, K. J., B. Schmidt-Neilsen, R. O'Dell, G. Pehling, C. W. Gottschalk, W. E. Lassiter und M. Mylle, Micropuncture study of composition of proximal and distal tubular fluid in rat kidney, Amer. J. Physiol. **204**, 527–531 (1963).
15. Gottschalk, C. W., Osmotic concentration and dilution in the mammalian nephron, Circulation **21**, 861–868 (1960).
16. Wessen, L. G., Jr. und W. P. Anslow, Jr., Effect of osmotic and mercurial diuresis on simultaneous water diuresis, Amer. J. Physiol. **170**, 255–269 (1952).
17. Jaenike, J. R., Urea enhancement of water reabsorption in the renal medulla, Amer. J. Physiol. **199**, 1205–1210 (1960).
18. Jaenike, J. R., The influence of vasopressin on the permeability of the mammalian collecting duct to urea, J. Clin. Invest. **40**, 144–151 (1961).

19. Jaenike, J. R., Acute effects of the administration of vasopressin during water diuresis in the dog. J. Clin. Invest. **42,** 161–170 (1963).
20. Maude, D. L und L. G. Wesson, Jr., Renal water reabsorption during saline and urea osmotic diuresis in the dog, Amer. J. Physiol. **205,** 477–482 (1963).
21. Koike, T. I. und R. H. Kellogg, Effect of urea loading on urine osmolality during osmotic diuresis in hydropenic rats, Amer. J. Physiol. **205,** 1035–1057 (1963).
22. Levinsky, N. G., D. G. Davidson und R. W. Berliner, Effects of reduced glomerular filtration on urine concentration in the presence of antidiuretic hormone, J. Clin. Invest. **38,** 730–740 (1959).
23. Levinsky, N. G. und R. W. Berliner, The role of urea in the urine concentrating mechanism, J. Clin. Invest. **38,** 741–748 (1959).
24. (a) Verney, E. B., Croonian lecture. Antidiuretic hormone and factors which determine its release, Proc. Roy. Soc. London s. B. **135,** 25–106 (1947).
(b) Verney, E. B., Absorption and excretion of water; the antidiuretic hormone, Lancet **2,** 739–744 (1946).
(c) Verney, E. B., Agents determining and influencing functions of pars nervosa of pituitary, Brit. Med. J. **2,** 119–123 (1948).
25. Strauss, M. B., R. K. Davis, J. D. Rosenbaum und E. C. Rossmeisl, „Water diuresis" produced during recumbency by intravenous infusion of isotonic saline solution, J. Clin. Invest. **30,** 862–868 (1951).
26. Welt, L. G. und W. P. Nelson, III. Excretion of water by normal subject, J. Appl. Physiol. **4,** 709–714 (1952).
27. Gamble, J. L., Physiological information gained from studies on life-raft ration, Harvey Lect. **42,** 247–273 (1946–1947).
28. Van Giesen, G., M. Reese, F. Kiil, F. C. Rector Jr. und D. W. Seldin, The characteristics of renal hypoperfusion in dogs with acute and chronic reductions in glomerular filtration rate as disclosed by the pattern of water and solute excretion after hypotonic saline infusions, J. Clin. Invest. **43,** 416–424 (1964).
29. Bank, N. und H. S. Aynedjian, A micropuncture study of the renal concentrating defect of potassium depletion, Amer. J. Physiol. **206,** 1347–1354 (1964).
30. Manitius, A., H. Levitin, D. Beck und F. H. Epstein, On the mechanism of impairment of renal concentrating ability in potassium deficiency, J. Clin. Invest. **39,** 684–692 (1960).
31. Bank, N. und H. S. Aynedjian, On the mechanism of hyposthenuria in hypercalcemia, J. Clin. Invest. **44,** 681–693 (1965).
32. Orloff, J. und J. S. Handler, The similarity of effects of vasopressin, adenosine-3′, 5′-phosphate (cyclic AMP) and theophylline on the toad bladder, J. Clin. Invest. **41,** 702–709 (1962).
33. Handler, J. S. und J. Orloff, Cysteine effect on toad bladder response to vasopressin, cyclic AMP, and theophylline, Amer. J. Physiol. **206,** 505–509 (1964).

34. Orloff, J. und J. S. Handler, The cellular mode of action of antidiuretic hormone, Amer. J. Med. **36,** 686–697 (1964).
35. Frazier, H. S. und A. Leaf, Cellular mechanisms in the control of body fluids, Medicine **43,** 281–289 (1964).
36. Petersen, M. J. und I. S. Edelman, Calcium inhibition of the action of vasopressin on the urinary bladder of the toad, J. Clin. Invest. **43,** 583–594 (1964).
37. Grantham, J. J. und M. B. Burg, Effect of vasopressin and cyclic AMP on permeability of isolated collecting tubules, Amer. J. Physiol. **211,** 255–259 (1966).
38. Jaenike, J. R., The relative rates of urea and water permeation in the distal nephron of the intact kidney, J. Clin. Invest. **43,** 45–55 (1964).
39. Ullman, T. D., W. J. Czaczkes und J. Menczel, Modification of the antidiuretic effect of vasopressin by acid and alkaline loads, J. Clin. Invest. **44,** 754–764 (1965).
40. Goodman, A. und H. Levitin, Effect of urinary pH on the renal concentrating mechanism, Amer. J. Physiol. **208,** 847–851 (1965).
41. Gaunt, R., J. H. Birnie und W. J. Eversole, Adrenal cortex and water metabolism, Physiol. Rev. **29,** 281–310 (1949).
42. Pitts, R. F., A comparison of the modes of action of certain diuretic agents, Prog. Cardiov. Dis. **3,** 537–562 (1960–1961).
43. Giebisch, G. und E. E. Windhager, Renal tubular transfer of sodium, chloride and potassium, Amer. J. Med. **36,** 643–669 (1964).
44. Lassiter, W. E., M. Mylle und C. W. Gottschalk, Net tubular movement of water and urea in saline diuresis, Amer. J. Physiol. **206,** 669–673 (1964).
45. Mudge, G. H., Renal pharmacology, Ann. Rev. Pharmacol. **7,** 163–184 (1967).
46. Page, I. H. und F. M. Bumpus, Angiotensin, Physiol. Rev. **41,** 331–390 (1961).
47. Abboud, F. M, Renin, angiotensin, and aldosterone, Arch. Intern. Med. **112,** 305–308 (1963).
48. Slater, J. D. H., B. H. Barbour, H. H. Henderson, A. G. T. Casper und F. C. Bartter, Influence of the pituitary and the renin-angiotensin system on the secretion of aldosterone, cortisol, and corticosterone, J. Clin. Invest. **42,** 1504–1520 (1963).
49. Gross, F., H. Brunner und M. Ziegler, Renin-angiotensin system, aldosterone and sodium balance, Recent Progr. Hormone Res. **21,** 119–177 (1965).
50. Ames, R. P., A. J. Borkowski, A. M. Sicinski und J. H. Laragh, Prolonged infusions of angiotensin II and norepinephrine and blood pressure, electrolyte balance, and aldosterone and cortisol secretion in normal man and in cirrhosis with ascites, J. Clin. Invest. **44,** 1171–1186 (1965).

51. Kaplan, N. M., The biosynthesis of adrenal steroids: effects of angiotensin II, adrenocorticotropin, and potassium, J. Clin. Invest. **44,** 2029–2039 (1965).
52. Vander, A. J., Nature of stimulus for renin secretion in anesthetized dogs, Hypertension **13,** 126–130 (1965).
53. Vander, A. J. und G. W. Geelhoed, Inhibition of renin secretion by angiotensin II, Proc. Soc. Exp. Biol. Med. **120,** 399–403 (1965).
54. Gann, D. S., C. S. Delea, J. R. Gill,Jr., J. P. Thomas und F. C. Bartter, Control of aldosterone secretion by change of body potassium in normal man, Amer. J. Physiol. **207,** 104–108 (1964).
55. Luetscher, J. A., Primary aldosteronism: observation in six cases and review of diagnostic procedures, Medicine **43,** 437–457 (1964).
56. Binnion, P. F., J. O. Davis, T. C. Brown und M. J. Olichney, Mechanisms regulating aldosterone secretion during sodium depletion, Amer. J. Physiol. **208,** 655–661 (1965).
57. Bledsoe, T., D. P. Island und G. W. Liddle, Studies of the mechanism through which sodium depletion increases aldosterone biosynthesis in man, J. Clin. Invest. **45,** 524–530 (1966).
58. Cannon, P. J., R. P. Ames und J. H. Laragh, Relation between potassium balance and aldosterone secretion in normal subjects and in patients with hypertensive or renal tubular disease, J. Clin. Invest. **45,** 865–879 (1966).
59. Ganong, W. F., E. G. Biglieri und P. J. Mulrow, Mechanisms regulating adrenocortical secretion of aldosterone and glucocorticoids, Recent Progr. Hormone Res. **22,** 381–430 (1966).
60. Porter, G. A., R. Bogoroch und I. S. Edelman, On the mechanism of action of aldosterone on sodium transport: the role of RNA synthesis, Proc. Nat. Acad. Sci. **52,** 1326–1333 (1964).
61. Porter, G. A. und I. S. Edelman, The action of aldosterone and related corticosteroids on sodium transport across the toad bladder, J. Clin. Invest. **43,** 611–620 (1964).
62. Sharp, G. W. G. und A. Leaf, Biological action of aldosterone in vitro, Nature **202,** 1185–1188 (1964).
63. Sharp, G. W. G. und A. Leaf, Metabolic requirements for active sodium transport stimulated by aldosterone, J. Biol. Chem. **240,** 4816–4821 (1965).
64. Fanestil, D. D. und I. S. Edelman, Characteristics of the renal nuclear receptors for aldosterone, Proc. Nat. Acad. Sci. **56,** 872–879 (1966).
65. Sharp, G. W. G., C. H. Coggins, N. S. Lichtenstein und A. Leaf, Evidence for a mucosal effect of aldosterone on sodium transport in the toad bladder, J. Clin. Invest. **45,** 1640–1647 (1966).
66. Sharp, G. W. G. und A. Leaf, Mechanism of action of aldosterone, Physiol. Rev. **46,** 593–633 (1966).
67. Sharp, G. W. G. und A. Leaf, IV. Mode of hormone action. Studies on the mode of action of aldosterone, Recent Progr. Hormone Res. **22,** 431–471 (1966).

68. Berliner, R. W., Renal excretion of water, sodium, chloride, potassium, calcium and magnesium, Amer. J. Med. **9,** 541–559 (1950).
69. Mudge, G. H., Renal mechanisms of electrolyte transport. In Clarke, H., ed.: Ion transport across membranes, Academic Press, Inc., New York 1954.
70. Bloomer, H. A., F. C. Rector, Jr. und D. W. Seldin, The mechanism of potassium reabsorption in the proximal tubule of the rat. J. Clin. Invest. **42,** 277–285 (1963).
71. Malnic, G., A. M. Klose und G. Giebisch, Micropuncture study of renal potassium excretion in the rat, Amer. J. Physiol. **206,** 674–686 (1964).
72. Watson, J. F., J. R. Clapp und R. W. Berliner, Micropuncture study of potassium concentration in proximal tubule of dog, rat, and necturus, J. Clin. Invest. **43,** 595–605 (1964).
73. Ramsay, A. G., Stop-flow analysis of the influence of pCO_2 on renal tubular transport of K and H, Amer. J. Physiol. **206,** 1355–1360 (1964).
74. Seldin, D. W., L. G. Welt und J. Cort, The effect of pituitary and adrenal hormones on the metabolism and excretion of potassium, J. Clin. Invest. **30,** 673 (1951).
75. Welt, L. G., D. W. Seldin und J. H. Cort, The effects of the pituitary and adrenal hormones on the metabolism and excretion of sodium and water, J. Clin. Invest. **30,** 682 (1951).
76. Van Slyke, D. D., H. Wu und F. C. McLean, Studies of gas and electrolyte equilibria in the blood. V. Factors controlling the electrolyte and water distribution in the blood, J. Biol. Chem. **56,** 765–849 (1923).
77. Natelson, S. und M. O. Alexander, Marked hypernatremia and hyperchloremia with damage to the central nervous system, Arch. Intern. Med. **96,** 172–175 (1955).
78. Schoolman, H. M., A. Dubin und W. S. Hoffman, Clinical syndromes associated with hypernatremia, Arch. Intern. Med. **95,** 15–23 (1955).
79. Kastin, A. J., M. B. Lipsett, A. K. Ommaya und J. M. Moser, Jr. Asymptomatic hypernatremia, physiological and clinical study, Amer. J. Med. **38,** 306–315 (1965).
80. Wyndham, C. H., W. v. D. M. Bouwer, M. G. Devine und H. E. Paterson, Effect of exercise and environment on urine secretion after a water load, J. Appl. Physiol. **5,** 285–289 (1952).
81. Baskin, J. L., H. M. Keith und B. H. Scribner, Water intoxication. Report of a case in which cumulative-chloride-balance data aided diagnosis and therapy, Amer. J. Dis. Child. **84,** 351–354 (1952).
82. Baskin, J. L., H. M. Keith und B. H. Scribner, Water metabolism in water intoxication; Review of basic concepts, Amer. J. Dis. Child. **83,** 618–627 (1952).
83. Crawford, J. D. und P. R. Dodge, Complications of fluid therapy in patients with neurologic disease; with special emphasis on water

intoxication and hypertonic dehydration, Pediat. Clin. N. Amer. **6,** 257–279 (1959).

84. Allen, A. C., The clinicopathologic meaning of the nephrotic syndrome, Amer. J. Med. **18,** 277–314 (1955).

85. Giroud, C. J. P., N. Kalant, R. H. Despointes und D. DasGupta, Mechanisms of edema formation in experimental nephrosis, Recent Progr. Hormone Res. **17,** 353–388 (1961).

86. Eder, H. A., H. D. Lauson, F. P. Chinard, R. L. Greif, G. C. Cotzias und D. D. Van Slyke, A study of the mechanisms of edeme formation in patients with the nephrotic syndrome, J. Clin. Invest. **33,** 636–656 (1954).

87. Luetscher, J. A., Jr., Q. B. Deming und B. B. Johnson, Treatment of nephrosis with pituitary adrenocorticotrophin, J. Clin. Invest. **30,** 1530–1541 (1951).

88. Luetscher, J. A., Jr. und Q. B. Deming, Bioassay of sodium-retaining corticoids and some changes in excretion of these substances in disease. In Bradley, S. E., ed.: Renal function, Trans. of the Second Conference, Josiah Macy, Jr., Foundation, New York, pp. 155–178 (1951).

89. Luetscher, J. A., Jr. und B. B. Johnson, Observations on the sodium-retaining corticoid (aldosterone) in the urine of children and adults in relation to sodium balance and edema, J. Clin. Invest. **33,** 1441–1446 (1954).

90. Laragh, J. H., Mechanisms of edema formation and principles of management, Amer. J. Med. **21,** 423–441 (1956).

91. Orloff, J., L. G. Welt und L. Stowe, The effects of concentrated salt-poor albumin on the metabolism and excretion of water and electrolytes in nephrosis and toxemia of pregnancy, J. Clin. Invest. **29,** 770–780 (1950).

92. Peters, J. P., The role of sodium in the production of edema, New Eng. J. Med. **239,** 353–362 (1948).

93. Welt, L. G., Edema and hyponatremia, Arch. Intern. Med. **89,** 931–942 (1952).

94. August, J. T., D. H. Nelson und G. W. Thorn, Response of normal subjects to large amounts of aldosterone, J. Clin. Invest. **37,** 1549–1555 (1958).

95. Bricker, N. S., The control of sodium excretion with normal and reduced nephron populations. The preeminence of third factor (editorial), Amer. J. Med. **43,** 313–321 (1967).

96. Warren, J. V. und E. A. Stead, Jr., Fluid dynamics in chronic congestive heart failure: An interpretation of the mechanisms producing edema, increased plasma volume and elevated venous pressure in certain patients with prolonged congestive failure, Arch. Intern. Med. **73,** 138–147 (1944).

97. Merrill, A. J., Edema and decreased renal blood flow in patients with chronic congestive heart failure: evidence of "forward failure" as a primary cause of edema, J. Clin. Invest. **25**, 389–400 (1946).
98. Peters, J. P., The problem of cardiac edema, Amer. J. Med. **12**, 66–76 (1952).
99. Davis, James O., Mechanisms of salt and water retention in congestive heart failure. The importance of aldosterone, Amer. J. Med. **29**, 486–507 (1960).
100. Davidson, C. S., T. B. Gibbons und W. W. Faloon, Systemic and portal venous pressure in cirrhosis of the liver, J. Lab. Clin. Med. **35**, 181–187 (1950).
101. Butt, H. R., A. M. Snell und A. Keys, Plasma protein in hepatic disease; a study of the colloid osmotic pressure of blood serum and of ascitic fluid in various diseases of the liver, Arch. Intern. Med. **63**, 143–155 (1939)
102. Ralli, E. P., J. S. Robson, D. Clarke und C. L. Hoagland, Factors influencing ascites in patients with cirrhosis of the liver, J. Clin. Invest. **24**, 316–325 (1945).
103. Mankin, H. und A. Lowell, Osmotic factors influencing the formation of ascites in patients with cirrhosis of the liver, J. Clin. Invest. **27**, 145–153 (1948).
104. Goodyer, A. V. N., A. S. Relman, F. D. Lawrason und F. H. Epstein, Salt retention in cirrhosis of the liver, J. Clin. Invest. **29**, 973–981 (1950).
105. Gabuzda, G. J., Jr., H. A. Traeger und C. S. Davidson, Hepatic cirrhosis: effects of sodium chloride administration and restriction and of abdominal paracentesis on electrolyte and water balance, J. Clin. Invest. **33**, 780–789 (1954).
106. Talso, P. J., I. H. Strub und J. B. Kirsner, The metabolism of water and electrolytes in patients with cirrhosis of the liver, J. Lab. Clin. Med. **47**, 210–226 (1956).
107. Scrimshaw, N. S. und M. Behar, Protein malnutrition in young children, Science **133**, 2039–2047 (1961).
108. Henschel, A., O. Mickelsen, H. L. Taylor und A. Keys, Plasma volume and thiocyanate space in famine edema and recovery, Amer. J. Physiol. **150**, 170–180 (1947).
109. Elkinton, J. R., A. W. Winkler und T. S. Danowski, Inactive cell base and measurement of changes in cell water, Yale J. Biol. Med. **17**, 383–393 (1944).
110. Harrison, H. E., H. C. Harrison, R. R. Tompsett und D. P. Barr, Potassium deficiency in a case of lymphosarcoma with the sprue syndrome, Amer. J. Med. **2**, 131–143 (1947).
111. Broch, O. J., Low potassium alkalosis with acid urine in ulcerative colitis, Scandinav. J. Clin. Lab. Invest. **2**, 113–119 (1950).
112. Pollard, H. M. und R. J. Bolt, Potassium balance in ulcerative colitis, Gastroenterology **22**, 564–574 (1952).

113. Schwartz, W. B. und A. S. Relman, Balance studies in two remarkable instances of „pure“ chronic potassium depletion resulting from overuse of laxatives, J. Clin. Invest. 31, 660 (1952).
114. Thorn, G. W., G. F. Koepf und M. Clinton, Jr., Renal failure simulating adrenocortical insufficiency, New Eng. J. Med. **231,** 76–85 (1944).
115. Sawyer, W. H. und C. Solez, Salt-losing nephritis simulating adrenocortical insufficiency; report of a case, New Eng. J. Med. **240,** 210–215 (1949).
116. Walker, W. G., L. J. Jost, J. R. Johnson und A. Kowarski, Metabolic observations on salt wasting in a patient with renal disease, Amer. J. Med. **39,** 505–519 (1965).
117. Bryan, G. T., B. Kliman und F. C. Bartter, Impaired aldosterone production in „salt-losing“ congenital adrenal hyperplasia, J. Clin. Invest. **44,** 957–965 (1965).
118. Kowarski, A., J. W. Finkelstein, J. S. Spaulding, G. H. Holman und C. J. Migeon, Aldosterone secretion rate in congenital adrenal hyperplasia, a discussion of the theories on the pathogenesis of the salt-losing form of the syndrome, J. Clin. Invest. **44,** 1505–1513 (1965).
119. New, M. I., B. Miller und R. E. Peterson, Aldosterone excretion in normal children and in children with adrenal hyperplasia, J. Clin. Invest. **45,** 412–428 (1966).
120. Schwartz, W. B., W. Bennett, S. Curelop und F. C. Bartter, A syndrome of renal sodium loss and hyponatremia probably resulting from inappropriate secretion of the antidiuretic hormone, Amer. J. Med. **23,** 529–542 (1957).
121. Grumer, H. A., W. Derryberry, A. Dubin und S. S. Walstein, Idiopathic, episodic inappropriate secretion of antidiuretic hormone, Amer. J. Med. **32,** 954–963 (1962).
122. Knochel, J. P., J. R. Osborn und E. B. Cooper, Excretion of aldosterone in inappropriate secretion of antidiuretic hormone following head trauma, Metabolism **14,** 715–725 (1965).
123. Kaye, M., An investigation into the cause of hyponatremia in the syndrome of inappropriate secretion of antidiuretic hormone, Amer. J. Med. **41,** 910–926 (1966).
124. Jones, M. E. und L. Spector, The pathway of carbonate in the biosynthesis of carbamyl phosphate, J. Biol. Chem. **235,** 2897–2901 (1960).
125. Winters, R. W., Terminology of acid-base disorders, Ann. N. Y. Acad. Sci. **133,** 211–224 (1966).
126. Report of ad hoc committee on acid-base terminology, Ann. N. Y. Acad. Sci. **133,** 251–258 (1966).
127. Dill, D. B., A. V. Bock, C. Van Caulaert, A. Fölling, L. M. Hurxthal und L. J. Henderson, Blood as a physicochemical system. VII. The composition and respiratory exchanges of human blood during recovery from pernicious anemia, J. Biol. Chem. **78,** 191–214 (1928).

128. Siggaard-Andersen, O., Titratable acid or base of body fluids, Ann. N. Y. Acad. Sci. **133,** 41–58 (1966).
129. Astrup, P., K. Engel, K. Jørgensen und O. Siggaard-Andersen, Definitions and terminology in blood acid-base chemistry, Ann. N. Y. Acad. Sci **133,** 59–65 (1966).
130. Whitehead, T. P., Blood hydrogen ion: terminology, physiology, and clinical applications, Advances Clin. Chem. **9,** 195–226 (1967).
131. Huckabee, W. E., Henderson vs. Hasselbalch, Clin. Research **9,** 116–119 (1961).
132. Maren, T. H., Carbonic anhydrase: chemistry, physiology, and inhibition, Physiol. Rev. **47,** 595–781 (1967).
133. Roughton, F. J. W., Some recent work on the chemistry of carbon dioxide transport by the blood, Harvey Lect. **39,** 96–142 (1943–1944).
134. Shock, N. W. und A. B. Hastings, Studies of the acid-base balance of the blood. III. Variation in the acid-base balance of the blood in normal individuals, J. Biol. Chem. **104,** 585–600 (1934).
135. Singer, R. B. und A. B. Hastings, An improved clinical method for the estimation of disturbances of the acid-base balance of human blood, Medicine **27,** 223–242 (1948).
136. Peters, J. P. und D. D. Van Slyke, Quantitative clinical chemistry, vol. II. Methods, The Williams & Wilkins Co., Baltimore 1932.
137. Pitts, R. F. und R. S. Alexander, The nature of the renal tubular mechanism for acidifying the urine, Amer. J. Physiol. **144,** 239–254 (1945).
138. Brodsky, W. A. und G. Carrasquer, Acid-secreting function of the renal tubule, J. Pediat. **60,** 769–786 (1962).
139. Rector, F. C.,Jr. und N. W. Carter, Evidence for a disequilibrium pH in the proximal tubule of rat kidney, Proc. Soc. Exp. Biol. Med. **112,** 466–468 (1963).
140. Clapp, J. R., J. F. Watson und R. W. Berliner, Osmolality, bicarbonate concentration, and water reabsorption in proximal tubule of the dog nephron, Amer. J. Physiol. **205,** 273–280 (1963).
141. Clapp, J. R., J. F. Watson und R. W. Berliner, Effect of carbonic anhydrase inhibition on proximal tubular bicarbonate reabsorption, Amer. J. Physiol. **205,** 693–696 (1963).
142. Rector, F. C.,Jr., N. W. Carter und D. W. Seldin, The mechanism of bicarbonate reabsorption in the proximal and distal tubules of the kidney, J. Clin. Invest. **44,** 278–290 (1965).
143. Pitts, R. F., Renal production and excretion of ammonia, Amer. J. Med. **36,** 720–742 (1964).
144. Hayes, C. P.,Jr., J. S. Mayson, E. E. Owen und R. R. Robinson, A micropuncture evaluation of renal ammonia excretion in the rat, Amer. J. Physiol. **207,** 77–83 (1964).

145. Clapp, J. R., E. E. Owen und R. R. Robinson, Contribution of the proximal tubule to urinary ammonia excretion by the dog, Amer. J. Physiol. **209,** 269–272 (1965).
146. Denis, G., H. Preuss und R. F. Pitts, The pNH_3 of renal tubular cells, J. Clin. Invest. **43,** 571–582 (1964).
147. Pilkington, L. A., J. Welch und R. F. Pitts, Relationship of pNH_3 of tubular cells to renal production of ammonia, Amer. J. Physiol. **208,** 1100–1106 (1965).
148. Sullivan, L. P., Ammonium excretion during stop flow: a hypothetical ammonium countercurrent system, Amer. J. Physiol. **209,** 273–282 (1965).
149. Pitts, R. F., L. A. Pilkington und J. C. M. DeHass, N^{15} tracer studies on the origin of urinary ammonia in the acidotic dog, with notes on the enzymatic synthesis of labeled glutamic acid and glutamines, J. Clin. Invest. **44,** 731–745 (1965).
150. Hayes, C. P. Jr., E. E. Owen und R. R. Robinson, Renal ammonia excretion during acetazolamide or sodium bicarbonate administration, Amer. J. Physiol. **210,** 744–750 (1966).
151. Pitts, R. F. und W. D. Lotspeich, Bicarbonate and the renal regulation of acid base balance, Amer. J. Physiol. **147,** 138–154 (1946).
152. Pitts, R. F., J. L. Ayer und W. A. Schiess, The renal regulation of the acid-base balance in man. III. The reabsorption and excretion of bicarbonate, J. Clin. Invest. **28,** 35–44 (1949).
153. Relman, A. S., B. Etsten und W. B. Schwartz, The regulation of renal bicarbonate reabsorption by plasma carbon dioxide tension. J. Clin. Invest. **32,** 972–978 (1953).
154. Brazeau, P. und A. Gilman, Effect of plasma CO_2 tension on renal tubular reabsorption of bicarbonate, Amer. J. Physiol. **175,** 33–38 (1953).
155. Thompson, D. D. und M. J. Barrett, Renal reabsorption of bicarbonate, Amer. J. Physiol. **176,** 201–206 (1954).
156. Dorman, P. J., W. J. Sullivan und R. F. Pitts, The renal response to acute respiratory acidosis, J. Clin. Invest. **33,** 82–90 (1954).
157. Levitin, H., W. Branscome und F. H. Epstein, The pathogenesis of hypochloremia in respiratory acidosis, J. Clin. Invest. **37,** 1667–1675 (1958).
158. Schwartz, W. B., A. Falbriard und G. Lemieux, The kinetics of bicarbonate reabsorption during acute respiratory acidosis, J. Clin. Invest. **38,** 939–944 (1959).
159. Carter, N. W., D. W. Seldin und H. C. Teng, Tissue and renal response to chronic respiratory acidosis, J. Clin. Invest. **38,** 949–960 (1959).
160. Goodman, A. D. und R. E. Fuisz, Mechanism of regulation of renal bicarbonate reabsorption by plasma CO_2 tension, Amer. J. Physiol. **206,** 719–724 (1964).

161. Hickam, J. B., W. P. Wilson und R. Frayser, Observations on the early elevation of serum potassium during respiratory alkalosis, J. Clin. Invest. **35,** 601–606 (1956).
162. Smith, D. C., J. Q. Barry und A. J. Gold, Respiratory alkalosis and hypokalemia in dogs exposed to simulated high altitude, Amer. J. Physiol. **202,** 1041–1044 (1962).
163. Schwartz, W. B., G. Lemieux und A. Falbriard, Renal reabsorption of bicarbonate during acute respiratory alkalosis, J. Clin. Invest. **38,** 2197–2201 (1959).
164. Peters, J. P. und D. D. Van Slyke, Quantitative clinical chemistry; interpretations, vol. I, The Williams & Wilkins Co., Baltimore 1931.
165. Swan, R. C und R. F. Pitts, Neutralization of infused acid by nephrectomized dogs, J. Clin. Invest. **34,** 205–212 (1955).
166. Tobin, R. B., Plasma, extracellular and muscle responses to acute metabolic acidosis, Amer. J. Physiol. **186,** 131–138 (1956).
167. Tobin, R. B., Varying role of extracellular electrolytes in metabolic acidosis and alkalosis, Amer. J. Physiol. **195,** 685–692 (1958).
168. Singer, R. B., J. K. Clark, E. S. Barker, A. P. Crosley, J. und J. R. Elkinton, The acute effects in man of rapid intravenous infusion of hypertonic sodium bicarbonate. I. Changes in acid-base balance and distribution of the excess buffer base, Medicine **34,** 51–95 (1955).
169. Swan, R. C., D. R. Axelrod, M. Seip und R. F. Pitts, Distribution of sodium bicarbonate infused into nephrectomized dogs, J. Clin. Invest. **34,** 1795–1801 (1955).
170. Levitt, M. F., L. B. Turner, A. Y. Sweet und D. Pandiri, The response of bone, connective tissue, and muscle to acute acidosis, J. Clin. Invest. **35,** 98–105 (1956).
171. Nichols, G. und N. Nichols, The role of bone in sodium metabolism, Metabolism **5,** 438–446 (1956).
172. Schwartz, W. B., K. J. Ørning und R. Porter, The internal distribution of hydrogen ions with varying degrees of metabolic acidosis, J. Clin. Invest. **36,** 373–382 (1957).
173. Winters, R. W., R. T. Whitlock, J. L. DeWalt und L. G. Welt, Effect of alterations of the sodium concentration of the serum upon the content of sodium in bone, Amer. J. Physiol. **195,** 697–701 (1958).
174. Forbes, G. B., R. B. Tobin und A. Lewis, Response of bone sodium to acute changes in extracellular fluid composition (cat), Amer. J. Physiol. **196,** 69–73 (1959).
175. Lemann, J.,Jr., E. J. Lennon, A. D. Goodman, J. R. Litzow und A. S. Relman, The net balance of acid in subjects given large loads of acid or alkali, J. Clin. Invest. **44,** 507–517 (1965).
176. Lemann, J.,Jr., J. R. Litzow und E. J. Lennon, The effects of chronic acid loads in normal man: further evidence for the participation of bone mineral in the defense against chronic metabolic acidosis, J. Clin. Invest. **45,** 1608–1614 (1966).

177. Schwartz, W. B., N. C. Brackett, Jr. und J. J. Cohen, The response of extracellular hydrogen ion concentration to graded degrees of chronic hypercapnia: the physiologic limits of the defense of pH, J. Clin. Invest. **44**, 291–301 (1965).
178. Brown, E. B., Jr., Detection and quantitation of metabolic acidosis and alkalosis, Ann. N. Y. Acad. Sci. **133**, 118–124 (1966).
179. Schwartz, W. B., Defense of extracellular pH during acute and chronic hypercapnia, Ann. N. Y. Acad. Sci. **133**, 125–133 (1966).
180. Holaday, D. A., The intracellular and whole blood acid-base response to acute CO_2 retention in vivo, Ann. N. Y. Acad. Sci. **133**, 172–179 (1966).
181. Cooke, R. E., F. R. Coughlin, Jr. und W. E. Segar, Muscle composition in respiratory acidosis, J. Clin. Invest. **31**, 1006–1010 (1952).
182. Maxwell, M. H. und C. R. Kleeman, Clinical disorders of fluid and electrolyte metabolism, McGraw-Hill Book Co., New York 1962.
183. Palmer, W. W. und D. D. Van Slyke, Studies in acidosis. IX. Relationship between alkali retention and alkali reserve in normal and pathological individuals, J. Biol. Chem. **32**, 499–507 (1917).
184. Elkinton, J. R. und T. S. Danowski, The body fluids. Basic physiology and practical therapeutics. The Williams & Wilkins Co., Baltimore 1955.
185. Rector, F. C., Jr., H. A. Bloomer und D. W. Seldin, Effect of potassium deficiency on the reabsorption of bicarbonate in the proximal tubule of the rat kidney, J. Clin. Invest. **43**, 1976–1982 (1964).
186. Shock, N. W. und A. B. Hastings, Studies of the acid-base balance of the blood. I. A microtechnique for the determination of the acid-base balance of the blood, J. Biol. Chem. **104**, 565–573 (1934).
187. Shock, N. W. und A. B. Hastings, Studies on the acid-base balance of the blood. IV. Characterization and interpretation of displacement of the acid-base balance, J. Biol. Chem. **112**, 239–262 (1935).
188. Daughaday, W. H., Hydrogen ion metabolism in diabetic acidosis. Disturbances before and after treatment, Arch. Intern. Med. **107**, 63–68 (1961).
189. Danowski, T. S., A. W. Winkler und J. P. Peters, Salt depletion, peripheral vascular collapse, and treatment of diabetic acidosis, Yale J. Biol. Med. **18**, 405–417 (1946).
190. Peters, J. P., D. M. Kydd, A. J. Eisenmann und P. M. Hald, Nature of diabetic acidosis, J. Clin. Invest. **12**, 377–391 (1933).
191. Sprague, R. G. und M. H. Power, Electrolyte metabolism in diabetic acidosis, J.A.M.A. **151**, 970–976 (1953).
192. Butler, A. M., N. B. Talbot, C. H. Burnett, J. B. Stanbury und E. A. MacLachlan, Metabolic studies in diabetic coma, Tr. Ass. Amer. Physicians **60**, 102–109 (1947).
193. Danowski, T. S. und J. R. Elkinton, Exchanges of potassium related to organs and systems, Pharmacol. Rev. **3**, 42–58 (1951).

194. Holler, J. W., Potassium deficiency occuring during treatment of diabetic acidosis, J.A.M.A. **131,** 1186–1189 (1946).
195. Frenkel, M., J. Groen und A. F. Willebrands, Low serum potassium level during recovery from diabetic coma, with special reference to its cardiovascular manifestations, Arch. Intern. Med. **80,** 728–738 (1947).
196. Nicholson, W. M. und W. S. Branning, Potassium deficiency in diabetic acidosis, J.A.M.A. **134,** 1292–1294 (1947).
197. Darrow, D. C. und E. L. Pratt, Retention of water and electrolyte during recovery in patient with diabetic acidosis, J. Pediat. **41,** 688–696 (1952).
198. Bricker, N. S., S. Klahr, H. Lubowitz und R. E. Rieselbach, Renal function in chronic renal disease, Medicine **44,** 263–288 (1965).
199. Bricker, N. S., P. A. F. Morrin und S. W. Kime, Jr., The pathologic physiology of chronic Bright's disease, Amer. J. Med. **28,** 77–98 (1960).
200. Nickel, J. F., P. B. Lowrance, E. Leifer und S. E. Bradley, Renal function, electrolyte excretion and body fluids in patients with chronic renal insufficiency before and after sodium deprivation, J. Clin. Invest. **32,** 68–79 (1953).
201. Lemann, J.,Jr., E. J. Lennon, A. D. Goodman, J. R. Litzow und A. S. Relman, The net balance of acid in subjects given large loads of acid or alkali, J. Clin. Invest. **44,** 507–517 (1965).
202. Goodman, A. D., J. Lemann, Jr., E. J. Lennon und A. S. Relman, Production, excretion, and net balance of fixed acid in patients with renal acidosis, J. Clin. Invest. **44,** 495–506 (1965).
203. Pellegrino, E. D. und R. M. Blitz, The composition of human bone in uremia, Medicine **44,** 397–418 (1965).
204. Litzow, J. R., J. Lemann,Jr. und E. J. Lennon, The effect of treatment of acidosis on calcium balance in patients with chronic azotemic renal disease, J. Clin. Invest. **46,** 280–286 (1967).
205. Waugh, W. H., Functional types of acute renal failure and their early diagnosis, Arch. Intern. Med. **103,** 686–689 (1959).
206. Swan, R. C. und J. P. Merrill, The clinical course of acute renal failure, Medicine **32,** 215–292 (1953).
207. Meroney, W. H. und M. E. Rubini, Kidney function during acute tubular necrosis: clinical studies and a theory, Metabolism **8,** 1–15 (1959).
208. Schulz, E. G. und F. D. Murphy, Treatment of acute renal failure, Arch. Intern. Med. **103,** 453–459 (1959).
209. Price, J. D. E. und R. A. Palmer, A functional and morphological follow-up study of acute renal failure, Arch. Intern. Med. **105,** 90–98 (1960).
210. Elkinton, J. R., R. Tarail und J. P. Peters, Transfers of potassium in renal insufficiency, J. Clin. Invest. **28,** 378–388 (1949).
211. Dawson, J., E. Dempsey, F. Bartter, A. Leaf und F. Albright, Evidence for the presence of an amphoteric electrolyte in the urine of patients with "renal tubular acidosis", Metabolism **2,** 225–237 (1953).

212. Schreiner, G. E., L. H. Smith, Jr. und L. H. Kyle, Renal hyperchloremic acidosis. Familial occurrence of nephrocalcinosis with hyperchloremia and low serum bicarbonate, Amer. J. Med. **15,** 122–129 (1953).
213. Pines, K. L. und G. H. Mudge, Renal tubular acidosis with osteomalacia, Amer. J. Med. **11,** 302–311 (1951).
214. Elkinton, J. R., E. J. Huth, J. K. Clark, E. S. Barker und D. Seligson, Renal tubular acidosis with organic aciduria during paraldehyde ingestion, Amer. J. Med. **23,** 977–986 (1957).
215. Ferris, T. F., H. Levitin, E. T. Phillips und F. H. Epstein, Renal potassium-wasting induced by vitamin D, J. Clin. Invest. **41,** 1222–1229 (1962).
216. Sirota, J. H. und D. Hamerman, Renal function studies in an adult subject with Fanconi syndrome, Amer. J. Med. **16,** 138–152 (1954).
217. Carroll, H. J. und S. J. Farber, Hyperkalemia and hyperchloremic acidosis in chronic pyelonephritis, Metabolism **13,** 808–817 (1964).
218. Doe, R. P., Metabolic acidosis. Nondiabetic, Arch. Intern. Med. **116,** 717–728 (1965).
219. Berliner, R. W., T. J. Kennedy, Jr. und J. Orloff, Relationship between acidification of the urine and potassium metabolism, effect of carbonic anhydrase inhibition on potassium excretion, Amer. J. Med. **11,** 274–282 (1951).
220. Darrow, D. C., The retention of electrolyte during recovery from severe dehydration due to diarrhea, J. Pediat. **28,** 515–540 (1946).
221. Rapaport, S., K. Dodd, M. Clark und I. Syllm, Postacidotic state in infantile diarrhea; symptoms and chemical data; postacidotic hypocalcemia and associated decreases in levels of potassium, phosphorus and phosphatase in plasma, Amer. J. Dis. Child. **73,** 391–441 (1947).
222. Darrow, D. C. und E. L. Pratt, Fluid therapy. Relation to tissue composition and expenditure of water and electrolyte, J.A.M.A. **143,** 365–373 und 432–439 (1950).
223. Loeb, R. F., Chemical changes in blood in Addison's disease, Science **76,** 420–421 (1932).
224. Singer, R. B., The acid-base disturbance in salicylate intoxication, Medicine **33,** 1–13 (1954).
225. Huckabee, W. E., Abnormal resting blood lactate. I. The significance of hyperlactatemia in hospitalized patients, Amer. J. Med. **30,** 833–839 (1961).
226. Huckabee, W. E., Abnormal resting blood lactate. II. Lactic acidosis, Amer. J. Med. **30,** 840–848 (1961).
227. Waters, W. C., III, J. D. Hall und W. B. Schwartz, Spontaneous lactic acidosis. The nature of the acid-base disturbance and considerations in diagnosis and management, Amer. J. Med. **35,** 781–793 (1963).
228. Field, M., J. B. Block, R. Levin und D. P. Rall, Significance of blood lactate elevations among patients with acute leukemia and other neoplastic proliferative disorders, Amer. J. Med. **40,** 528–547 (1966).

229. Sippy, B. W., Gastric and duodenal ulcer. Medical cure by an efficient removal of gastric juice corrosion, J.A.M.A. **64,** 1625–1630 (1915).
230. Hardt, L. L. und A. B. Rivers, Toxic manifestations following the alkaline treatment of peptic ulcer, Arch. Intern. Med. **31,** 171–180 (1923).
231. Cooke, A. M., Alkalosis occurring in the alkaline treatment of peptic ulcer, Quart. J. Med. N. S. **1,** 527–541 (1932).
232. Kirsner, J. B. und W. L. Palmer, Alkalosis complicating the Sippy treatment of peptic ulcer. An analysis of one hundred and thirty-five episodes, Arch. Intern. Med. **69,** 789–807 (1942).
233. Kirsner, J. B. und W. L. Palmer, Value of sodium chloride in prevention of alkalosis during "Sippy" treatment with calcium carbonate, Arch. Intern. Med. **71,** 415–421 (1943).
234. Grace, W. J. und D. P. Barr, Complications of alkalosis, Amer. J. Med. **4,** 331–337 (1948).
235. Randall, R. E.,Jr., M. B. Strauss und W. F. McNeely, The milk-alkali syndrome, Arch. Intern. Med. **107,** 163–181 (1961).
236. McMillan, D. E. und R. B. Freeman, The milk alkali syndrome: a study of the acute disorder with comments on the development of the chronic condition, Medicine **44,** 485–501 (1965).
237. Needle, M. A., G. J. Kaloyanides und W. B. Schwartz, The effects of selective depletion of hydrochloric acid on acid-base and electrolyte equilibrium, J. Clin. Invest. **43,** 1836–1846 (1964).
238. Kassirer, J. P. und W. B. Schwartz, The response of normal man to selective depletion of hydrochloric acid. Factors in the genesis of persistent gastric alkalosis, Amer. J. Med. **40,** 10–18 (1966).
239. Kassirer, J. P., P. M. Berkman, D. R. Lawrenz und W. B. Schwartz, The critical role of chloride in the correction of hypokalemic alkalosis in man, Amer. J. Med. **38,** 172–189 (1965).
240. Kassirer, J. P. und W. B. Schwartz, Correction of metabolic alkalosis in man without repair of potassium deficiency. A reevaluation of the role of potassium, Amer. J. Med. **40,** 19–26 (1966).
241. Gamble, J. L., K. R. Fahey, J. Appleton und E. MacLachlan, Congenital alkalosis with diarrhea, J. Pediat. **26,** 509–518 (1945).
242. Darrow, D. C., Congenital alkalosis with diarrhea, J. Pediat. **26,** 519–532 (1945).
243. Schwartz, W. B. und W. M. Wallace, Electrolyte equilibrium during mercurial diuresis, J. Clin. Invest. **30,** 1089–1104 (1951).
244. Stapleton, J. F. und W. P. Harvey, Hypochloremic alkalosis induced by mercurial diuretics in congestive heart failure, Arch. Intern. Med. **90,** 425–434 (1952).
245. Rice, L., J. Frieden und M. Smith, Tubular action of mercurial diuretics, Amer. J. Physiol. **175,** 47–50 (1953).
246. Mudge, G. H. und B. Hardin, Response to mercurial diuretics during alkalosis: a comparison of acute metabolic and chronic hypokalemic alkalosis in the dog, J. Clin. Invest. **35,** 155–163 (1956).

247. Heineman, H. O., Metabolic alkalosis in patients with hypercalcemia, Metabolism **14,** 1137–1152 (1965).
248. Refsum, H. E., Acid-base disturbances in chronic pulmonary disease, Ann. N. Y. Acad. Sci. **133,** 142–159 (1966).
249. Robin, E. D., Abnormalities of acid-base regulation in chronic pulmonary disease, with special reference to hypercapnia and extracellular alkalosis, New Eng. J. Med. **268,** 917–922 (1963).
250. Carlos, M. C., R. Lozano und A. Carcelén, Renal excretion of bicarbonate in high altitude natives and in natives with chronic mountain sickness, J. Clin. Invest. **43,** 2303–2309 (1964).
251. Winters, R. W., J. A. Lowder und N. K. Ordway, Observations on carbon dioxide tension during recovery from metabolic acidosis, J. Clin. Invest. **37,** 640–645 (1958).
252. Brooks, R. V., R. R. McSwiney, F. T. G. Prunty und F. J. Y. Wood, Potassium deficiency of renal and adrenal origin, Amer. J. Med. **23,** 391–407 (1957).
253. Reynolds, T. B., Observations on the pathogenesis of renal tubular acidosis, Amer. J. Med. **25,** 503–515 (1958).
254. Frick, P. G., M. E. Rubini und W. H. Meroney, Recurrent nephrolithiasis associated with an unusual tubular defect and hyperchloremic acidosis, Amer. J. Med. **25,** 590–599 (1958).
255. Owen, E. E. und J. V. Verner, Jr., Renal tubular disease with muscle paralysis and hypokalemia, Amer. J. Med. **28,** 8–21 (1960).
256. Snively, W. D.,Jr., Body surface area as a dosage criterion in fluid therapy: theory and application, Metabolism **6,** 70–87 (1957).
257. Darrow, D. C., A guide to learning fluid therapy, Charles C Thomas, Publisher, Springfield, Ill. 1964.
258. Talbott, J. H., Use of lithium salts as a substitute for sodium chloride, Arch. Intern. Med. **85,** 1–10 (1950).
259. McChesney, E. W., W. Dock und M. L. Tainter, Ion exchange resins in edema, Medicine **30,** 183–195 (1951).
260. Kohlstaedt, K. G., B. L. Martz, R. S. Griffith und O. M. Helmer, Clinical experience with mixtures of anion and cation exchange resins, Ann. N. Y. Acad. Sci. **57,** 260–272 (1954).
261. Schemm, F. R., A high fluid intake in the management of edema, especially cardiac edema. I. The details and basis of the régime, Ann. Intern. Med. **17,** 952–969 (1942).
262. Wynn, V. und C. G. Rob, Water intoxication, Lancet **1,** 587–594 (1954).
263. DeStevens, G., Diuretics. Chemistry and pharmacology, Academic Press, Inc., New York 1963.
264. Pitts, R. F. und O. W. Sartorius, Mechanism of action and therapeutic use of diuretics, J. Pharmacol. Exp. Ther. II, **98,** 161–226 (1950).
265. Hilton, J. G., Potentiation of diuretic action of mercuhydrin by ammonium chloride, J. Clin. Invest. **30,** 1105–1110 (1951).

266. Pitts, R. F., Some reflections on mechanism of action of diuretics, Amer. J. Med. **24,** 745–763 (1958).
267. Dirks, J. H., W. J. Cirksena und R. W. Berliner, Micropuncture study of the effect of various diuretics on sodium reabsorption by the proximal tubules of the dog, J. Clin. Invest. **45,** 1875–1885 (1966).
268. Pitts, R. F., J. J. Duggan und P. Miner, Studies on diuretics. II. The relationship between glomerular filtration rate, proximal tubular absorption of sodium and diuretic efficacy of mercurials, J. Clin. Invest. **29,** 372–379 (1950).
269. Weston, R. E., D. J. W. Escher, J. Grossman und L. Leiter, Mechanisms contributing to unresponsiveness to mercurial diuretics in congestive failure, J. Clin. Invest. **31,** 901–910 (1952).
270. Axelrod, D. R. und R. F. Pitts, The relationship of plasma pH and anion pattern to mercurial diuretics, J. Clin. Invest. **31,** 171–179 (1952).
271. Gaunt, R., A. A. Renzi und J. J. Chart, Comperative pharmacology of new diuretics, Chemotherapia (Basel) **1,** 238–253 (1960).
272. Beyer, K. H.,Jr., Nonmercurial organic diuretics. Their action and application, Arch. Intern. Med. **102,** 1005–1015 (1958).
273. Baer, J. E., H. F. Russo und K. H. Beyer, Saluretic activity of hydrochlorothiazide (6-chloro-7-sulfamyl-3,4-dihydro-1,2,4-benzothiadiazine-1,1-dioxide) in the dog, Proc. Soc. Exp. Biol. Med. **100,** 442–446 (1959).
274. Fuchs, M., S. R. Mallin, S. Irie, L. Hernando und J. H. Moyer, A review of the pharmacological and clinical observations of hydrochlorothiazide, Arch. Intern. Med. **105,** 39–50 (1960).
275. Burch, G. E. und H. A. White, Jr., The use of chlorothiazide in the nephrotic syndrome, Arch. Int. Med. **103,** 369–380 (1959).
276. Castle, C. H., J. K. Conrad und H. H. Hecht, Observations on the diuretic effect of chlorothiazide, Arch. Intern. Med. **103,** 415–420 (1959).
277. Heinemann, H. O., F. E. Demartini und J. H. Laragh, The effect of chlorothiazide on renal excretion of electrolytes and free water, Amer. J. Med. **26,** 853–861 (1959).
278. Friedman, I. S., M. Goldberg, L. Castleman und J. D. Goldstein, Chlorothiazide and electrolyte depletion in chronic glomerulonephritis, Arch. Intern. Med. **105,** 7–12 (1960).
279. Freeman, R. B. und G. G. Duncan, Chlorothiazide-induced hyperuricemia: report of two cases, Metabolism **9,** 1107–1110 (1960).
280. Barrett, W. E., J. J. Chart und A. A. Renzi, Pharmacology of cyclopenthiazide. A sulfonamide diuretic, Arch. Int. Pharmacodyn. **131,** 325–338 (1961).
281. Hook, J. B. und H. E. Williamson, Effect of furosemide on renal medullary sodium gradient, Proc. Soc. Exp. Biol. Med. **118,** 372–374 (1965).

282. Suki, W., F. C. Rector, Jr. und D. W. Seldon, The site of action of furosemide and other sulfonamide diuretics in the dog, J. Clin. Invest. **44,** 1458–1469 (1965).
283. Beyer, K. H., J. E. Baer, J. K. Michaelson und H. F. Russo, Renotropic characteristics of ethacrynic acid: a phenoxyacetic saluretic-diuretic agent, J. Pharmacol. Exp. Therap. **147,** 1–22 (1965).
284. Goldberg, M., D. K. McCurdy, E. L. Foltz und L. W. Bluemle, Jr., Effects of ethacrynic acid (a new saluretic agent) on renal diluting and concentrating mechanisms: evidence for site of action in the loop of Henle, J. Clin. Invest. **43,** 201–216 (1964).
285. Earley, L. E. und R. M. Friedler, Renal tubular effects of ethacrynic acid, J. Clin. Invest. **43,** 1495 –1506 (1964).
286. Cannon, P. J., H. O. Heinemann, W. B. Stason und J. H. Laragh, Ethacrynic acid. Effectiveness and mode of diuretic action in man, Circulation **31,** 5–18 (1965).
287. Kagawa, C. M., J. A. Cella und C. G. Van Arman, Action of new steroids in blocking effects of aldosterone and deoxycorticosterone on salt, Science **126,** 1015–1016 (1957).
288. Liddle, G. W., Sodium diuresis induced by steroidal antagonists, Science **126,** 1016–1018 (1957).
289. Kittinger, G. W., B. C. Wexler und B. F. Miller, Effect of aldosterone antagonist on *in vitro* production of aldosterone and corticosterone in rats, Proc. Soc. Exp. Biol. Med. **105,** 394–395 (1960).
290. Kagawa, C. M. und E. A. Brown, Ability of isopregnenolone-21-carboxylates to block renal effects of deoxycorticosterone and aldosterone in rats, Proc. Soc. Exp. Biol. Med. **105,** 648–650 (1960).
291. Gaunt, R., J. J. Chart und A. A. Renzi, Endocrine pharmacology, Science **133,** 613–621 (1961).
292. Chart, J. J., H. Sheppard, M. J. Allen, W. L. Bencze und R. Gaunt, New amphenone analogs as adrenocortical inhibitors, Experientia **14,** 151–155 (1958).
293. Coppage, W. S.,Jr., D. Island, M. Smith und G. W. Liddle, Inhibition of aldosterone secretion and modification of electrolyte excretion in man by chemical inhibitor of 11β-hydroxylation, J. Clin. Invest. **38,** 2101–2110 (1959).
294. Welt, L. G., Clinical disorders of hydration and acid-base equilibrium, Little, Brown & Co., Boston 1955, pp. 100–101.
295. Schwartz, W. B. und W. C. Waters, Lactate versus bicarbonate, Amer. J. Med. **32,** 831–834 (1962).
296. Nuttall, F. Q., Metabolic acidosis-diabetic, Arch. Intern. Med. **116,** 709–716 (1965).
297. Guest, G. M., Diabetic coma. Metabolic derangements and principles of corrective therapy, Amer. J. Med. **7,** 630–646 (1949).
298. Hartmann, A. F., Treatment of severe diabetic acidosis; comparison of methods, with particular reference to use of racemic sodium lactate, Arch. Intern. Med. **56,** 413–434 (1935).

299. Guest, G. M., B. Mackler und H. C. Knowles, Jr., Effects of acidosis on insulin action and on carbohydrate and mineral metabolism, Diabetes **1**, 276–282 (1952).
300. Kety, S. S., B. D. Polis, C. S. Nadler und C. F. Schmidt, The blood flow and oxygen consumption of the human brain in diabetic acidosis and coma, J. Clin. Invest. **27**, 500–510 (1948).
301. Danowski, T. S., P. M. Hald und J. P. Peters, Sodium, potassium, and phosphates in the cells and serum of blood in diabetic acidosis, Amer. J. Physiol. **149**, 667–677 (1947).
302. Greenman, L., F. M. Mateer, R. C. Gow, J. H. Peters und T. S. Danowski, Some observations on development of hypokalemia during therapy of diabetic acidosis in juvenile and young adult subjects, J. Clin. Invest. **28**, 409–414 (1949).
303. Danowski, T. S., J. H. Peters, J. C. Rathbun, J. M. Quashnock und L. Greenman, Studies on diabetic acidosis and coma, with particular emphasis on retention of administered potassium, J. Clin. Invest. **28**, 1–9 (1949).
304. Darragh, J. H., R. A. Womersley und W. H. Meroney, Fructose in treatment of diabetic ketosis, J. Clin. Invest. **32**, 1214–1221 (1953).
305. Rosecan, M. und W. H. Daughaday, A comparison of insulin treatment with and without added carbohydrate in human diabetic ketosis, J. Clin. Invest. **33**, 49–56 (1954).
306. Scherr, L., D. A. Ogden, A. W. Mead, N. Sprintz und A. L. Rubin, Management of hyperkalemia with a cation-exchange resin, New Eng. J. Med. **264**, 115–119 (1961).
307. Kaplan, S. A., Fluid and electrolyte therapy, Brooklyn, 1958, Department of Pediatrics, State University of New York Downstate Medical Center.
308. Border, J., N. B. Talbot, M. Terry und G. Lincoln, Use of multiple electrolyte solution to prevent disturbances in water and electrolyte metabolism, Metabolism **9**, 897–904 (1960).
309. Mulhausen, R. D. und A. S. Blumentals, Metabolic alkalosis, Arch. Intern. Med. **116**, 729–738 (1965).
310. Bader, M. E. und R. A. Bader, Respiratory stimulants in obstructrive lung disease (editorial), Amer. J. Med. **38**, 165–171 (1965).
311. Eichenholz, A., Respiratory alkalosis, Arch. Intern. Med. **116**, 699–708 (1965).

Sachverzeichnis

FSC
www.fsc.org
MIX
Papier | Fördert gute Waldnutzung
FSC® C083411

Kolibri 360 GmbH
Ferdinand-Jühlke-Straße 7
99095 Erfurt, Deutschland
produktsicherheit@kolibri360.de